주관 및 시행처 한국산업인력공단

2025

CBT 모의고사
3회 무료쿠폰 제공

유튜브 선생님에게 배우는

유선배

무료 동영상 강의 제공
한쌤TV 검색!

NCS 기반
최신 출제기준
완벽 반영

저자 ― 한지희

쳐자직강 무료강의!

Hair Dresser

미용사(일반)
|필기+실기| 합격노트

1권 필기

- 전문가가 선별한 핵심 이론으로 필기 한방 합격
- 핵심만 쏙쏙 빠른 복습을 위한 필기 핵심노트 제공
- 저자 직강 유튜브 무료 동영상 강의 제공

본 도서는 항균잉크로 인쇄하였습니다.

시대에듀

PROFILE

저자_한지희

[경력사항]
現 블리스유미용학원 대표 원장
前 국제미용경진대회 심사위원
　　소상공인 기능경진대회 심사위원
　　박승철헤어스튜디오 Top Designer
　　HairStory 대표 원장
　　하이틴잡앤조이 1618 '특별한 동행-행진콘서트' 헤어 멘토

[수상내역]
• 사단법인 한국분장예술인협회 고교 메이크업 경진대회 패션 메이크업
　부문 우수상
• 서경대학교 헤어 페스티벌 작품상
• CMC-CAT 세계미용대회 헤어 퍼머넌트 부문 창작상
• CMC-CAT 세계미용대회 헤어 커트 부문 창작상

[자격사항]
교원자격증, 미용사(일반), 미용사(피부), 미용사(네일), 미용사(메이크업),
직업능력개발훈련교사, 트로콜리지스트(두피정보관리사) 2급 등

[학력사항]
• 서경대학교 미용예술학과 학사
• 남부대학교 교육대학원 교육학(미용 교육) 석사

▶ 유튜브 : 한쌤TV
blog 네이버 블로그 : 블리스유미용학원
◎ 인스타그램 : @blissu_academy

편집진행　|　노윤재 · 장다원
표지디자인　|　김도연
본문디자인　|　장성복 · 김혜지

2025 시대에듀 유선배 미용사(일반) 필기+실기 합격노트

Always with you

사람의 인연은 길에서 우연하게 만나거나 함께 살아가는 것만을 의미하지는 않습니다.
책을 펴내는 출판사와 그 책을 읽는 독자의 만남도 소중한 인연입니다.
시대에듀는 항상 독자의 마음을 헤아리기 위해 노력하고 있습니다. 늘 독자와 함께하겠습니다.

저자 한 지 희

19년째 미용 교육 현장에서 수험생을 지도하고 있는 미용 교육 전문가이다. 미용을 처음 배우기 시작했던 시기에 겪었던 어려움을 떠올리며 현장에서, 그리고 유튜브 '한쌤TV'에서 자격증 취득을 꿈꾸는 수험생들에게 합격으로 가는 비법을 전하고 있다.

- 유튜브 : 한쌤TV
- 네이버 블로그 : 블리스유미용학원
- 인스타그램: @blissu_academy

자격증·공무원·금융/보험·면허증·언어/외국어·검정고시/독학사·기업체/취업
이 시대의 모든 합격! 시대에듀에서 합격하세요!
www.youtube.com ➜ '한쌤TV' 검색 ➜ 구독

PREFACE 머리말

일찍이 미용을 시작하여 교육 현장에서 보낸 시간도 어언 19년 정도가 되어갑니다. 이런 제게도 힘들고 어려웠던 시절이 있었습니다. 현장에서 미용을 배우기 시작하던 시기인데요. 미용 교육을 시작하며 이렇게 힘들었던 과거를 떠올리게 되었고, '어떻게 하면 수험생들에게 미용을 쉽게 가르쳐 줄 수 있을까'라는 고민을 자주 하였습니다.

미용사(일반) 자격증을 취득하기 위해서 학습해야 하는 지식과 길러야 하는 기술은 실무와 다소 차이가 있습니다. 이는 정형화된 기본기를 반복하여 숙달하는 과정을 거쳐야 하기 때문에 자칫 지루하게 느껴질 수 있습니다. 또한, 그저 기본기라고 생각하여 단순하게 접근했다가 예상보다 큰 어려움과 복잡함에 부딪혀 막막함을 호소하시는 분들도 많습니다.

현장에서 미용을 가르치는 시간이 더해질수록 제게는 저만의 노하우와 내공이 쌓였고, 이를 바탕으로 수험생이 겪는 어려움을 해결해 드리며 교육에 대한 자긍심을 느끼게 되었습니다. 나아가 현장에서 뵙는 수험생뿐만 아니라 자격증 취득에 도전하시는 전국의 모든 수험생 여러분께 도움을 드리고 싶어졌습니다. 이를 계기로 '한쌤TV'라는 유튜브 채널을 운영하게 되었습니다.

누구나 그렇듯이 제게도 초보 시절이 있었습니다. 그렇기 때문에 수험생 여러분께서 어떤 부분에서 어려움과 힘듦을 느끼시는지 잘 알고 있습니다. 이를 기반으로 하여 초보 수험생을 지도하는 마음으로 본서를 집필하였습니다. 시험을 준비하는 모두의 쉽고 재미있는 학습, 나아가서는 효율적인 합격을 위해 제가 오랜 시간 익히고 다져온 노하우와 내공을 담았습니다.

필기시험과 실기시험을 막론하고 빠르게 합격하는 지름길이 있습니다. 본서와 함께 성실히 학습하다 보면 그 지름길로 걸어 나가 어느새 합격에 닿아 있는 자신을 발견할 수 있을 것입니다. 본서와 유튜브 채널 '한쌤TV'를 통해 즐겁게 학습하시고 기쁘게 합격하시기를 바랍니다. 한쌤이 여러분의 합격을 진심으로 응원합니다.

저자 한지희

시험안내

※ 다음 사항은 시행처인 한국산업인력공단에 게시된 시험정보를 바탕으로 작성되었습니다. 시험 전 최신 공고사항을 반드시 확인하시기 바랍니다.

미용사(일반)란?

고객의 미적 요구와 정서적 만족을 위해 미용기기와 제품을 활용하여 샴푸, 두피·모발 관리, 헤어 커트, 헤어 펌, 헤어 컬러링, 헤어 스타일 연출 등의 서비스를 제공하는 직무이다.

시험일정

상시(Q-Net 홈페이지 ➡ [자격정보] ➡ [국가자격] ➡ [국가자격 종목별 상세정보] ➡ '미용사(일반)' 검색 ➡ [시험정보]에서 회차별 시험일정을 확인할 수 있습니다.)

응시 절차

필기시험 원서 접수 → 필기시험 → 필기시험 합격자 발표 → 실기시험 원서 접수 → 실기시험 → 최종 합격자 발표

검정방법

구 분	검정방법	문항 수	시험시간	응시수수료
필기시험	객관식 4지 택일형	60문항	1시간	14,500원
실기시험	작업형	-	약 2시간 25분	24,900원

합격기준

구 분	합격기준
필기시험	100점을 만점으로 하여 60점 이상 취득
실기시험	100점을 만점으로 하여 60점 이상 취득

시험구성

구 분	과목명	세부항목	
필기시험	헤어 스타일 연출 및 두피 · 모발 관리	1. 미용업 안전위생관리 2. 고객 응대 서비스 3. 헤어 샴푸 4. 두피 · 모발 관리 5. 원랭스 헤어 커트 6. 그래쥬에이션 헤어 커트 7. 레이어드 헤어 커트 8. 쇼트 헤어 커트	9. 베이직 헤어 펌 10. 매직 스트레이트 헤어 펌 11. 기초 드라이 12. 베이직 헤어 컬러 13. 헤어 미용 전문 제품 사용 14. 베이직 업 스타일 15. 가발 헤어 스타일 연출 16. 공중위생관리
실기시험	미용 실무	1. 미용업 안전위생관리 2. 두피 · 모발 관리 3. 헤어 샴푸 4. 베이직 헤어 펌 5. 매직 스트레이트 헤어 펌	6. 기초 드라이 7. 베이직 헤어 컬러 8. 원랭스 헤어 커트 9. 그래쥬에이션 헤어 커트 10. 레이어드 헤어 커트

검정현황

연 도	필기시험			실기시험		
	응시(명)	합격(명)	합격률(%)	응시(명)	합격(명)	합격률(%)
2024	53,456	16,020	30.0	27,691	10,263	37.1
2023	50,530	14,969	29.6	26,648	10,188	38.2
2022	45,168	15,226	33.7	29,585	11,495	38.9
2021	55,039	19,907	36.2	35,799	13,613	38.0
2020	49,441	17,885	36.2	28,474	11,268	39.6

이 책의 구성과 특징

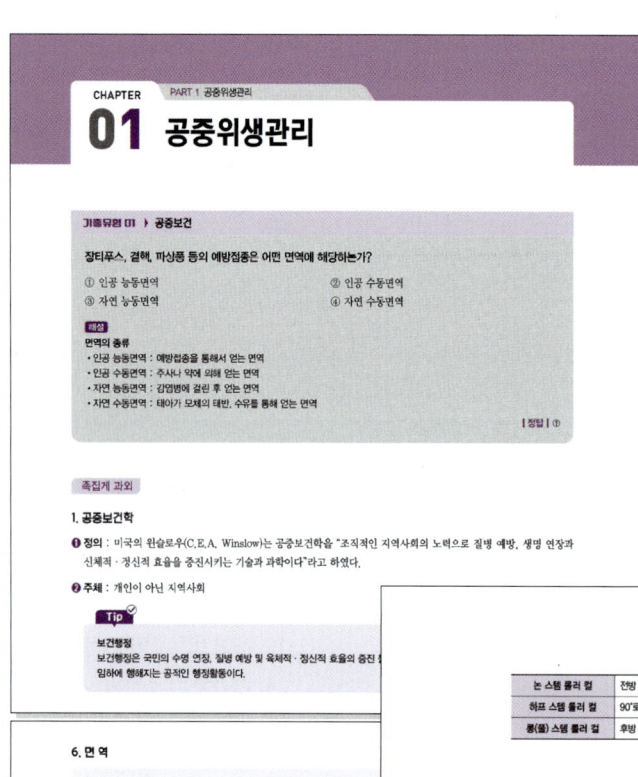

필기
합격에 필요한 개념만 간추린 족집게 과외

전문가가 선별한 주요 이론을 중심으로 학습하여 빠르고 정확하게 합격에 다가가세요. 심화 개념을 정리한 'Tip'과 저자의 조언을 담은 'Comment'가 효율적인 학습을 돕습니다.

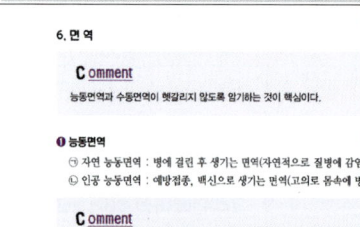

필기
빠른 이해를 돕는 다양한 시각자료

생생하고 구체적인 이론 학습을 위해 그림이나 표 등 다양한 시각자료를 수록하였습니다.

합격의 공식 Formula of pass | 시대에듀 www.sdedu.co.kr

필기
기출유형 완성하기 + 실전모의고사 5회분

다양한 유형의 문제로 구성한 CHAPTER별 '기출유형 완성하기'와 '실전모의고사' 5회분으로 실전 감각을 익힐 수 있습니다. 자세하고 친절한 해설은 학습 길잡이가 되어줍니다.

실기
철저한 준비를 위한 시술 개요

시술별 유의사항이나 요구사항 등 시술 시작 전 반드시 숙지해야 할 부분을 정리하였습니다. 빈틈없이 익혀 실기시험에 철저히 대비하세요.

이 책의 구성과 특징

실기
시술 사진 전면 컬러 수록

시험에 도전하는 누구나 시술 과정을 어려움 없이 따라서 연습할 수 있도록, 재료·도구 세팅부터 시술 과정까지 전면 컬러로 수록하였습니다.

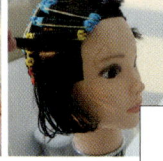

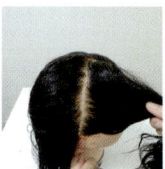

실기
전문가의 꼼꼼한 설명

컬러 사진과 함께 수록된 전문가의 꼼꼼한 설명이 모든 과정을 완벽하게 이해할 수 있도록 돕습니다. 설명 중간중간 삽입된 'POINT'에는 저자만의 전문적인 시술 요령을 담았습니다.

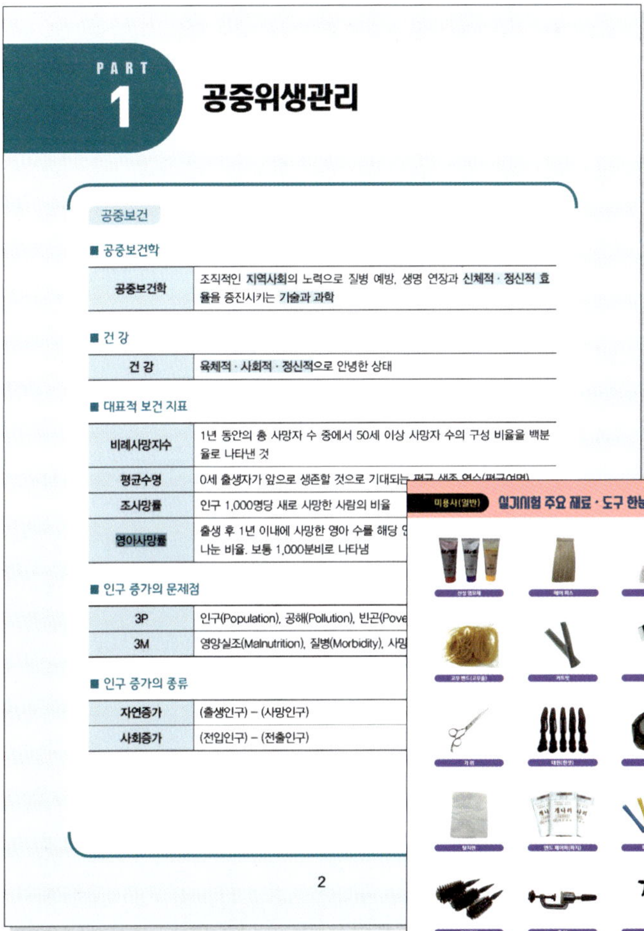

합격의 공식 Formula of pass | 시대에듀 www.sdedu.co.kr

부록
내 손 안의 합격 가이드, 필기 핵심노트

핵심만 알차게 표로 정리한 필기 핵심노트를 만나보세요. 언제든 복습이 가능하도록 간편히 휴대할 수 있는 사이즈로 제작하였습니다.

부록
주요 준비물을 한눈에, 실기시험 재료·도구 접지물

실기시험에 필요한 주요 재료·도구 및 과제별 세팅 상태를 컬러 이미지로 수록한 접지물을 제공합니다.

실기시험 재료·도구

번호	재료명	규격	수량	단위
1	가 위	커트용, 미용가위	1	SET
2	고무 밴드(고무줄)	와인딩용	60	EA
3	굵은 빗	미용 시술용	1	SET
4	꼬리빗	퍼머넌트용	1	SET
5	대핀(핀셋)	대형, 모발 고정용	5	EA
6	롤러(벨크로 타입)	대, 중, 소	1	EA
7	롤브러시	블로 드라이용	1	EA
8	린스제	미용용, 본품 형태	1	EA
9	마네킹(16인치 이상, 중량 160g 이상)	16인치 이상, 또는 덧가발(민두 포함)	1	SET
10	모 델	모델 조건 참조	1	인(人)
11	물 통	시중 판매용	1	기 타
12	민두, 홀더	MID	1	SET
13	분무기	미용용	1	EA
14	브러시	미용 시술용	1	SET
15	산성 염모제(빨강, 노랑, 파랑)	색상별 각 1개	1	EA
16	샴푸제	미용용, 본품 형태	1	EA
17	스케일링 볼	미용 시술용	1	EA
18	스케일링제	두피용	1	EA
19	신문지	미용 시술용	1	장
20	아크릴판	미용 시술용	1	EA
21	엔드 페이퍼(파지)	와인딩용	60	장
22	염색 볼	이·미용 작업용	1	EA
23	염색 브러시	이·미용 작업용	1	EA
24	우드스틱	미용 시술용	2	EA
25	위생복	소매가 긴 백색(반소매 가능)	1	벌
26	위생봉지	투명 비닐	1	EA
27	일회용 장갑	미용 시술용	1	EA
28	커트빗	미용 시술용	1	SET
29	쿠션(덴맨)브러시	두피용	1	EA
30	타 월	흰 색	6	장
31	탈지면	7×10cm 이상, 두피 스케일링용	2	EA
32	투명 테이프	폭 2.0cm 이상	1	EA
33	티 슈	미용용	1	EA
34	퍼머넌트 로드	6~10호	1	SET
35	헤어 드라이기	중형 220V	1	EA
36	헤어망	롤 세팅용	1	EA
37	헤어 피스(시험용 웨프트)	7×15cm 이상	1	EA
38	호 일	염색용	1	EA

이 책의 차례

PART 1 | 공중위생관리
CHAPTER 01 공중위생관리   2

PART 2 | 미용업 안전위생관리 & 고객 응대 서비스
CHAPTER 01 미용업 안전위생관리   38
CHAPTER 02 고객 응대 서비스   58

PART 3 | 헤어 펌 & 드라이
CHAPTER 01 헤어 펌   62
CHAPTER 02 드라이   69

PART 4 | 헤어 케어 & 두피·모발 관리
CHAPTER 01 헤어 케어   80
CHAPTER 02 두피·모발 관리   84

PART 5 | 헤어 커트
CHAPTER 01 헤어 커트   90

PART 6 | 헤어 컬러링
CHAPTER 01 헤어 컬러링   98

PART 7 | 실전모의고사
CHAPTER 01 제1회 실전모의고사   104
CHAPTER 02 제2회 실전모의고사   119
CHAPTER 03 제3회 실전모의고사   131
CHAPTER 04 제4회 실전모의고사   144
CHAPTER 05 제5회 실전모의고사   159

부 록 | 필기 핵심노트

이 책의 차례

2권 실기

부록 | 실기시험 재료·도구 접지물

PART 1 | 두피 스케일링 및 백 샴푸

CHAPTER 01 두피 스케일링 및 백 샴푸 … 2

PART 2 | 헤어 커트

CHAPTER 01 스파니엘 커트 … 24
CHAPTER 02 이사도라 커트 … 38
CHAPTER 03 그래쥬에이션 커트 … 56
CHAPTER 04 레이어드 커트 … 74
CHAPTER 05 재커트 … 89

PART 3 | 블로 드라이 및 롤 세팅

CHAPTER 01 스파니엘 인컬 드라이 … 100
CHAPTER 02 이사도라 아웃컬 드라이 … 116
CHAPTER 03 그래쥬에이션 인컬 드라이 … 132
CHAPTER 04 레이어드 롤컬 드라이 … 147

PART 4 | 헤어 퍼머넌트 웨이브

CHAPTER 01 기본형 와인딩 … 172
CHAPTER 02 혼합형 와인딩 … 188

PART 5 | 헤어 컬러링

CHAPTER 01 헤어 컬러링 … 206

PART 1
공중위생관리

CHAPTER 01　공중위생관리

CHAPTER 01 공중위생관리

PART 1 공중위생관리

> **기출유형 01 ▶ 공중보건**
>
> 장티푸스, 결핵, 파상풍 등의 예방접종은 어떤 면역에 해당하는가?
>
> ① 인공 능동면역 ② 인공 수동면역
> ③ 자연 능동면역 ④ 자연 수동면역
>
> **해설**
> 면역의 종류
> • 인공 능동면역 : 예방접종을 통해서 얻는 면역
> • 인공 수동면역 : 주사나 약에 의해 얻는 면역
> • 자연 능동면역 : 감염병에 걸린 후 얻는 면역
> • 자연 수동면역 : 태아가 모체의 태반, 수유를 통해 얻는 면역
>
> |정답| ①

족집게 과외

1. 공중보건학

❶ **정의** : 미국의 윈슬로우(C.E.A. Winslow)는 공중보건학을 "조직적인 지역사회의 노력으로 질병 예방, 생명 연장과 신체적·정신적 효율을 증진시키는 기술과 과학이다"라고 하였다.

❷ **주체** : 개인이 아닌 지역사회

> **Tip**
>
> **보건행정**
> 보건행정은 국민의 수명 연장, 질병 예방 및 육체적·정신적 효율의 증진 등 공중보건의 목적을 달성하기 위해 공공의 책임하에 행해지는 공적인 행정활동이다.

2. 건 강

❶ **건강** : 육체적·사회적·정신적으로 안녕한 상태[세계보건기구(WHO)에서 규정한 정의]이다.

❷ **국가의 대표적인 보건 지표**
  ㉠ 비례사망지수 : 1년 동안의 총 사망자 수 중에서 50세 이상 사망자 수의 구성 비율을 백분율로 나타낸 것이다.
  ㉡ 평균수명 : 0세 출생자가 앞으로 생존할 것으로 기대되는 평균 생존 연수(평균여명)이다.
  ㉢ 조사망률 : 인구 1,000명당 새로 사망한 사람의 비율이다.

ⓔ 영아사망률(보건 및 건강 수준을 평가하는 대표 지표) : 출생 후 1년 이내에 사망한 영아 수를 해당 연도 1년 동안의 총 출생아 수로 나눈 비율. 보통 1,000분비로 나타낸다.

Tip

영아사망률 산출 공식

$$영아사망률 = \frac{연간\ 생후\ 1년\ 미만\ 사망자\ 수}{연간\ 출생아\ 수} \times 1,000$$

3. 인 구

❶ 인구 증가의 문제점
ㄱ 3P : 인구(Population), 공해(Pollution), 빈곤(Poverty)
ㄴ 3M : 영양실조(Malnutrition), 질병(Morbidity), 사망(Mortality)

❷ 인구 증가의 종류
ㄱ 자연증가 : (출생인구) − (사망인구)
ㄴ 사회증가 : (전입인구) − (전출인구)

❸ 인구 피라미드

피라미드형	종 형	항아리형	별 형	표주박형
증가형	정지형	감소형	유입형	유출형
다산다사	소산소사			
개발도상국	선진국	대한민국	도시형	농촌형
출생률 > 사망률	출생률 = 사망률	출생률 < 사망률	유입 > 유출	유입 < 유출
유소년 인구 > 노인 인구 2배	유소년 인구 = 노인 인구 2배	유소년 인구 < 노인 인구 2배	생산연령 인구 > 전체 인구 50%	생산연령 인구 < 전체 인구 50%

* 유소년 인구 : 0~14세 인구, 생산연령 인구 : 15~64세 인구, 노인 인구 : 65세 이상 인구

4. 역학

❶ **정의** : 인간 집단 내에서 발생하는 질병의 원인을 규명하는 학문이다.

> **Comment**
> 역학은 인간 개인의 문제가 아니라는 점, 질병의 치료 목적이 아니라는 점을 알아 두어야 한다.

❷ **역할**
  ㉠ 질병의 원인을 규명한다.
  ㉡ 발생 및 유행을 감시한다.
  ㉢ 지역사회 질병의 규모를 파악한다.
  ㉣ 질병의 예후를 파악하고 예방한다.
  ㉤ 질병 관리의 효과를 평가하고 보건정책 수립의 기초로 삼는다.

5. 질병

❶ **전염병 3대 요인**
  ㉠ 병인 : 병원체, 전염원
  ㉡ 숙주 : 병원체가 기생하는 대상
  ㉢ 환경 : 전염의 경로 등 질병 발생의 외적 요인

> **Tip**
> 감수성
> 외부의 자극을 받아들이는 성질

❷ **병원체와 병원소**
  ㉠ 병원체 : 감염증을 일으키는 기생생물
  ㉡ 병원소 : 병원체가 생존하여 인간에게 전파될 수 있는 상태로 있는 곳

병원체의 종류

세 균	소화기계	콜레라, 장티푸스, 파라티푸스
	호흡기계	결핵, 백일해, 디프테리아, 나병, 폐렴
	피부점막계	임질, 매독, 연성하감, 페스트
리케차	소화기계	Q열
	호흡기계	
	피부점막계	발진티푸스, 쯔쯔가무시
바이러스	소화기계	폴리오
	호흡기계	홍역, 두창
	피부점막계	후천성면역결핍증(AIDS), 일본뇌염

토양(흙)이 병원소가 될 수 있는 질환
파상풍

❸ 보균자
  ㉠ 회복기 보균자 : 질병 치료 후 병원체가 몸에 남아 있는 사람을 뜻한다.
  ㉡ 잠복기 보균자 : 병원체가 있으나 아직 질병의 증상이 나타나지 않은 사람을 뜻한다.
  ㉢ 건강 보균자 : 병원체가 있으나 아무 증상이 없고 외적으로 건강한 사람으로, 증상이 없어서 관리가 가장 어렵다.

6. 면 역

Comment
능동면역과 수동면역이 헷갈리지 않도록 암기하는 것이 핵심이다.

❶ 능동면역
  ㉠ 자연 능동면역 : 병에 걸린 후 생기는 면역(자연적으로 질병에 감염되는 경우)이다.
  ㉡ 인공 능동면역 : 예방접종, 백신으로 생기는 면역(고의로 몸속에 병원체를 주입)이다.

Comment
몸에 병균이 들어와 생기는 면역이라고 이해하고 암기하면 된다.

> **Tip**
>
> 예방접종
> • 종류 및 접종 시기
>
> | 종류 | 접종 시기 |
> |---|---|
> | BCG(결핵) | 생후 1개월 이내 |
> | DPT(디프테리아, 백일해, 파상풍) | 생후 2, 4, 6개월 |
> | MMR(홍역, 볼거리, 풍진) | • 1차 : 생후 12~15개월
• 2차 : 만 4~6세 |
> | 일본뇌염 | 생후 12~23개월 |
>
> • 생균제제를 사용하는 예방접종 : 결핵, 홍역, 폴리오, 두창, 탄저, 광견병, 황열 등

❷ **수동면역**

㉠ 자연 수동면역 : 태아가 모체의 태반, 수유를 통해 얻게 되는 면역(모체의 좋은 면역)이다.
㉡ 인공 수동면역 : 타인의 혈청, 항체 주사를 통해 얻게 되는 면역(타인의 항체를 주입)이다.

Comment

몸에 좋은 힘이 들어와 생기는 면역이라고 이해하고 암기하면 된다.

7. 법정감염병(2024년 기준)

법에 의해 국가가 체계적으로 관리하는 질병으로, 1급~4급으로 분류한다(「감염병의 예방 및 관리에 관한 법률」 제2조).

구 분	신고 기간	종 류
제1급 감염병 (17종)	즉시 (치명률 높음, 음압격리 필요)	에볼라바이러스병, 마버그열, 라싸열, 크리미안콩고출혈열, 남아메리카출혈열, 리프트밸리열, 두창, 페스트, 탄저, 보툴리눔독소증, 야토병, 신종감염병증후군, 중증급성호흡기증후군(SARS), 중동호흡기증후군(MERS), 동물인플루엔자 인체감염증, 신종인플루엔자, 디프테리아
제2급 감염병 (21종)	24시간 이내 (격리 필요)	결핵, 수두, 홍역, 콜레라, 장티푸스, 파라티푸스, 세균성이질, 장출혈성대장균감염증, A형간염, 백일해, 유행성이하선염, 풍진, 폴리오, 수막구균감염증, b형헤모필루스인플루엔자, 폐렴구균감염증, 한센병, 성홍열, 반코마이신내성황색포도알균(VRSA)감염증, 카바페넴내성장내세균속균목(CRE)감염증, E형간염
제3급 감염병 (27종)	24시간 이내 (발생 계속 감시 필요)	파상풍, B형간염, 일본뇌염, C형간염, 말라리아, 레지오넬라증, 비브리오패혈증, 발진티푸스, 발진열, 쯔쯔가무시증, 렙토스피라증, 브루셀라증, 공수병, 신증후군출혈열, 후천성면역결핍증(AIDS), 크로이츠펠트-야콥병(CJD) 및 변종크로이츠펠트-야콥병(vCJD), 황열, 뎅기열, 큐열, 웨스트나일열, 라임병, 진드기매개뇌염, 유비저, 치쿤구니야열, 중증열성혈소판감소증후군(SFTS), 지카바이러스감염증, 매독
제4급 감염병 (22종)	7일 이내 (표본감시)	인플루엔자, 회충증, 편충증, 요충증, 간흡충증, 폐흡충증, 장흡충증, 수족구병, 임질, 클라미디아감염증, 연성하감, 성기단순포진, 첨규콘딜롬, 반코마이신내성장알균(VRE)감염증, 메티실린내성황색포도알균(MRSA)감염증, 다제내성녹농균(MRPA)감염증, 다제내성아시네토박터바우마니균(MRAB)감염증, 장관감염증, 급성호흡기감염증, 해외유입기생충감염증, 엔테로바이러스감염증, 사람유두종바이러스감염증

8. 주요감염병

소화기계	콜레라	• 경구 감염되는 경우도 있다. • 구토와 설사 증상이 나타난다. • 파리에 의해 전파된다.
	장티푸스	• 경구 감염되는 경우도 있다. • 파리에 의해 전파된다.
	파라티푸스	파리에 의해 전파된다.
	이 질	• 비위생적인 음식과 음료를 통해 감염된다. • 파리에 의해 전파된다.
	폴리오(소아마비)	중추신경계 손상으로 영구적인 신체 마비가 발생한다.
호흡기계	결 핵	• 호흡기를 통해 감염되는 세균성 호흡기계 전염병이다. • 예방을 위해 출생 후 4주 이내에 BCG 백신 접종을 권고한다. • 파리에 의해 전파될 수 있다.
	홍 역	• 호흡기를 통해 감염된다. • 재감염되지 않는다.
	디프테리아	• 호흡기 분비물을 통해 감염된다. • 인후염, 신경염 등의 증상이 나타난다.
	유행성이하선염	• 주로 어린이에게 발병한다. • '볼거리'라고도 불린다.
동물매개	발진티푸스	이의 흡혈로 감염된다.
	페스트	쥐와 벼룩에 의해 감염된다.
	말라리아	모기를 매개로 감염된다.
기 타	인플루엔자	• 바이러스가 원인이다. • '유행성 감기'라고도 불린다.
	트라코마	• 개달물(물, 공기를 제외한 매개체를 운반하는 수단)에 의해 전염된다. • 예방하기 위해서는 수건을 철저히 소독해야 한다. • 파리에 의해 전파될 수 있다.
	성 병	성 접촉에 의해 감염된다.

돼지와 관련이 있는 질환
탄저, 일본뇌염, 살모넬라증, 렙토스피라증 등

인수공통감염병
페스트, 우형 결핵, 야토병 등

9. 기생충

선충류	• 선의 형태로 생긴 기생충이다. • 주로 소화기에 기생한다. • 회충, 요충, 십이지장충, 편충 등이 있다. • 회충의 경우 대변을 통해 배출되며, 파리에 의한 음식물 오염 등으로 전파된다. • 요충의 경우 산란 후 수 시간 내에 감염형 충란이 되어 매우 강한 전파력을 갖는다. • 요충의 경우 직장에 기생한다. • 십이지장충의 경우 토양, 풀, 채소 등을 통해 경피 · 경구 감염된다. • 십이지장충의 경우 소화기관(소장)에 기생한다.
흡충류	• 납작하고 빨판이 있는 기생충이다. • 감염경로 　－ 간흡충(간디스토마) : 우렁이 → 잉어, 붕어 → 사람 　－ 폐흡충(폐디스토마) : 다슬기 → 가재, 게 → 사람 　－ 요코가와흡충 : 다슬기 → 은어, 숭어 → 사람 • 간흡충의 경우 간의 담도에, 폐흡충의 경우 폐에 기생한다.
조충류	• 감염경로 　－ 유구조충(갈고리촌충) : 돼지 → 사람 　－ 무구조충(민촌충) : 소 → 사람 　－ 광절열두조충(긴촌충) : 물벼룩 → 연어, 송어(담수어) → 사람

Tip
위생해충을 구제하는 가장 효과적이고 근본적인 방법은 발생원 자체를 제거하는 것이다.

10. 기 후

 기후의 3대 요소(감각 온도의 3요소) : 기온, 기습, 기류

Tip
잠함병(고기압에 의한 장애)
깊은 바닷속과 같이 높은 압력의 환경에 있다가 갑작스레 보통 기압의 환경으로 되돌아올 때 일어나는 여러 가지 장애이다.

 쾌적 조건

쾌적 기온	18±2℃(실내 기준)
쾌적 기습	40~70%
쾌적 기류	1.0m/sec(실외 기준), 0.5m/sec(실내 기준)

Tip
실내에 다수인이 밀집한 상태에서의 공기 변화
기온 상승 → 습도 증가 → 이산화탄소 증가

❸ **불쾌지수(DI ; Discomfort Index)** : 80% 이상일 시 모든 사람이 불쾌함을 느낀다.

자연 환기
특별한 장치를 설치하지 아니한 일반적인 경우, 실내외의 자연적인 환기에 가장 큰 비중을 차지하는 요소는 실내외 공기의 기온 차이 및 기류이다.

공기의 자정 작용
공기는 끊임없이 오염되고 있으나, 다음 다섯 가지 작용에 의해 스스로 정화하는 능력을 가지고 있다.
- 강력한 희석력
- 강우, 강설에 의한 세정 작용
- 산소, 오존 등에 의한 산화 작용
- 태양선에 의한 살균 정화 작용
- 식물의 이산화탄소 흡수, 산소 배출에 의한 정화 작용

11. 수질 오염

❶ BOD(생물화학적 산소요구량)
㉠ 물속의 유기물이 미생물에 의해 분해될 때 소비되는 산소의 양을 말한다.
㉡ 하수 오염의 지표로 사용한다.
㉢ BOD가 높으면 오염도가 높다.

❷ DO(용존산소량)
㉠ 물에 녹아 있는 산소의 양을 말한다.
㉡ BOD가 높으면 DO가 낮음을 나타낸다.
㉢ 부족 시 메탄가스, 악취가 발생한다.

❸ COD(화학적 산소요구량)
물속의 유기물 및 무기물을 화학적으로 산화시키는 데 필요한 산소의 양을 말한다.

12. 대기 오염

❶ 대기 오염으로 인한 기후 변화의 영향

지구 온난화	이산화탄소는 온실 효과를 증대시켜 지구 온난화를 가속화한다.
산성비	산성비는 pH 5.6 이하의 비로, 아황산가스가 물과 결합하여 산성비를 만든다.
오존층 파괴	프레온가스로 오존층이 파괴된다.

13. 중금속 중독

❶ 정의 : 납, 카드뮴, 수은, 알루미늄 등의 금속이 몸속으로 들어와 축적되어 나타나는 여러 가지 증상을 말한다.

❷ 종류

납 중독	낡은 납 배관의 오염된 수돗물로 인해 발생할 수 있다. 빈혈, 피로, 사지마비, 변비, 복통, 불면증, 두통, 뇌 중독 증상 등을 일으킨다.
카드뮴 중독	흡기 장애, 골절, 골연화증, 신장기능 장애, 이타이이타이병 등을 일으킨다.
수은 중독	청력 손실, 언어 장애, 안구 운동 제어의 어려움, 진전(떨림), 미나마타병 등을 일으킨다.

14. 식중독

❶ 정의 : 오염된 식품으로 인한 급성위장염이다.

❷ 종류

세균성 식중독	감염형	살모넬라균, 장염 비브리오균, 병원성 대장균
	독소형	포도상구균, 보툴리누스균, 장구균
자연독에 의한 식중독	식물성	솔라닌(감자), 무스카린(버섯), 아미그달린(청매실), 시큐톡신(독미나리), 맥각(에르고톡신)
	동물성	테트로도톡신(복어), 베네루핀(모시조개, 굴, 바지락), 삭시톡신(홍합)

> **Tip** ✓
>
> **세균성 식중독의 특징**
>
> | 살모넬라균 | 감염된 사람, 가축의 식육, 가금류의 알 등을 통해 감염된다. |
> |---|---|
> | 장염 비브리오균 | 어패류를 생으로 섭취했을 때 감염될 수 있다. 주로 7~9월 사이에 많이 발병된다. |
> | 병원성 대장균 | 육류 등을 덜 익혀 먹었을 때 감염될 수 있다. |
> | 포도상구균 | 육류, 가공식품, 유제품이 원인으로, 음식물을 5℃ 이하로 냉장 보관하면 예방할 수 있다. |
> | 보툴리누스균 | 통조림이나 소시지 등에 존재하며, 감염 시 치명률이 25%로 매우 위험하다. |

기출유형 완성하기

정답 01 ③ 02 ③ 03 ① 04 ②

01 미국의 윈슬로우(C.E.A. Winslow)가 말한 공중보건학의 정의로 옳은 것은?

① 조직적인 개인의 노력으로 질병 예방, 생명 연장과 신체적·정신적 효율을 증진시키는 기술과 과학이다.
② 조직적인 지역사회의 노력으로 질병 예방, 생명 연장과 사회 전체의 효율을 증진시키는 기술과 과학이다.
③ 조직적인 지역사회의 노력으로 질병 예방, 생명 연장과 신체적·정신적 효율을 증진시키는 기술과 과학이다.
④ 조직적인 지역사회의 노력으로 질병 치료, 생명 연장과 신체적·정신적 효율을 증진시키는 기술과 과학이다.

해설
③ 공중보건학의 정의를 묻는 문제를 맞히기 위해서는 '지역사회', '질병 예방', '생명 연장', '신체적', '정신적' 등의 핵심키워드를 알고 있어야 한다.

02 보건 수준을 평가하는 지표에 해당하지 않는 것은?

① 비례사망지수
② 평균수명
③ 질병 관리
④ 영유아사망률

해설
국가의 보건 수준을 평가하는 지표로는 비례사망지수, 평균수명, 조사망률, 영유아사망률이 있다.

03 질병의 발생 원인 중 질병을 일으키는 직접적인 요인에 해당하는 것은?

① 병 인
② 환 경
③ 숙 주
④ 예 방

해설
① 병인은 숙주에 기생하는 병원체로, 질병을 직접적으로 일으키는 원인이다.

04 다음 인구 문제 중 3P에 속하지 않는 것은?

① 인 구
② 영양실조
③ 빈 곤
④ 공 해

해설
3P와 3M
- 3P : 인구(Population), 공해(Pollution), 빈곤(Poverty)
- 3M : 영양실조(Malnutrition), 질병(Morbidity), 사망(Mortality)

기출유형 완성하기

05 생산연령 인구의 유입이 유출보다 많은 인구 구성 형태에 해당하는 것은?

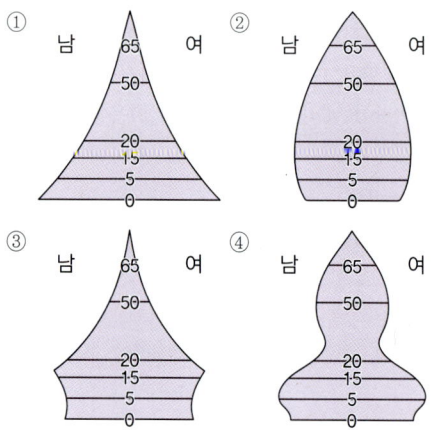

해설

③ 문제에서 설명하는 인구 피라미드는 '별형'이다. 생산연령 인구(15~64세 인구)가 유입되는 형태로, 생산연령 인구가 전체 인구의 50% 이상을 차지한다.

06 역학의 정의에 대해 가장 올바르게 설명한 것은?

① 개인에게 발생하는 질병의 원인을 규명하는 학문
② 개인에게 발생하는 질병의 치료방법을 연구하는 학문
③ 인간 집단 내에서 발생하는 질병의 치료방법을 연구하는 학문
④ 인간 집단 내에서 발생하는 질병의 원인을 규명하는 학문

해설

④ 역학은 인간 집단 내에서 발생하는 질병의 원인을 규명하는 학문이다.

07 감염병 중 호흡기를 통해서 감염되는 것은?

① 콜레라
② 결 핵
③ 임 질
④ 폴리오

해설

② 결핵은 세균성 질병으로 호흡기를 통해서 전염된다.

08 법정감염병과 급수별 신고 기간이 잘못 짝지어진 것은?

① 1급 – 즉시
② 2급 – 12시간 이내
③ 3급 – 24시간 이내
④ 4급 – 7일 이내

해설

② 2급과 3급 감염병 모두 24시간 이내에 신고해야 한다.

09 폐흡충의 제2 중간 숙주에 해당하는 것은?

① 다슬기
② 가 재
③ 잉 어
④ 숭 어

해설

② 폐흡충은 다슬기 → 가재, 게 → 사람의 경로로 전파된다.

정답 05 ③ 06 ④ 07 ② 08 ② 09 ② 10 ④ 11 ① 12 ② 13 ① 14 ③

10 감염병 관리가 가장 어려운 경우로 감염병에 감염되었으나 아무 증상이 없는 사람을 일컫는 말은?

① 회복기 보균자
② 잠복기 보균자
③ 발병 전 보균자
④ 건강 보균자

해설

④ 건강 보균자 : 병원체가 있으나 아무 증상이 없고 외적으로 건강한 사람
① 회복기 보균자 : 질병 치료 후 병원체가 몸에 남아 있는 사람
②·③ 잠복기 보균자(=발병 전 보균자) : 병원체가 있으나 아직 질병의 증상이 나타나지 않은 사람

11 기후의 3대 요소에 해당하지 않는 것은?

① 기 체
② 기 류
③ 기 습
④ 기 온

해설

기후의 3대 요소
기온, 기류, 기습

12 물에 녹아 있는 산소량을 나타내는 지표는?

① BOD
② DO
③ COD
④ SS

해설

② DO(용존산소량) : 물에 녹아 있는 산소의 양을 말한다.
① BOD(생물화학적 산소요구량) : 물속의 유기물이 미생물에 의해 분해될 때 소비되는 산소의 양을 말한다.
③ COD(화학적 산소요구량) : 물속의 유기물 및 무기물을 화학적으로 산화시키는 데 필요한 산소의 양을 말한다.
④ SS(부유물질) : 물속에서 녹지 않는 고형물질로, 조류의 광합성을 방해한다.

13 실내에서 쾌적함을 느낄 수 있는 기온은?

① 18±2℃
② 20±2℃
③ 22±2℃
④ 24±2℃

해설

쾌적 조건
• 쾌적 기온 : 18±2℃(실내 기준)
• 쾌적 기습 : 40~70%
• 쾌적 기류 : 1.0m/sec(실외 기준), 0.5m/sec(실내 기준)

14 식중독을 일으키는 식품과 독성의 이름이 틀린 것은?

① 감자 – 솔라닌
② 버섯 – 무스카린
③ 복어 – 삭시톡신
④ 맥각(보리) – 에르고톡신

해설

③ 복어에는 테트로도톡신이라는 독소가, 홍합(조개류)에는 삭시톡신이라는 독소가 있다.

기출유형 02 ▶ 소독

소독과 멸균에 관련된 용어 해설 중 틀린 것은?

① 살균 : 생활력을 가지고 있는 미생물을 여러 가지 물리 · 화학적 작용에 의해 급속히 죽이는 것을 말한다.
② 방부 : 병원성 미생물의 발육과 그 작용을 제거하거나 정지시켜서 음식물의 부패나 발효를 방지하는 것을 말한다.
③ 소독 : 사람에게 유해한 미생물을 파괴시켜 감염의 위험성을 제거하는 비교적 강한 살균 작용으로, 세균의 포자까지 사멸하는 것을 말한다.
④ 멸균 : 병원성 또는 비병원성 미생물 및 포자를 가진 것을 전부 사멸 또는 제거하는 것을 말한다.

해설
③ 소독 : 사람에게 유해한 미생물을 파괴시켜 감염의 위험성을 제거하는 것으로, 세균의 포자까지 제거하지는 못한다.
① 살균 : 생활력을 가지고 있는 미생물을 여러 가지 물리 · 화학적 작용에 의해 급속히 죽이는 것을 말한다.
② 방부 : 병원성 미생물의 발육과 그 작용을 제거하거나 정지시켜서 음식물의 부패나 발효를 방지하는 것을 말한다.
④ 멸균 : 병원성 또는 비병원성 미생물 및 포자를 가진 것을 전부 사멸 또는 제거하는 것을 말한다.

| 정답 | ③

족집게 과외

1. 소독 용어

❶ **방부** : 병원성 미생물의 발육과 그 작용을 제거하거나 정지시켜서 음식물의 부패나 발효를 방지하는 것을 말한다.

❷ **소독** : 사람에게 유해한 미생물을 파괴시켜 감염의 위험성을 제거하는 것으로, 세균의 포자까지 제거하지는 못한다.

❸ **살균** : 생활력을 가지고 있는 미생물을 여러 가지 물리 · 화학적 작용에 의해 급속히 죽이는 것을 말한다.

❹ **멸균** : 병원성 또는 비병원성 미생물 및 포자를 가진 것을 전부 사멸 또는 제거하는 것을 말한다.

소독력의 세기
멸균 > 살균 > 소독 > 방부

❺ **%(퍼센트)** : 소독액 100mL에 포함된 소독약의 양이다.

❻ **‰(퍼밀)** : 소독액 1,000mL에 포함된 소독약의 양이다.

❼ **ppm(피피엠)** : 소독액 1,000,000mL에 포함된 소독약의 양이다.

❽ **희석배수(배)** : 새로 만든 소독약을 기존 소독용액과 비교했을 때 몇 배 정도 묽게 되어있는지 나타내는 수치이다.

2. 소독에 영향을 미치는 인자

온도, 수분, 시간

소독에 영향을 미치는 요인
온도가 높을수록, 접촉 시간이 길수록, 농도가 높을수록 소독 효과가 크고, 유기물질이 많을수록 소독 효과가 떨어진다.

3. 소독 기전

❶ **산화 작용** : 과산화수소수, 염소, 오존, 과망가니즈산칼륨
❷ **균체의 단백질 응고** : 석탄산, 승홍, 크레졸, 포르말린, 알코올, 산, 알칼리
❸ **균체의 효소 불활성화 작용** : 석탄산, 알코올, 중금속염

Comment
단백질에 열을 가하면 응고되어 세균의 기능을 상실하게 된다.

4. 소독약의 구비 조건

❶ 살균력이 강하고 무해해야 한다.
❷ 경제적이고 사용법이 간편해야 한다.
❸ 부식성·표백성이 없고 안정성이 있어야 한다.
❹ 불쾌한 냄새를 남기지 않아야 한다.
❺ 짧은 시간에 소독 효과가 확실히 나타나야 한다.
❻ 미량으로도 효과가 커야 한다.
❼ 생물학적 작용을 충분히 발휘할 수 있어야 한다.
❽ 독성이 적으면서 사용자에게 자극성이 없어야 한다.
❾ 안정성이 있어야 한다.
❿ 살균하고자 하는 대상물을 손상시키지 않아야 한다.

5. 소독 시 주의사항

❶ 유통기한 내에 사용해야 한다.

❷ 햇빛이 들지 않는 서늘한 곳에 밀폐하여 보관해야 한다.

❸ 필요한 만큼 새로 만들어 사용해야 한다.

❹ 소독의 목적과 방법, 대상, 시간 등을 고려하여 사용해야 한다.

6. 소독법의 종류

❶ 물리적 소독법

㉠ 건열에 의한 소독법

건열멸균법	• 건열멸균기(드라이 오븐)로 밀폐시켜 160~170℃에서 1~2시간 멸균하여 소독한다. • 유리제품이나 주사기 등의 소독에 적합하다. • 건열멸균기는 젖은 손으로 조작하지 않는다.
화염멸균법	알코올버너나 램프의 불꽃(화염)으로 20초가량 가열하여 소독한다.
소각법	오염된 것을 태워 소독한다.

㉡ 습열에 의한 소독법

자비소독법	• 100℃ 끓는 물에서 15~20분 가열하여 소독한다. • 탄산나트륨(1~2%), 붕소(2%), 크레졸 비누액(2~3%)을 넣으면 살균력이 강해지고 녹 방지 효과가 생긴다. • 열에 대한 저항력이 큰 아포형성균이나 B형간염 바이러스 사멸에는 적합하지 않다.
유통증기소독법	물이 끓어 생기는 증기로 소독한다.
간헐멸균소독법	유통증기에 30~60분씩 1일 1회 3일간 반복하여 가열하고 20℃ 이상에서 방치하여 소독한다.

고압증기멸균법	• 100~135℃의 수증기로 포자형성균까지 멸균하는 효과적인 방법이다.
	• AIDS나 B형간염 등의 전파를 예방한다.
	• 유리, 금속, 약액 등의 소독에 적합하다.
	• 고압증기멸균법 시 압력별 온도와 처리시간
	  - 10파운드 : 115℃, 30분
	  - 15파운드 : 120℃, 20분
	  - 20파운드 : 126℃, 15분

저온소독법 (파스퇴르법)	• 60~65℃에서 30분간 살균하여 소독한다. • 프랑스의 세균면역학자 파스퇴르가 고안하였다. • 우유, 포도주, 예방주사약 등을 소독할 때 사용한다.

㉢ 무가열에 의한 소독법

자외선멸균법	자외선을 이용한 멸균법이다.
세균여과법	• 열을 가할 수 없는 물질의 세균을 제거한다. • 바이러스는 걸러낼 수 없다.
초음파살균법	8,800 cycle/sec 음파의 교반 효과를 이용한다.

❷ 화학적 소독법

ⓐ 소독제에 의한 소독법

석탄산	• 일반적으로 3%를 사용한다. • 소독제의 살균력을 비교할 때 기준이 되는 소독약의 표준이다. • 독성이 있다. • 포자에는 효력이 없다. • 고무, 의류, 가구 등을 소독할 때 사용한다.
크레졸	• 일반적으로 3%를 사용한다. • 석탄산보다 살균력이 2배 강하다. • 강한 냄새가 난다. • 바이러스에는 효력이 없다. • 실내 바닥이나 오물, 배설물 등을 소독할 때 사용한다. • 손 소독 시의 적절한 농도는 1~2%, 실내 바닥 소독 시의 적절한 농도는 3%이다.
포르말린	• 포름알데히드 36%의 수용액이다. • 고온에서 소독력이 강하다. • 고무, 금속, 플라스틱 등을 소독할 때 사용한다.
승홍수	• 살균력과 독성이 강해 0.1%의 수용액을 사용한다(소량으로도 소독이 가능하다). • 상처 소독에는 사용하지 않는다. • 금속 부식성이 있다. • 무색, 무취이다. • 염화칼륨을 첨가하면 자극성이 완화된다.
알코올	• 살균력이 높은 농도는 70%이다. • 포자에는 소독력이 약하다. • 칼, 가위 등을 소독할 때 사용한다.
염 소	• 살균력이 강하다. • 자극성과 부식성이 강하다. • 상수도 및 하수도를 소독할 때 사용한다. • 표백분과 함께 음용수를 소독할 때 사용한다.
과산화수소	• 일반적으로 3%를 사용한다. • 살균, 탈취, 표백에 효과적이다. • 상처 부위를 소독할 때 사용한다.
생석회	• 알칼리성이다. • 산화칼륨을 98% 이상 함유한 백색 분말이다. • 화장실, 하수도, 분뇨, 토사물, 쓰레기통 등을 소독할 때 사용한다.
역성비누	• 양이온성 계면활성제로, 세척력은 낮지만 살균 작용이 뛰어나다. • 무자극·무독성으로, 이·미용업소의 종업원이 손 소독 시 사용하기에 가장 보편적이고 적당하다.
표백분	염소와 함께 음용수의 소독에 사용한다.

계면활성제
- 양이온 계면활성제 : 살균·소독 작용을 하며 정전기를 방지하는 효과가 있다.
- 음이온 계면활성제 : 세정 작용과 기포 형성 작용을 한다.

ⓒ 가스에 의한 소독법

포름알데하이드	• 기체 상태이다. • 실내나 밀폐된 공간, 서적 등을 소독할 때 사용한다.
오 존	• 반응성이 높다. • 산화 작용이 강하다. • 물 살균에 사용한다.
에틸렌옥사이드 (EO ; Ethylene Oxide)	• 38~60℃의 저온에서 멸균한다. • 가격이 저렴하다는 장점이 있으나, 멸균 후 잔류 가스가 허용치 이하가 될 때까지 사용하지 못한다는 단점이 있다. • 폭발 위험성이 있어 프레온가스나 이산화탄소를 혼합하여 사용한다.

7. 미생물

❶ **정의** : 육안으로는 확인이 어려운 0.1mm 이하의 미세한 생물체를 말한다.

❷ **크기** : 곰팡이 > 효모 > 스피로헤타 > 세균 > 리케차 > 바이러스

❸ **연구**

   ㉠ 보일 : 부패와 병의 관련성을 입증하였다.
   ㉡ 레벤후크 : 확대경을 이용해 최초로 미생물을 발견하였다.
   ㉢ 파스퇴르 : 근대 면역학의 아버지로 저온 살균법을 고안하였고, 포도주와 맥주의 발효에 대해 연구하였다. 또한, 광견병 백신을 개발하기도 하였다.
   ㉣ 로버트 코흐 : 결핵균과 콜레라균 등을 발견하였으며, 세균학의 기초를 확립하였다.
   ㉤ 리스터 : 화학적 소독법을 최초로 수술에 응용하였다.

❹ **종류**

분류 기준	미생물	특 징
형 태	구 균	구 모양으로 생긴 균이다.
	간 균	막대기 모양 또는 원통형의 균이다.
	나선균	• S자형이다. • 가늘고 길게 만곡되어 있다.
산소 유무	호기성 세균	산소가 있는 환경에서 생육·번식하는 세균이다.
	혐기성 세균	산소가 없는 환경에서 생육·번식하는 세균이다.
	통성혐기성 세균	산소 유무에 관계없이 살 수 있는 세균이다.
온 도	저온균	생장 온도가 15~20℃인 균이다.
	중온균	생장 온도가 25~40℃인 균이다.
	고온균	생장 온도가 50~60℃인 균이다.

❺ 병원성 미생물

㉠ 바이러스 : 가장 작은 크기의 미생물로, 세균여과기로 걸러지지 않는다. RNA 또는 DNA가 있다.

동물성 바이러스	홍역, 광견병, 천연두, 폴리오(소아마비)
식물성 바이러스	TMV(토바코 모자이크 바이러스), 감자의 위축병 바이러스
세균성 바이러스	박테리오파지

㉡ 리케차 : 바이러스보다 크고 세균보다 작다(발진열, 발진티푸스, 쯔쯔가무시 등).
㉢ 세균(박테리아) : 바이러스보다 크지만 육안으로는 확인이 어렵다.

구 균	포도상구균, 임균
간 균	탄저균, 파상풍균, 결핵균, 나균
나선균	매독균, 콜레라균

㉣ 진균 : 곰팡이가 대표적이다. 무좀, 칸디다증 등을 일으킨다.

Comment

병원성 미생물이 가장 잘 증식되는 일반적인 pH의 범위는 6.5~7.5이다. 5 이하에서는 발육이 저하된다.

8. 미용 도구별 소독법

❶ **가위** : 70% 알코올로 날이 상하지 않게 20분 정도 침수 소독한다.

❷ **면도날** : 일회용을 사용하고, 재사용하지 않는다.

❸ **클리퍼** : 70% 알코올을 적신 솜으로 닦는다.

❹ **빗** : 미온수로 세척 후 자외선 소독기에 보관한다. 오염이 심한 경우에는 석탄산수, 크레졸 비누액 등으로 소독하여 헹구고 물기를 제거하여 보관한다. 이때 소독액에 너무 오래 담그면 변형될 수 있으니 주의하도록 한다.

플라스틱 빗을 소독하는 방법
- 살 사이의 때는 솔로 제거하거나, 오염이 심한 경우에는 비눗물에 담그고 브러시로 닦은 후 소독한다.
- 크레졸수, 역성비누액 등을 이용한다.
- 세정이 바람직하지 않은 재질은 자외선으로 소독한다.
- 소독액에 오랫동안 담그면 빗이 휘어지는 경우가 있어 주의해야 하며, 소독액에서 끄집어낸 후에는 물로 헹구고 물기를 제거한다.
- 열을 가하면 변형될 수 있으므로 열에 의한 소독은 피한다.

❺ **타월** : 자비 소독법으로 세탁하며, 세탁 후 일광 소독을 한다.

❻ **레이저** : 고객 한 명에게 레이저 날 1회 사용 시 새것으로 교체해야 한다. 레이저 날이 한 몸체로 분리되지 않는 경우에는 반드시 70% 알코올을 적신 솜으로 소독 후 사용한다.

❼ **브러시** : 털이 있는 브러시의 경우, 세정 후 털을 아래로 하여 응달에서 말린다.

AIDS, B형간염 전염 방지를 위해 철저히 소독해야 하는 기구
주사기, 면도날

기출유형 완성하기

정답 01 ② 02 ② 03 ③ 04 ② 05 ④

01 사람에게 유해한 미생물을 파괴시켜 감염의 위험성을 제거하는 것으로 세균의 포자까지 제거하지는 못하는 방법은?

① 방부
② 소독
③ 살균
④ 멸균

해설
① 방부 : 병원성 미생물의 발육과 그 작용을 제거하거나 정지시켜서 음식물의 부패나 발효를 방지하는 것을 말한다.
③ 살균 : 생활력을 가지고 있는 미생물을 여러 가지 물리·화학적 작용에 의해 급속히 죽이는 것을 말한다.
④ 멸균 : 병원성 또는 비병원성 미생물 및 포자를 가진 것을 전부 사멸 또는 제거하는 것을 말한다.

02 소독약의 구비 조건으로 틀린 설명은?

① 살균력이 강하고 무해해야 한다.
② 경제적이고 사용법이 전문적이어야 한다.
③ 부식성·표백성이 없고 안정성이 있어야 한다.
④ 불쾌한 냄새를 남기지 않아야 한다.

해설
② 소독약은 경제적이고 사용법이 간편해야 한다.

03 소독 시 주의사항으로 틀린 것은?

① 유통기한 내에 사용해야 한다.
② 햇빛이 들지 않는 서늘한 곳에 밀폐하여 보관해야 한다.
③ 소독약은 미리 만들어 두고 필요할 때 덜어 사용한다.
④ 소독의 목적과 방법, 대상, 시간 등을 고려하여 사용해야 한다.

해설
③ 소독약은 미리 만들어 두지 않고 필요할 때마다 새로 만들어 사용해야 한다.

04 다음 중 소독법에 대한 설명으로 옳지 않은 것은?

① 건열멸균법 : 건열멸균기로 밀폐시켜 160~170℃에서 1~2시간 멸균하여 소독한다.
② 화염멸균법 : 오염된 것을 태우는 방법이다.
③ 유통증기소독법 : 물이 끓어 생기는 증기로 소독한다.
④ 자비소독법 : 100℃ 끓는 물에서 15~20분 가열하여 소독한다.

해설
② 화염멸균법은 알콜버너나 램프의 불꽃(화염)으로 20초가량 가열하여 소독하는 소독법이며, 오염된 것을 태워 소독하는 소독법은 소각법이다.

05 프랑스의 세균면역학자 파스퇴르가 고안한 것으로 60~65℃에서 30분간 살균하는 소독법은?

① 유통증기소독법
② 간헐멸균소독법
③ 고압증기멸균법
④ 저온소독법

해설
④ 저온소독법에 대한 설명이다. 저온소독법은 포자를 형성하지 않는 결핵균, 살모넬라균 등을 멸균하고, 주로 우유, 포도주 소독에 사용한다.

기출유형 완성하기

정답 06 ④ 07 ① 08 ②

06 일반적으로 3%를 사용하고, 석탄산보다 2배 강한 살균력을 지니며, 바이러스에는 효력이 없는 소독약은?

① 알코올
② 생석회
③ 포르말린
④ 크레졸

해설
① 알코올 : 살균력이 높은 농도는 70%이며, 포자에는 소독력이 약하다.
② 생석회 : 토사물, 쓰레기통 등을 소독할 때 사용한다.
③ 포르말린 : 포름알데히드 36%의 수용액으로, 고온에서 소독력이 강하다.

08 미용 도구에 따른 소독 방법으로 옳지 않은 것은?

① 가위 : 70% 알코올로 날이 상하지 않게 소독한다.
② 면도날 : 70% 알코올로 소독하고 재사용 전에 반드시 소독한다.
③ 빗 : 세척 후 말려서 자외선 소독기를 이용한다.
④ 타월 : 자비소독법으로 세탁하고 세탁 후 일광 소독을 한다.

해설
② 면도날은 재사용하지 않고 한 번 사용하면 버리도록 한다.

07 미생물 크기를 순서대로 나열한 것은?

① 스피로헤타 > 세균 > 리케차 > 바이러스
② 곰팡이 > 세균 > 바이러스 > 리케차
③ 스피로헤타 > 곰팡이 > 세균 > 리케차
④ 곰팡이 > 스피로헤타 > 바이러스 > 리케차

해설
① 미생물의 크기는 곰팡이 > 효모 > 스피로헤타 > 세균 > 리케차 > 바이러스 순이다.

기출유형 03 ▶ 공중위생관리 법규

「공중위생관리법」에서 규정하는 공중위생영업의 종류에 해당하지 않는 것은?
① 이·미용업
② 위생관리용역업
③ 학원영업
④ 세탁업

해설
공중위생영업에는 숙박업, 목욕장업, 이용업, 미용업, 세탁업, 건물위생관리업(위생관리용역업)이 있다(「공중위생관리법」 제2조 제1항 제1호).

| 정답 | ③

족집게 과외

1. 「공중위생관리법」의 목적
공중이 이용하는 영업의 위생관리 등에 관한 사항을 규정함으로써 위생 수준을 향상시켜 국민의 건강증진에 기여함을 목적으로 한다(「공중위생관리법」 제1조).

2. 공중위생영업의 정의
다수인을 대상으로 위생관리서비스를 제공하는 영업으로서 숙박업, 목욕장업, 이용업, 미용업, 세탁업, 건물위생관리업(위생관리용역업)을 말한다(「공중위생관리법」 제2조 제1항 제1호).

3. 공중위생영업의 신고 및 폐업 신고

❶ 영 업

공중위생영업을 하고자 하는 자는 공중위생영업의 종류별로 보건복지부령이 정하는 시설 및 설비를 갖추고 시장·군수·구청장에게 신고하여야 한다(「공중위생관리법」 제3조 제1항).

신고 시 제출서류
신고서, 영업시설 및 설비개요서, 교육수료증, 면허증

❷ 폐 업

공중위생영업을 폐업한 날부터 20일 이내에 시장·군수·구청장에게 신고하여야 한다[영업 정지 등의 기간 중에는 폐업 신고 불가(「공중위생관리법」 제3조 제2항)].

❸ 승 계

공중위생영업자의 지위를 승계한 자는 1개월 이내에 보건복지부령이 정하는 바에 따라 시장·군수 또는 구청장에게 신고하여야 한다(「공중위생관리법」 제3조의2 제4항).

❹ **상속 후 폐업**

면허를 소지하지 아니한 자가 상속인이 된 경우에는 그 상속인은 상속받은 날부터 3개월 이내에 시장·군수·구청장에게 폐업 신고를 하여야 한다(「공중위생관리법」 제3조 제3항).

4. 이·미용업의 설비 기준(「공중위생관리법」 시행규칙 별표 1)

❶ 공중위생영업장은 독립된 장소이거나 공중위생영업 외의 용도로 사용되는 시설 및 설비와 분리(벽, 층 등으로 구분하는 경우를 말한다. 이하 같다) 또는 구획(칸막이, 커튼 등으로 구분하는 경우를 말한다. 이하 같다)되어야 한다.

❷ 미용업을 2개 이상 함께하는 경우로서 각각의 영업에 필요한 시설 및 설비 기준을 모두 갖추고 있으며, 각각의 시설이 선, 줄 등으로 서로 구분될 수 있는 경우에는 별도로 분리 또는 구획하지 않아도 된다.

❸ 이·미용기구는 소독을 한 기구와 소독을 하지 아니한 기구를 구분하여 보관할 수 있는 용기를 비치하여야 한다.

❹ 소독기, 자외선살균기 등 이·미용기구를 소독하는 장비를 갖추어야 한다.

5. 변경 신고

「공중위생관리법」 제3조 제1항 후단에서 "보건복지부령이 정하는 중요사항"이란 다음과 같다(「공중위생관리법」 시행규칙 제3조의2 제1항).

❶ 영업소의 명칭 또는 상호

❷ 영업소의 주소

❸ 신고한 영업장 면적의 3분의 1 이상의 증감

❹ 대표자의 성명 또는 생년월일

❺ 미용업 업종 간 변경 또는 업종의 추가

6. 공중위생영업자의 준수사항

❶ **미용업(「공중위생관리법」 제4조 제4항)**
  ㉠ 의료기구와 의약품을 사용하지 아니하는 순수한 화장 또는 피부미용을 할 것
  ㉡ 미용기구는 소독을 한 기구와 소독을 하지 아니한 기구로 분리하여 보관하고, 면도기는 일회용 면도날만을 손님 1인에 한하여 사용할 것
  ㉢ 미용사 면허증을 영업소 안에 게시할 것

❷ **이용업(「공중위생관리법」 제4조 제3항)**
  ㉠ 이용기구는 소독을 한 기구와 소독을 하지 아니한 기구로 분리하여 보관하고, 면도기는 일회용 면도날만을 손님 1인에 한하여 사용할 것
  ㉡ 이용사 면허증을 영업소 안에 게시할 것
  ㉢ 이용업소 표시 등을 영업소 외부에 설치할 것

이·미용업소 내부에 반드시 게시 또는 부착하여야 하는 사항(「공중위생관리법」 시행규칙 별표 4)
- 이·미용업 신고증 및 개설자의 면허증 원본 게시
- 최종 지급 요금표 게시 또는 부착

7. 이용사 및 미용사의 면허(발급 및 결격사유)

❶ 이용사 또는 미용사가 되고자 하는 자는 다음에 해당하는 자로서 보건복지부령이 정하는 바에 의하여 시장·군수·구청장의 면허를 받아야 한다(「공중위생관리법」 제6조 제1항).
  ㉠ 전문대학 또는 이와 같은 수준 이상의 학력이 있다고 교육부 장관이 인정하는 학교에서 이용 또는 미용에 관한 학과를 졸업한 자
  ㉡ 「학점인정 등에 관한 법률」 제8조에 따라 대학 또는 전문대학을 졸업한 자와 같은 수준 이상의 학력이 있는 것으로 인정되어 같은 법 제9조에 따라 이용 또는 미용에 관한 학위를 취득한 자
  ㉢ 고등학교 또는 이와 같은 수준의 학력이 있다고 교육부 장관이 인정하는 학교에서 이용 또는 미용에 관한 학과를 졸업한 자
  ㉣ 초·중등교육법령에 따른 특성화고등학교, 고등기술학교나 고등학교 또는 고등기술학교에 준하는 각종 학교에서 1년 이상 이용 또는 미용에 관한 소정의 과정을 이수한 자
  ㉤ 「국가기술자격법」에 의한 이용사 또는 미용사의 자격을 취득한 자

❷ 다음에 해당하는 자는 면허를 받을 수 없다(「공중위생관리법」 제6조 제2항).
  ㉠ 피성년후견인
  ㉡ 정신질환자(전문의가 적합하다고 인정하는 사람 제외)
  ㉢ 감염병 환자(공중위생에 영향을 미칠 수 있는 사람)
  ㉣ 마약 등 약물 중독자
  ㉤ 면허 취소 후 1년이 경과되지 아니한 자

8. 면허 취소(「공중위생관리법」 제7조)

❶ 시장·군수·구청장이 면허를 취소하거나 6개월 이내로 면허를 정지해야 하는 경우
  ㉠ 면허증을 다른 사람에게 대여한 때
  ㉡ 자격 정지 처분을 받은 때
  ㉢ 「성매매알선 등 행위의 처벌에 관한 법률」이나 「풍속영업의 규제에 관한 법률」을 위반하여 관계 행정기관의 장으로부터 그 사실을 통보받은 때

❷ 시장·군수·구청장이 면허를 취소해야 하는 경우
  ㉠ 피성년후견인
  ㉡ 정신질환자, 감염병 환자, 마약 등 약물 중독자(면허를 받을 수 없는 자 참고)
  ㉢ 자격이 취소된 때
  ㉣ 이중으로 면허를 취득한 때(나중에 발급받은 면허를 취소한다)
  ㉤ 면허 정지 처분을 받고도 그 정지 기간 중에 업무를 한 때

9. 이용사 및 미용사의 업무 범위(「공중위생관리법」제8조)

❶ 이용사 또는 미용사의 면허를 받은 자가 아니면 이용업 또는 미용업을 개설하거나 그 업무에 종사할 수 없다. 다만, 이용사 또는 미용사의 감독을 받아 이용 또는 미용 업무의 보조를 행하는 경우에는 그러하지 아니하다.

❷ 이용 및 미용의 업무는 영업소 외의 장소에서 행할 수 없다. 다만, 보건복지부령이 정하는 특별한 사유가 있는 경우에는 그러하지 아니하다.

❸ 이용사 및 미용사의 업무 범위와 이용·미용의 업무보조 범위에 관하여 필요한 사항은 보건복지부령으로 정한다.

> **영업소 외의 장소에서 이·미용 업무를 행할 수 있는 경우(「공중관리법」시행규칙 제13조)**
> - 질병, 고령, 장애나 그 밖의 사유로 영업소에 나올 수 없는 자에 대하여 이용 또는 미용을 하는 경우
> - 혼례나 그 밖의 의식에 참여하는 자에 대하여 그 의식 직전에 이용 또는 미용을 하는 경우
> - 「사회복지사업법」제2조 제4호에 따른 사회복지시설에서 봉사활동으로 이용 또는 미용을 하는 경우
> - 방송 등의 촬영에 참여하는 사람에 대하여 그 촬영 직전에 이용 또는 미용을 하는 경우
> - 이 외에 특별한 사정이 있다고 시장·군수·구청장이 인정하는 경우

10. 영업의 제한(「공중위생관리법」제9조의2)

시·도지사는 공익상 또는 선량한 풍속을 유지하기 위하여 필요하다고 인정하는 때에는 공중위생영업자 및 종사원에 대하여 영업시간 및 영업행위에 관한 필요한 제한을 할 수 있다(2025년 7월 31일부터는 개정 법령 시행에 따라 시·도지사를 비롯하여 시장·군수·구청장 또한 영업을 제한할 수 있게 된다).

11. 영업소 폐쇄

❶ 6개월 이내의 영업의 정지 또는 일부 시설의 사용중지 또는 영업소 폐쇄 등을 명할 수 있는 경우(「공중위생관리법」제11조 제1항)

㉠ 영업 신고를 하지 않거나 시설과 설비 기준을 위반한 경우
㉡ 변경 신고를 하지 아니한 경우
㉢ 지위승계 신고를 하지 아니한 경우
㉣ 공중위생영업자의 위생관리 의무 등을 지키지 아니한 경우
㉤ 카메라나 기계장치를 설치한 경우
㉥ 영업소 외의 장소에서 이용 또는 미용 업무를 한 경우
㉦ 보고를 하지 아니하거나 거짓으로 보고한 경우 또는 관계 공무원의 출입, 검사 또는 공중위생영업 장부 또는 서류의 열람을 거부·방해하거나 기피한 경우
㉧ 개선 명령을 이행하지 아니한 경우
㉨ 「성매매알선 등 행위의 처벌에 관한 법률」, 「풍속영업의 규제에 관한 법률」, 「청소년 보호법」, 「아동·청소년의 성보호에 관한 법률」, 「의료법」 또는 「마약류 관리에 관한 법률」을 위반하여 관계 행정기관의 장으로부터 그 사실을 통보받은 경우

❷ 영업소 폐쇄만 명할 수 있는 경우(「공중위생관리법」 제11조 제2항 및 제3항)
  ㉠ 영업 정지 처분을 받고도 그 영업 정지 기간에 영업을 한 경우
  ㉡ 정당한 사유 없이 6개월 이상 계속 휴업하는 경우
  ㉢ 폐업 신고를 하거나 관할 세무서장이 사업자 등록을 말소한 경우
  ㉣ 영업시설의 전부를 철거한 경우

❸ 폐쇄 명령을 받고도 계속 영업을 할 때 할 수 있는 조치(「공중위생관리법」 제11조 제5항)
  ㉠ 간판 기타 영업표지물의 제거
  ㉡ 위법한 영업소임을 알리는 게시물 등의 부착
  ㉢ 기구 또는 시설물을 사용할 수 없게 하는 봉인

12. 과징금 처분(「공중위생관리법」 제11조의2)

❶ 시장·군수·구청장은 영업 정지가 이용자에게 심한 불편을 주거나 그 밖에 공익을 해할 우려가 있는 경우에는 영업 정지 처분에 갈음하여 1억 원 이하의 과징금을 부과할 수 있다. 다만, 제5조, 「성매매알선 등 행위의 처벌에 관한 법률」, 「아동·청소년의 성보호에 관한 법률」, 「풍속영업의 규제에 관한 법률」 제3조 각 호의 어느 하나, 「마약류 관리에 관한 법률」 또는 이에 상응하는 위반행위로 인하여 처분을 받게 되는 경우에는 이를 제외한다.

❷ 시장·군수·구청장은 과징금을 납부하여야 할 자가 납부기한까지 이를 납부하지 아니한 경우에는 과징금 부과 처분을 취소하고, 영업 정지 처분을 하거나 「지방행정제재·부과금의 징수 등에 관한 법률」에 따라 이를 징수한다.

❸ 부과·징수한 과징금은 해당 시·군·구에 귀속된다.

❹ 시장·군수·구청장은 과징금의 징수를 위하여 필요한 경우에는 다음의 사항을 기재한 문서로 관할 세무관서의 장에게 과세정보의 제공을 요청할 수 있다.
  ㉠ 납세자의 인적사항
  ㉡ 사용목적
  ㉢ 과징금 부과기준이 되는 매출금액

13. 이용업소 표시 등의 사용제한(「공중위생관리법」 제11조의5)

누구든지 시·군·구에 이용업 신고를 하지 아니하고 이용업소 표시 등을 설치할 수 없다.

14. 청문(「공중위생관리법」 제12조)

보건복지부 장관 또는 시장·군수·구청장은 다음의 어느 하나에 해당하는 처분을 하려면 청문을 실시하여야 한다.

❶ 면허 취소 또는 면허 정지

❷ 영업 정지 명령, 일부 시설의 사용중지 명령, 영업소 폐쇄 명령

15. 위생교육(「공중위생관리법」 제17조, 동법 시행규칙 제23조)

❶ 공중위생영업자는 매년 위생교육을 받아야 한다.

❷ 신고를 하고자 하는 자는 미리 위생교육을 받아야 한다. 다만, 보건복지부령으로 정하는 부득이한 사유로 미리 교육을 받을 수 없는 경우에는 영업개시 후 6개월 이내에 위생교육을 받을 수 있다.

> **Tip** ✓
> **부득이한 사유**
> • 천재지변, 본인의 질병·사고, 업무상 국외 출장 등의 사유
> • 교육을 실시하는 단체의 사정 등으로 미리 교육을 받기 불가능한 경우

❸ 영업에 직접 종사하지 아니하거나 2 이상의 장소에서 영업을 하는 자는 종업원 중 영업장별로 공중위생에 관한 책임자를 지정하고 그 책임자로 하여금 위생교육을 받게 하여야 한다.

❹ 위생교육은 보건복지부 장관이 허가한 단체 또는 공중위생영업자 단체가 실시할 수 있다.

❺ 위생교육은 집합 교육과 온라인 교육을 병행하여 실시하되, 교육시간은 3시간으로 한다.

❻ 위생교육을 받은 자가 위생교육을 받은 날부터 2년 이내에 위생교육을 받은 업종과 같은 업종의 영업을 하려는 경우에는 해당 영업에 대한 위생교육을 받은 것으로 본다.

16. 벌칙(「공중위생관리법」 제20조)

1년 이하의 징역 또는 1천만 원 이하의 벌금	• 영업·폐업 신고를 하지 아니하고 공중위생영업을 한 자 • 영업 정지 명령 또는 일부 시설의 사용중지 명령을 받고 그 기간 중에 영업을 하거나 그 시설을 사용한 자 또는 영업소 폐쇄 명령을 받고도 계속하여 영업을 한 자
6개월 이하의 징역 또는 500만 원 이하의 벌금	• 변경 신고를 하지 아니한 자 • 공중위생영업자의 지위를 승계한 자로서 신고를 하지 아니한 자 • 건전한 영업질서를 위하여 공중위생영업자가 준수하여야 할 사항을 준수하지 아니한 자
300만 원 이하의 벌금	• 다른 사람에게 이용사 또는 미용사의 면허증을 빌려주거나 빌린 사람 • 이용사 또는 미용사의 면허증을 빌려주거나 빌리는 것을 알선한 사람 • 면허의 취소 또는 정지 중에 이용업 또는 미용업을 한 사람 • 면허를 받지 아니하고 이용업 또는 미용업을 개설하거나 그 업무에 종사한 사람

17. 양벌규정(「공중위생관리법」 제21조)

법인의 대표자나 법인 또는 개인의 대리인, 사용인, 그 밖의 종업원이 그 법인 또는 개인의 업무에 관하여 제20조의 위반행위를 하면 그 행위자를 벌하는 외에 그 법인 또는 개인에게도 해당 조문의 벌금형을 과(科)한다. 다만, 법인 또는 개인이 그 위반행위를 방지하기 위하여 해당 업무에 관하여 상당한 주의와 감독을 게을리하지 아니한 경우에는 그러하지 아니하다.

18. 과태료(「공중위생관리법」 제22조 제1항 및 제2항)

❶ 300만 원 이하의 과태료
  ㉠ 규정에 의한 보고를 하지 아니하거나 관계 공무원의 출입·검사 기타 조치를 거부·방해 또는 기피한 자
  ㉡ 규정에 의한 개선 명령에 위반한 자
  ㉢ 이용업 신고를 하지 않고 이용업소 표시 등을 설치한 자

❷ 200만 원 이하의 과태료
  ㉠ 규정에 위반하여 이용업소의 위생관리 의무를 지키지 아니한 자
  ㉡ 규정에 위반하여 미용업소의 위생관리 의무를 지키지 아니한 자
  ㉢ 영업소 외의 장소에서 이용 또는 미용 업무를 행한 자
  ㉣ 위생교육을 받지 아니한 자

19. 미용업의 행정처분 기준(「공중위생관리법」 시행규칙 별표 7)

위반행위	근거 법조문	행정처분 기준			
		1차 위반	2차 위반	3차 위반	4차 이상 위반
가. 법 제3조제1항 전단에 따른 영업 신고를 하지 않거나 시설과 설비 기준을 위반한 경우	법 제11조 제1항 제1호				
1) 영업 신고를 하지 않은 경우		영업장 폐쇄 명령			
2) 시설 및 설비 기준을 위반한 경우		개선 명령	영업 정지 15일	영업 정지 1개월	영업장 폐쇄 명령
나. 법 제3조 제1항 후단에 따른 변경 신고를 하지 않은 경우	법 제11조 제1항 제2호				
1) 신고를 하지 않고 영업소의 명칭 및 상호, 법 제2조 제1항 제5호 각 목에 따른 미용업 업종 간 변경을 하였거나 영업장 면적의 3분의 1 이상을 변경한 경우		경고 또는 개선 명령	영업 정지 15일	영업 정지 1개월	영업장 폐쇄 명령
2) 신고를 하지 않고 영업소의 소재지를 변경한 경우		영업 정지 1개월	영업 정지 2개월	영업장 폐쇄 명령	
다. 법 제3조의2 제4항에 따른 지위승계 신고를 하지 않은 경우	법 제11조 제1항 제3호	경고	영업 정지 10일	영업 정지 1개월	영업장 폐쇄 명령
라. 법 제4조에 따른 공중위생영업자의 위생관리 의무 등을 지키지 않은 경우	법 제11조 제1항 제4호				
1) 소독을 한 기구와 소독을 하지 않은 기구를 각각 다른 용기에 넣어 보관하지 않거나 일회용 면도날을 2인 이상의 손님에게 사용한 경우		경고	영업 정지 5일	영업 정지 10일	영업장 폐쇄 명령
2) 피부미용을 위하여 「약사법」에 따른 의약품 또는 「의료기기법」에 따른 의료기기를 사용한 경우		영업 정지 2개월	영업 정지 3개월	영업장 폐쇄 명령	

위반행위	근거 법조문	행정처분 기준			
		1차 위반	2차 위반	3차 위반	4차 이상 위반
3) 점 빼기·귓불 뚫기·쌍꺼풀수술·문신·박피술 그 밖에 이와 유사한 의료행위를 한 경우		영업 정지 2개월	영업 정지 3개월	영업장 폐쇄 명령	
4) 미용업 신고증 및 면허증 원본을 게시하지 않거나 업소 내 조명도를 준수하지 않은 경우		경고 또는 개선 명령	영업 정지 5일	영업 정지 10일	영업장 폐쇄 명령
5) 별표 4 제4호 자목 전단을 위반하여 개별 미용서비스의 최종 지급 가격 및 전체 미용서비스의 총액에 관한 내역서를 이용자에게 미리 제공하지 않은 경우		경고	영업 정지 5일	영업 정지 10일	영업 정지 1월
마. 법 제5조를 위반하여 카메라나 기계장치를 설치한 경우	법 제11조 제1항 제4호의2	영업 정지 1개월	영업 정지 2개월	영업장 폐쇄 명령	
바. 법 제7조 제1항 각 호의 어느 하나에 해당하는 면허 정지 및 면허 취소 사유에 해당하는 경우	법 제7조 제1항				
1) 법 제6조 제2항 제1호부터 제4호까지에 해당하게 된 경우		면허 취소			
2) 면허증을 다른 사람에게 대여한 경우		면허 정지 3개월	면허 정지 6개월	면허 취소	
3) 「국가기술자격법」에 따라 자격이 취소된 경우		면허 취소			
4) 「국가기술자격법」에 따라 자격 정지 처분을 받은 경우(「국가기술자격법」에 따른 자격 정지 처분 기간에 한정한다)		면허 정지			
5) 이중으로 면허를 취득한 경우(나중에 발급받은 면허를 말한다)		면허 취소			
6) 면허 정지 처분을 받고도 그 정지 기간 중 업무를 한 경우		면허 취소			
사. 법 제8조 제2항을 위반하여 영업소 외의 장소에서 미용 업무를 한 경우	법 제11조 제1항 제5호	영업 정지 1개월	영업 정지 2개월	영업장 폐쇄 명령	
아. 법 제9조에 따른 보고를 하지 않거나 거짓으로 보고한 경우 또는 관계 공무원의 출입, 검사 또는 공중위생영업 장부 또는 서류의 열람을 거부·방해하거나 기피한 경우	법 제11조 제1항 제6호	영업 정지 10일	영업 정지 20일	영업 정지 1개월	영업장 폐쇄 명령
자. 법 제10조에 따른 개선 명령을 이행하지 않은 경우	법 제11조 제1항 제7호	경고	영업 정지 10일	영업 정지 1개월	영업장 폐쇄 명령

위반행위	근거 법조문	행정처분 기준			
		1차 위반	2차 위반	3차 위반	4차 이상 위반
차. 「성매매알선 등 행위의 처벌에 관한 법률」, 「풍속영업의 규제에 관한 법률」, 「청소년 보호법」, 「아동·청소년의 성보호에 관한 법률」 또는 「의료법」을 위반하여 관계 행정기관의 장으로부터 그 사실을 통보받은 경우	법 제11조 제1항 제8호				
1) 손님에게 성매매알선 등 행위 또는 음란행위를 하게 하거나 이를 알선 또는 제공한 경우					
가) 영업소		영업 정지 3개월	영업장 폐쇄 명령		
나) 미용사		면허 정지 3개월	면허 취소		
2) 손님에게 도박 또는 그 밖에 사행행위를 하게 한 경우		영업 정지 1개월	영업 정지 2개월	영업장 폐쇄 명령	
3) 음란한 물건을 관람·열람하게 하거나 진열 또는 보관한 경우		경고	영업 정지 15일	영업 정지 1개월	영업장 폐쇄 명령
4) 무자격 안마사로 하여금 안마사의 업무에 관한 행위를 하게 한 경우		영업 정지 1개월	영업 정지 2개월	영업장 폐쇄 명령	
카. 영업 정지 처분을 받고도 그 영업 정지 기간에 영업을 한 경우	법 제11조 제2항	영업장 폐쇄 명령			
타. 공중위생영업자가 정당한 사유 없이 6개월 이상 계속 휴업하는 경우	법 제11조 제3항 제1호	영업장 폐쇄 명령			
파. 공중위생영업자가 「부가가치세법」 제8조에 따라 관할 세무서장에게 폐업 신고를 하거나 관할 세무서장이 사업자 등록을 말소한 경우	법 제11조 제3항 제2호	영업장 폐쇄 명령			
하. 공중위생영업자가 영업을 하지 않기 위하여 영업시설의 전부를 철거한 경우	법 제11조 제3항 제3호	영업장 폐쇄 명령			

기출유형 완성하기

01 「공중위생관리법」의 목적으로 옳은 것은?

① 공중이 이용하는 영업의 위생관리 등에 관한 사항을 규정함으로써 위생 수준을 향상시켜 국민의 건강증진에 기여함을 목적으로 함
② 공중이 이용하는 영업의 질병 관리 등에 관한 사항을 규정함으로써 위생 수준을 향상시켜 국민의 질병 관리에 기여함을 목적으로 함
③ 공중이 이용하는 영업의 위생관리 등에 관한 사항을 규정함으로써 위생 수준을 향상시켜 국민의 위생관리에 기여함을 목적으로 함
④ 공중이 이용하는 영업의 위생관리 등에 관한 사항을 규정함으로써 건강 수준을 향상시켜 국민의 의료체계에 기여함을 목적으로 함

해설
① 「공중위생관리법」의 목적은 공중이 이용하는 영업의 위생관리 등에 관한 사항을 규정함으로써 위생 수준을 향상시켜 국민의 건강증진에 기여함을 목적으로 한다(「공중위생관리법」 제1조).

02 공중위생영업의 신고 및 폐업 신고 대상은?

① 보건복지부 장관
② 보건소장
③ 시·도지사
④ 시장·군수·구청장

해설
④ 공중위생영업을 하고자 하는 자는 공중위생영업의 종류별로 보건복지부령이 정하는 시설 및 설비를 갖추고 시장·군수·구청장에게 신고하여야 한다(「공중위생관리법」 제3조 제1항).

03 다음 중 신고가 필요한 보건복지부령이 정하는 중요한 사항에 해당하지 않는 것은?

① 영업소의 명칭 또는 상호
② 영업소의 주소
③ 영업장 면적의 2분의 1 이상 증감
④ 미용업 업종 간 변경 또는 업종의 추가

해설
③ 영업장 면적의 '2분의 1 이상 증감'이 아닌 '3분의 1 이상 증감' 시 신고해야 한다.

보건복지부령이 정하는 중요한 사항(「공중위생관리법」 시행규칙 제3조의2 제1항)
• 영업소의 명칭 또는 상호
• 영업소의 주소
• 신고한 영업장 면적의 3분의 1 이상 증감
• 대표자의 성명 또는 생년월일
• 미용업 업종 간 변경 또는 업종의 추가

04 영업 승계 시 신고 기한은?

① 20일
② 1개월
③ 3개월
④ 6개월

해설
② 공중위생영업자의 지위를 승계한 자는 1개월 이내에 보건복지부령이 정하는 바에 따라 시장·군수 또는 구청장에게 신고하여야 한다(「공중위생관리법」 제3조의2 제4항).

정답 01 ① 02 ④ 03 ③ 04 ② 05 ① 06 ④ 07 ④ 08 ④

05 미용업자의 준수사항에 해당하지 않는 것은?

① 의료기구와 의약품을 사용하여 화장 또는 피부미용을 할 것
② 미용기구는 소독을 한 기구와 소독을 하지 아니한 기구로 분리하여 보관할 것
③ 면도기는 일회용 면도날만을 손님 1인에 한하여 사용할 것
④ 미용사 면허증을 영업소 안에 게시할 것

해설
① 미용업자는 의료기구와 의약품을 사용하지 아니하는 순수한 화장 또는 피부미용을 해야 한다(「공중위생관리법」 제4조 제4항 제1호).

06 미용사 면허를 취득할 수 없는 사람은?

① 면허 취소 후 2년이 경과한 자
② 피한정후견인
③ 전문의가 면허 취득에 적합하다고 인정한 정신질환자
④ 피성년후견인

해설
이·미용사 면허를 취득할 수 없는 자(「공중위생관리법」 제6조 제2항)
• 피성년후견인
• 정신질환자(전문의가 적합하다고 인정하는 사람 제외)
• 감염병 환자(공중위생에 영향을 미칠 수 있는 사람)
• 마약 등 약물 중독자
• 면허 취소 후 1년이 경과되지 아니한 자

07 면허 취소 사유에만 해당하는 것은?

① 면허증을 다른 사람에게 대여한 때
② 자격 정지 처분을 받은 때
③ 영업소 이외의 장소에서 영업행위를 한 때
④ 면허 정지 처분을 받고도 정지 기간 중에 업무를 한 때

해설
④ 시장·군수·구청장은 이용사 또는 미용사가 면허 정지 처분을 받고도 정지 기간 중에 업무를 한 때 그 면허를 취소하여야 한다(「공중위생관리법」 제7조 제1항 제7호).

08 영업소 외에서 미용업을 할 수 있는 경우에 해당하지 않는 것은?

① 사회복지시설에서 봉사활동으로 미용을 하는 경우
② 방송 등의 촬영에 참여하는 사람에 대하여 그 촬영 직전에 미용을 하는 경우
③ 고령, 장애 등의 사유로 영업소에 나올 수 없는 자에 대하여 미용을 하는 경우
④ 고객과 합의하여 장소를 정한 경우

해설
영업소 외의 장소에서 이·미용 업무를 행할 수 있는 경우(「공중관리법」 시행규칙 제13조)
• 질병, 고령, 장애나 그 밖의 사유로 영업소에 나올 수 없는 자에 대하여 이용 또는 미용을 하는 경우
• 혼례나 그 밖의 의식에 참여하는 자에 대하여 그 의식 직전에 이용 또는 미용을 하는 경우
• 「사회복지사업법」 제2조 제4호에 따른 사회복지시설에서 봉사활동으로 이용 또는 미용을 하는 경우
• 방송 등의 촬영에 참여하는 사람에 대하여 그 촬영 직전에 이용 또는 미용을 하는 경우
• 이 외에 특별한 사정이 있다고 시장·군수·구청장이 인정하는 경우

기출유형 완성하기

09 폐쇄 명령을 받고도 계속 영업을 할 경우 취할 수 있는 조치에 해당하지 않는 것은?

① 간판 기타 영업표지물의 제거
② 위법한 영업소임을 알리는 게시물 등의 부착
③ 영업소 일부분 강제 철거
④ 기구 또는 시설물을 사용할 수 없게 하는 봉인

해설

폐쇄 명령을 받고도 계속 영업을 할 때 할 수 있는 조치(「공중위생관리법」 제11조 제5항)
- 간판 기타 영업표지물의 제거
- 위법한 영업소임을 알리는 게시물 등의 부착
- 기구 또는 시설물을 사용할 수 없게 하는 봉인

10 청문을 실시해야 하는 경우에 해당하지 않는 것은?

① 면허 취소
② 면허 정지
③ 폐업 신고
④ 영업소 폐쇄 명령

해설

보건복지부 장관 또는 시장·군수·구청장은 면허 취소 또는 면허 정지, 영업 정지 명령, 일부 시설의 사용중지 명령, 영업소 폐쇄 명령 중 하나에 해당하는 처분을 하려면 청문을 실시하여야 한다(「공중위생관리법」 제12조).

11 위생교육에 대한 설명으로 옳지 않은 것은?

① 공중위생영업자는 매년 위생교육을 받아야 한다.
② 영업 신고를 하고자 하는 자는 반드시 영업개시 전 미리 교육을 받아야 한다.
③ 영업에 직접 종사하지 아니하거나 2 이상의 장소에서 영업을 하는 자는 종업원 중 영업장별로 공중위생에 관한 책임자를 지정하고 그 책임자로 하여금 위생교육을 받게 하여야 한다.
④ 위생교육을 받은 자가 위생교육을 받은 날부터 2년 이내에 위생교육을 받은 업종과 같은 업종의 영업을 하려는 경우에는 해당 영업에 대한 위생교육을 받은 것으로 본다.

해설

② 영업 신고를 하고자 하는 자는 미리 위생교육을 받아야 한다. 다만, 보건복지부령으로 정하는 부득이한 사유로 미리 교육을 받을 수 없는 경우에는 영업개시 후 6개월 이내에 위생교육을 받을 수 있다(「공중위생관리법」 제17조 제2항).

12 300만 원 이하의 벌금에 처하는 경우는?

① 면허를 받지 아니하고 이용업 또는 미용업을 개설하거나 그 업무에 종사한 사람
② 영업·폐업 신고를 하지 아니한 자
③ 변경 신고를 하지 아니한 자
④ 건전한 영업질서를 위하여 공중위생영업자가 준수하여야 할 사항을 준수하지 아니한 자

해설

300만 원 이하의 벌금에 처하는 경우(「공중위생관리법」 제20조 제4항)
- 다른 사람에게 이용사 또는 미용사의 면허증을 빌려주거나 빌린 사람
- 이용사 또는 미용사의 면허증을 빌려주거나 빌리는 것을 알선한 사람
- 면허의 취소 또는 정지 중에 이용업 또는 미용업을 한 사람
- 면허를 받지 아니하고 이용업 또는 미용업을 개설하거나 그 업무에 종사한 사람

정답 09 ③ 10 ③ 11 ② 12 ① 13 ④ 14 ① 15 ③

13 6개월 이하 징역 또는 500만 원 이하의 벌금에 처할 수 있는 경우는?

① 다른 사람에게 이용사 또는 미용사의 면허증을 빌려주거나 빌린 사람
② 면허의 취소 또는 정지 중에 이용업 또는 미용업을 한 사람
③ 영업 정지 명령 또는 일부 시설의 사용중지 명령을 받고도 그 기간 중에 영업을 하거나 그 시설을 사용한 자 또는 영업소 폐쇄 명령을 받고도 계속하여 영업을 한 자
④ 건전한 영업질서를 위하여 공중위생영업자가 준수하여야 할 사항을 준수하지 아니한 자

해설

6개월 이하의 징역 또는 500만 원 이하의 벌금에 처하는 경우(「공중위생관리법」 제20조 제3항)
- 변경 신고를 하지 아니한 자
- 공중위생영업자의 지위를 승계한 자로서 신고를 하지 아니한 자
- 건전한 영업질서를 위하여 공중위생영업자가 준수하여야 할 사항을 준수하지 아니한 자

14 1년 이하의 징역 또는 1천만 원 이하의 벌금에 처할 수 있는 경우는?

① 영업·폐업 신고를 하지 아니한 자
② 변경 신고를 하지 아니한 자
③ 공중위생영업자의 지위를 승계한 자로서 신고를 하지 아니한 자
④ 면허를 받지 아니하고 이용업 또는 미용업을 개설하거나 그 업무에 종사한 사람

해설

1년 이하의 징역 또는 1천만 원 이하의 벌금에 처하는 경우(「공중위생관리법」 제20조 제2항)
- 영업·폐업 신고를 하지 아니한 자
- 영업 정지 명령 또는 일부 시설의 사용중지 명령을 받고도 그 기간 중에 영업을 하거나 그 시설을 사용한 자 또는 영업소 폐쇄 명령을 받고도 계속하여 영업을 한 자

15 시설 및 설비 기준을 위반한 경우의 행정처분 기준으로 옳지 않은 것은?

① 1차 위반 – 개선 명령
② 2차 위반 – 영업 정지 15일
③ 3차 위반 – 영업 정지 3개월
④ 4차 이상 위반 – 영업장 폐쇄 명령

해설

③ 시설 및 설비 기준 3차 위반 시의 행정처분 기준은 영업 정지 1개월이다.

합격의 공식 시대에듀

뿌리 깊은 나무는
가뭄을 타지 않는다.

- 하이모 -

PART 2
미용업 안전위생관리 & 고객 응대 서비스

CHAPTER 01 미용업 안전위생관리

CHAPTER 02 고객 응대 서비스

CHAPTER 01 미용업 안전위생관리

PART 2 미용업 안전위생관리 & 고객 응대 서비스

기출유형 04 ▶ 미용의 이해

미용의 특수성에 해당하지 않는 것은?

① 소재를 자유롭게 선택한다.
② 시간적 제한을 받는다.
③ 손님의 의사를 존중한다.
④ 여러 가지 조건에 제한을 받는다.

해설
미용의 특수성

의사표현의 제한	고객의 의사가 우선시되고, 미용사의 의사는 제한된다.
소재 선정의 제한	소재가 고객의 신체로 제한된다.
시간적 제한	정해진 시간 안에 완성해야 한다.
부용예술로서의 제한	여러 가지 조건에 제한을 받는다.
미적 효과의 고려	고객의 나이, 패션, 장소 등과의 조화를 고려해야 한다.

| 정답 | ①

족집게 과외

1. 미용의 정의

❶ 「공중위생관리법」에서의 정의 : 손님의 얼굴, 머리, 피부 등을 손질하여 손님의 외모를 아름답게 꾸미는 일이다.

❷ 일반적 정의 : 용모에 물리적·화학적 기교로 외모를 아름답게 꾸미는 일이다.

2. 미용의 절차

❶ **소재 파악** : 미용의 소재가 되는 고객의 신체를 파악하는 단계이다.

❷ **구상** : 소재의 특징과 고객의 의견을 반영한 디자인 또는 연출을 구상하는 단계이다.

❸ **제작** : 구상한 디자인 또는 연출을 직접 표현하는 단계이다.

❹ **보정** : 제작을 마친 뒤 전체적으로 디자인을 수정하고 보완하는 단계이다. 고객의 만족 여부를 확인하고 마무리한다.

3. 미용의 필요성

❶ 인간의 심리적 욕구를 만족시키고 생산 의욕을 높이는 데 도움을 주므로 필요하다.

❷ 미용의 기술은 외모의 결점까지 보완하여 개성미를 연출하므로 필요하다.

❸ 현대 생활에서는 상대방에게 불쾌감을 주지 않는 것이 중요하므로 필요하다.

4. 미용사의 사명

❶ 고객이 만족하는 아름다움을 연출한다.

❷ 위생과 안전을 유지한다.

❸ 시대의 풍속과 유행 문화를 건전하게 유도한다.

5. 미용사의 올바른 자세

❶ **설 경우** : 다리는 어깨너비만큼 벌리고, 작업 대상은 미용사의 심장 높이에 위치시키며, 명시 거리는 눈에서 25~30cm로, 실내 조명은 75럭스(Lux) 이상으로 설정한다.

❷ **앉을 경우** : 엉덩이를 의자에 밀착시키고 허리는 곧게 편다.

6. 한국 미용의 역사

삼한시대		미용의 개념이 존재한다(후한서, 신당서).
삼국시대		무용총, 쌍영총 등의 벽화를 통해 유추할 수 있다.
통일신라 · 고려시대		당나라의 영향을 받아 치장이 매우 화려하다.

조선시대		• 유교사상의 지배로 외모보다 내면을 중시했다.
		• 쪽진머리(뒤통수에 낮게 머리를 땋아 틀어 올리고 비녀를 꽂은 머리 모양), 큰머리(조선시대 명부의 예장용 머리 모양), 조짐머리(계례를 올린 머리 모양)가 성행하였다.
		• 첩 지
		  - 조선시대 사대부 예장 때 가르마를 꾸미는 장식품이었다.
		  - 용은 왕비, 봉은 비와 빈, 개구리는 내외명부들이 사용하여 첩지의 모양으로 신분을 구분할 수 있었다.
		• 1895년 단발령이 내려지면서 미용 산업이 시작되었다.

현 대	1910년대	한일합방 이후 현대 미용이 발달하였다.
	1920년대	이숙종 : 높은머리, 김활란 : 단발머리를 유행시켰다.
	1930년대	오엽주 : 서울 화신백화점에 우리나라 최초의 미용실인 화신미용실(미용원)을 개원하였다.
	해방 이후	김상진 : 현대 미용학원을 설립하였다.

비녀(우리나라 고대 여성의 머리 장식품)
- 재료의 이름을 붙여서 만든 비녀 : 산호잠, 옥잠 등
- 모양에서 이름을 따온 비녀 : 석류잠, 호도잠, 봉잠, 용잠 등

7. 외국 미용의 역사

국가별 구분	중국	• 수하미인도 : 액황을 이마에 발라 입체감을 살리고 홍장(백분)을 바른 후 연지를 첨가하였다. • 십미도 : 열 종류의 눈썹 모양(미인 평가 기준)이 존재하였다.
	이집트	• 고대 미용의 발상지로, 서양 최초로 화장 및 가발, 나뭇가지를 이용해 펌을 하였으며, B.C.1500년경에는 헤나를 진흙에 개어 모발에 발라 염모제로 처음 사용하였다. • 화장법 : 흑색과 녹색으로 눈꺼풀에 악센트를 넣었으며, 붉은 찰흙에 샤프란(꽃)을 조금씩 섞어서 볼에 붉게 칠하거나 입술 연지로 활용하였다.
	그리스	고대 그리스 시대에 키프로스풍 머리형을 하였다.
	로마	잿물을 활용하여 황금색으로 착색하였다.
웨이브의 종류별 구분	마샬 웨이브	아이론기의 열을 이용한 웨이브로, 1875년 프랑스의 마샬 그라또우가 창안하였다.
	스파이럴식 퍼머넌트 웨이브	두피 쪽에서 모발 끝으로 진행하는 웨이브로, 1905년 영국의 찰스 네슬러가 창안하였다.
	크로키놀식 퍼머넌트 웨이브	모발 끝에서 두피 쪽으로 진행하는 웨이브로, 1925년 독일의 조셉 메이어가 창안하였다.
	콜드 웨이브	화학약품을 이용하는 웨이브로, 1936년 영국의 J.B 스피크먼이 창안하였다.

8. 두부의 포인트와 라인

❶ 두부 포인트

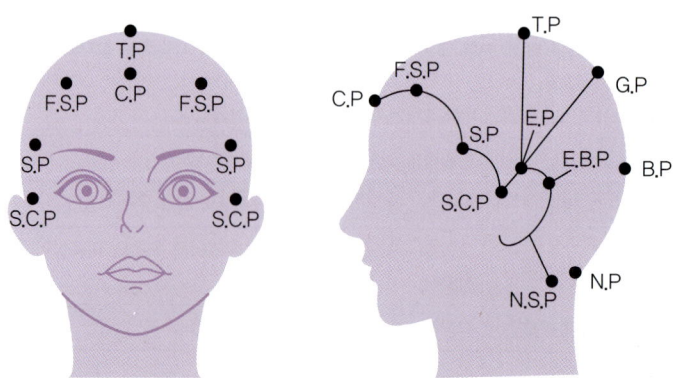

E.P ; Ear Point	이어 포인트
C.P ; Center point	센터 포인트
G.P ; Golden Point	골든 포인트
B.P ; Back Point	백 포인트
N.P ; Nape Point	네이프 포인트
F.S.P ; Front Side Point	프론트 사이드 포인트
S.P ; Side Point	사이드 포인트
S.C.P ; Side Corner Point	사이드 코너 포인트
E.B.P ; Ear Back Point	이어 백 포인트
N.S.P ; Nape Side Point	네이프 사이드 포인트
T.P ; Top Point	탑 포인트

❷ 두부 라인

정중선	C.P에서 N.P까지 수직으로 내린 선
측중선	T.P에서 양쪽 E.P로 수직으로 내린 선
수평선	E.P 높이에서 수평으로 이등분한 선
측두선	F.S.P에서 측중선까지 연결한 선
얼굴선	S.C.P에서 C.P를 지나 반대쪽 S.C.P까지 연결한 선
목뒷선	N.S.P끼리 연결한 선
목옆선	E.P에서 N.S.P까지 연결한 선

기출유형 완성하기

정답 01 ② 02 ① 03 ④ 04 ③ 05 ①

01 다음 중 미용의 절차로 올바른 것은?

① 소재 파악 → 제작 → 구상 → 보정
② 소재 파악 → 구상 → 제작 → 보정
③ 구상 → 소재 파악 → 제작 → 보정
④ 구상 → 제작 → 소재 파악 → 보정

해설
② 미용의 절차는 '소재 파악 → 구상 → 제작 → 보정' 순서로 이루어진다.

02 미용사의 사명이 아닌 것은?

① 미용사가 만족하는 아름다움을 연출한다.
② 시대의 풍속을 건전하게 유도한다.
③ 유행 문화를 건전하게 유도한다.
④ 위생과 안전을 유지한다.

해설
① 미용사가 아닌 고객이 만족하는 아름다움을 연출해야 한다.

03 우리나라 통일신라·고려시대의 미용이 영향을 받은 나라로 올바른 것은?

① 이집트
② 일 본
③ 그리스
④ 중 국

해설
④ 통일신라·고려시대에는 당나라(중국)으로부터 영향을 받았다.

04 미용사의 작업 조건 중 조도(럭스, Lux) 기준으로 올바른 것은?

① 55럭스(Lux) 이상
② 65럭스(Lux) 이상
③ 75럭스(Lux) 이상
④ 85럭스(Lux) 이상

해설
③ 실내 조명은 75럭스(Lux) 이상으로 해야 한다.

05 우리나라 현대 미용의 역사로 옳은 것은?

① 오엽주는 우리나라 최초의 미용실을 개원했다.
② 김활란은 높은머리를 유행시켰다.
③ 이숙종은 단발머리를 유행시켰다.
④ 단발령으로 인해 현대 미용이 활발하게 발달하였다.

해설
① 오엽주는 1933년 우리나라 최초의 미용실인 화신미용원을 개원하였다.
②·③ 김활란은 단발머리를 유행시켰고, 이숙종은 높은머리를 유행시켰다.
④ 1895년 단발령이 내려지면서 미용 산업이 시작되었고, 1910년대 한일합방 이후 현대 미용이 활발하게 발달하였다.

기출유형 05 ▶ 피부의 이해

피부의 기능이 아닌 것은?

① 피부는 강력한 보호 작용을 한다.
② 피부는 체온의 외부 발산을 막고 외부 온도 변화가 내부로 전해지도록 작용한다.
③ 피부는 땀과 피지를 통해 노폐물을 분비·배설한다.
④ 피부도 호흡한다.

해설
② 피부는 땀 분비 조절, 혈관 확장과 수축 등으로 외부의 열을 차단하고 내부의 열이 외부로 발산되는 것을 막는다. 그러나 외부 온도 변화가 내부로 전해지도록 작용한다는 것은 틀린 설명이다.

| 정답 | ②

족집게 과외

1. 피부의 특징

❶ 피부와 모발의 발생은 외배엽에서 이루어진다.

❷ 눈 주변 피부가 가장 얇고, 손바닥과 발바닥 피부가 가장 두껍다.

❸ 피부의 변성물로 모발, 손톱, 발톱이 있다.

❹ 피부는 표피, 진피, 피하 지방으로 이루어진다.

2. 피부의 pH

이상적인 피부의 pH 범위는 4.5~6.5이다.

3. 피부의 기능

❶ **보호 기능** : 미생물의 침범을 막아 외부로부터 신체를 보호한다.

❷ **체온 조절 기능** : 외부 열을 차단하고, 내부 열 발산을 방지한다.

❸ **감각 기능** : 피부 전체에 퍼져 있는 신경에 의해 촉각, 온각, 냉각, 통각, 압각 등의 외부 자극을 느낀다.

❹ **배출 기능** : 피지를 분비하고 땀(노폐물)을 배출한다.

❺ **흡수 기능** : 모낭과 피지선을 이용해 특정 성분을 흡수한다. 투명층 아래의 레인방어막은 체내에 필요한 물질이 체외로 나가는 것을 억제하여 피부의 건조를 방지한다.

❻ **호흡 기능** : 인체 호흡의 0.6%는 피부를 통해 이루어진다.

❼ **저장 기능** : 지방 조직으로 이루어진 피하 조직은 영양분을 저장한다.

❽ **재생 기능** : 표피의 가장 아래층인 기저층에서 새로운 세포가 만들어지고, 시간이 지나면 각질층으로 올라와 탈락하는 재생 과정을 반복한다.

❾ **면역 기능** : 표피의 랑게르한스세포와 진피의 대식세포는 항체를 생산하고 면역을 강화하는 역할을 한다.

❿ **비타민 D 합성** : 비타민 D 합성을 통해 뼈를 튼튼하게 한다.

> **알칼리 중화능**
> 건강한 피부는 pH 4.5~6.5 정도로 약산성을 띠지만, 세안 등의 외부 자극이 발생하는 경우 일시적으로 알칼리성을 띠게 된다. 이때 피부는 원래의 약산성으로 돌아가는 성질이 있는데, 이를 '알칼리 중화능'이라고 한다. 이로 인해 세안 후 피부의 산성막이 제거되어도, 보통 2시간 정도가 지나면 다시 회복된다.

4. 피부의 구조

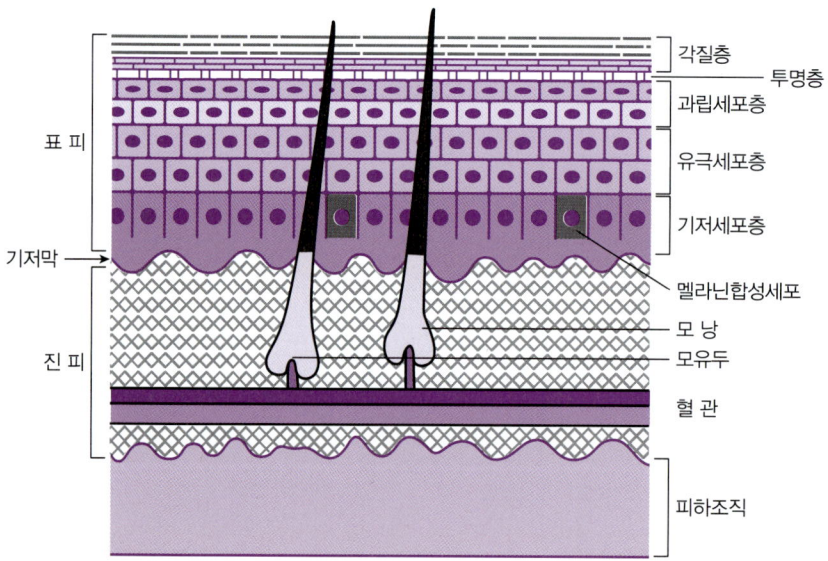

❶ **표피** : 피부의 구조 중 가장 외부에 있는 층으로 외부의 유해물질로부터 피부를 보호한다.

무핵층	각질층	• 표피의 가장 바깥층이다. • 외부의 자극으로부터 피부를 보호한다.
	투명층	• 무색, 무핵의 편평세포층이다. • 손바닥, 발바닥과 같이 두꺼운 부위에 존재한다.
	과립층	무핵층으로, 본격적인 각질화(각화 현상)가 시작된다.
유핵층	유극층	• 유핵층으로, 표피 중 가장 두껍다. • 표피의 대부분을 차지한다. • 면역 기능을 담당하는 랑게르한스세포가 존재한다.
	기저층	• 표피의 가장 아래층이다. • 진피와 경계를 이룬다. • 각질형성세포와 멜라닌형성세포가 존재하며, 활발한 세포 분열이 이루어진다.

세포의 종류
- 랑게르한스세포 : 면역 기능과 관계가 있다.
- 멜라닌세포 : 피부색을 결정한다.
- 머켈세포 : 촉각을 감지한다.
- 섬유아세포 : 콜라겐세포를 만든다.

천연보습인자(NMF ; Natural Moisturizing Factor)
피부가 적절한 수분을 유지할 수 있도록 피부의 각질층에 존재하는 천연 물질이다. 아미노산, 젖산, 피롤리돈카르복시산(PCA), 요소, 암모니아 등으로 구성된다.

❷ **진피** : 피부의 주체를 이루는 층으로, 피부의 90%를 차지한다. 콜라겐 조직으로 구성되어 있으며, 혈관, 림프관, 땀샘, 기름샘, 모발, 입모근 등이 존재한다. 진피는 교원섬유(콜라겐)와 탄력섬유(엘라스틴)로 구성된다.

유두층	• 혈관과 신경이 존재한다. • 모세혈관, 림프관, 신경종말에 의해 표피로의 영양 공급, 산소 운반, 신경 전달이 이루어진다.
망상층	• 유두층 아래에 위치한다. • 진피의 4/5를 차지할 정도로 두껍다. • 옆으로 길고 섬세한 섬유가 그물 모양으로 구성되어 있다. • 혈관, 림프관, 신경관, 피지선, 땀샘, 모발, 입모근이 존재한다.

❸ **피하 지방층**
㉠ 피부의 가장 아래층에 위치하고 진피보다 두껍다.
㉡ 열의 발산을 막아준다.
㉢ 체형을 결정짓는 역할을 한다.

5. 피부의 부속기관

❶ **모 발**
㉠ 피부 보호와 체온 유지 역할을 한다.
㉡ 모발의 평균 수명은 3~6년이다.
㉢ 하루 평균 0.2~0.5mm 정도 자라고, 한 달 평균 1~1.5cm 정도 자란다.
㉣ 건강한 모발의 pH는 4.5~5.5이다.
㉤ 주성분은 케라틴이라는 경단백질이다.

❷ **땀샘(한선)**
㉠ 특 징
- 진피의 망상층 아래에 있고, 피부 전체에 분포한다.
- 체온을 조절한다.
- 땀은 피부의 피지막과 산성막을 형성하며, 땀을 많이 흘리게 되면 영양분과 미네랄을 잃는다.

ⓒ 종 류

소한선 (에크린선)	• '작은 땀샘'이라고도 하며, 전신에 분포한다(입술과 생식기 제외). • 손바닥, 발바닥 등에 많이 분포한다. • 땀의 우로칸산 성분이 피부를 자외선으로부터 어느 정도 보호한다.
대한선 (아포크린선)	• '큰 땀샘'이라고도 한다. • 겨드랑이, 서혜부, 유두, 배꼽 등에 분포하며 액취증의 원인이 된다.

❸ **기름샘(피지선)**
　㉠ 진피층에 있다.
　㉡ 손바닥, 발바닥 제외 전신에 분포한다.
　㉢ T존, 목, 가슴 등에 큰 기름샘이 존재한다.
　㉣ 남성 호르몬(안드로겐)이 피지 분비를 증가시키고, 여성 호르몬(에스트로겐)이 피지 분비를 억제한다.
　㉤ 피지의 하루 분비량은 1~2g이다.

6. 피부와 영양

❶ **영양소**
　㉠ 종 류

열량소	열량을 공급하는 영양소로 탄수화물, 지방, 단백질이 있다.
조절소	인체의 생리 기능을 조절하는 영양소로 단백질, 무기질, 비타민, 물이 있다.
구성소	신체 조직을 구성하는 영양소로 탄수화물, 지방, 단백질, 무기질, 물이 있다.

　㉡ 3대 영양소 : 탄수화물(포도당), 단백질(아미노산), 지방(글리세린, 지방산)

>
>
> **필수 아미노산(10종)**
> 체내에서 합성하지 않아 식품으로 섭취해야 하는 아미노산으로 류신, 아이소류신, 라이신, 메티오닌, 페닐알라닌, 트레오닌, 트립토판, 발린, 히스티딘, 아르기닌이 있다.

❷ **비타민**
　㉠ 특 징
　　• 신진대사의 보조 역할을 한다.
　　• 세포 성장과 면역 기능을 한다.
　　• 음식, 영양제로 섭취해야 하는 유기화합물(비타민 D는 피부에서 합성한다)이다.

ⓒ 종 류

수용성 비타민	비타민 B₁	결핍 시 각기병, 식욕 부진, 부종, 윤기 감소 등이 나타난다.
	비타민 B₂	• 성장을 촉진하고 피로를 방지하며 피지 분비를 조절한다. • 결핍 시 구순염, 구각염, 설염, 각막염 등이 나타난다.
	비타민 B₃	결핍 시 펠라그라(식욕 부진, 피부병)가 나타난다.
	비타민 B₁₂	결핍 시 빈혈이 나타난다.
	비타민 C	• 신체의 결합조직 형성과 기능 유지에 도움을 준다. • 항산화 작용과 멜라닌 형성 억제로 미백 효과를 준다. • 면역 기능이 있다. • 모세혈관 강화에 중요한 역할을 한다. • 결핍 시 괴혈병, 발육 장애, 빈혈이 나타난다.
지용성 비타민	비타민 A	• 신진대사와 신체 성장에 관여한다. • 각화를 정상화시킨다. • 피부 재생을 돕는다. • 노화를 예방한다. • 결핍 시 야맹증, 피부 건조가 나타난다. • 과잉 시 탈모가 나타난다.
	비타민 D	• 뼈의 형성에 관여한다. • 자외선을 받아 피부에서 합성한다. • 칼슘과 인의 대사를 도우며, 발육을 촉진시킨다. • 결핍 시 구루병, 골다공증, 피부염, 면역력 저하가 나타난다.
	비타민 E	• 호르몬 생성에 도움을 준다. • 항산화 작용으로 노화 예방에 도움을 준다. • 결핍 시 불임, 생식 불능이 나타난다.
	비타민 K	• 혈액 응고에 도움을 준다. • 결핍 시 혈우병 등 출혈성 질병이 나타난다.

❸ 무기질

㉠ 특 징

- 혈액, 뼈, 치아 등의 구성 성분으로, 직접적인 에너지원이 되지는 않는다.
- 칼륨, 칼슘, 나트륨, 마그네슘, 인, 아연, 구리, 철분, 아이오딘(요오드) 등이 있다.

아이오딘(요오드)
갑상선 호르몬 성분으로, 모세혈관 기능을 정상화한다.

- 평형 작용을 한다.
- 조절 작용을 한다.
- 신경 자극을 전달한다.

7. 자외선

❶ 파장의 종류

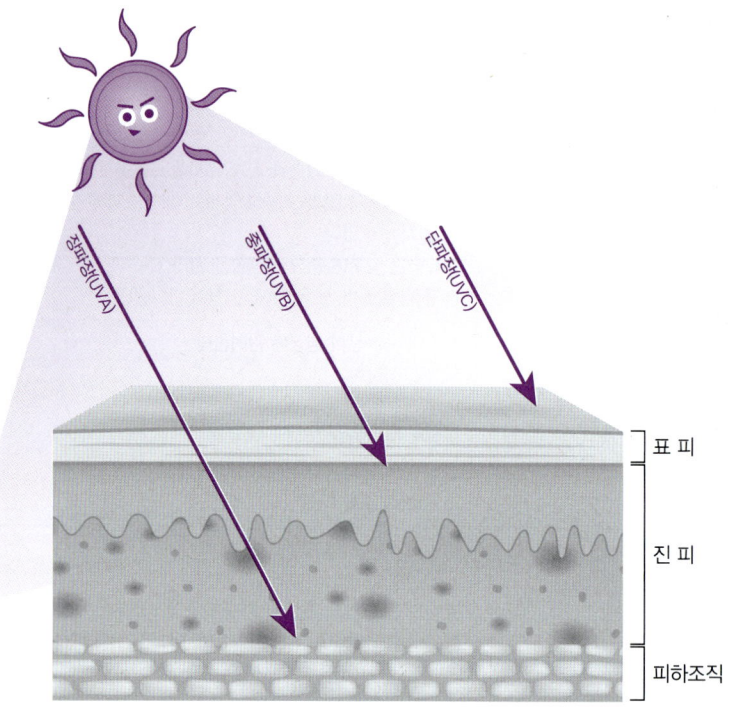

장파장(UVA)	• 파장 길이 : 320~400nm • 색소 침착의 원인이 된다. • 인공 선탠에 활용된다.
중파장(UVB)	• 파장 길이 : 290~320nm • 홍반, 수포 등 일광 화상 및 색소 침착을 유발한다. • 비타민 D를 합성한다.
단파장(UVC)	• 파장 길이 : 200~290nm • 살균 작용을 한다. • 파장 길이가 짧아 가장 강한 힘을 가졌으나, 오존층에 흡수되어 인체에 미치는 영향력이 작다. • 인체에 영향을 미칠 시 피부암의 원인이 된다.

❷ 영 향

㉠ 긍정적인 영향 : 비타민 D 합성, 살균 효과, 강장 효과 등
㉡ 부정적인 영향 : 홍반 반응, 광노화 등

광노화
자외선으로 피부가 손상되며 나타나는 현상이다. 장파장과 중파장이 피부 깊숙이 침투해 콜라겐과 엘라스틴 등 피부를 지탱하는 단백질을 파괴하며 일어난다.

8. 적외선

파장 길이는 650~1,400nm이며 피부에 큰 자극을 미치지는 않지만, 피부의 깊은 곳까지 침투하여 열을 운반한다.

9. 피부 노화

❶ **정의** : 나이가 들면서 점차 피부의 두께가 얇아지고 탄력이 떨어지는 것을 말한다.

❷ **노화된 피부의 특징**
　㉠ 피하 지방과 피부의 부착이 약해져 피부가 중력 방향으로 늘어나고 처진다.
　㉡ 피지 분비와 수분이 감소하여 피부가 건조해지거나 탄력·윤기를 잃는다.
　㉢ 피부에 주름이 생긴다.
　㉣ 호르몬 불균형으로 피부에 색소 침착이 발생한다.

❸ **종 류**

내인성 노화	유전, 고령 등 생물학적인 자연 노화
외인성 노화	자외선 등 환경적 요인에 의한 노화(광노화)

10. 피부 장애

❶ **원발진**
　㉠ 눈에 보이거나 만져지는 것으로, 질병으로 보지는 않는다.
　㉡ 반점, 면포, 구진, 농포, 결절, 낭종, 종양, 팽진, 수포 등이 있다.

면 포
면포는 피지가 모공에 갇혀서 발생하는 것으로, 각질이 덮혀 있으면 흰 면포(화이트헤드), 공기와 접촉하여 산화되면 검은 면포(블렉헤드)가 된다.

❷ **속발진**
　㉠ 원발진에 의해 생기는 피부 변화이다.
　㉡ 비듬(인설), 찰상, 균열, 가피, 미란, 궤양, 태선화, 켈로이드 등이 있다.

태선화
표피의 전체와 진피의 일부가 가죽처럼 두꺼워지고 딱딱해지는 증상으로, 아토피 피부에 동반되기도 한다.

11. 피부 질환

기미	눈 밑, 광대, 이마 주위에 발생하는 색소 침착 현상으로, 임신, 피임약 복용, 자외선 노출, 내분비 장애 등이 원인으로 작용한다.
단순포진	헤르페스 바이러스의 일종인 단순포진 바이러스 1형에 의한 입술 포진과 2형에 의한 생식기계 감염이 있다.
대상포진	수두-대상포진 바이러스가 소아기에 수두를 일으킨 후 신경 주위에 무증상으로 남아 있다가, 면역력이 떨어질 때 신경을 타고 나와 피부에 발진을 일으킨다.
무좀(족부백선)	습하고 비위생적인 환경에서 피부진균에 의하여 발생한다.
백반증	피부에 원형, 타원형 또는 부정형의 백색 반점이 나타나는 후천적 탈색소 질환이다. 멜라닌세포의 파괴로 인해 일어난다.
비립종	작은 각질 낭종을 말한다.
사마귀	사람유두종바이러스감염증에 의해 생기는 양성 종양이다. 심상성 사마귀는 손에, 편평 사마귀는 얼굴에, 족저 사마귀는 발바닥에 생긴다.
소양감	피부를 긁고 싶은 충동을 일으키는 불쾌한 감각을 말한다.
주사(Rosacea)	얼굴의 중앙 부위를 침범하는 만성 충혈성 질환으로, 피지선의 염증이 원인이 된다.
쿠퍼로즈(Couperose)	'붉은색을 띠는 피부'로 해석할 수 있는데, 이는 모세혈관이 확장되어 핏줄이 보이게 될 때 나타나는 현상이다.
티눈	손과 발 등의 피부가 지속적으로 기계적인 자극을 받아 일어난다. 작은 범위의 각질이 증식되어 원뿔 모양으로 피부에 박혀 있는 것을 말한다.
한관종	눈 주위, 뺨, 이마에 나타나는 작은 양성 종양이다.

12. 피부 화상

1도 화상	가장 가벼운 형태의 화상으로, 피부의 바깥층인 표피만 손상된다.
2도 화상	• 표피뿐만 아니라 진피까지 손상된 화상이다. • 수포가 생성되고 부종 및 통증이 발생한다.
3도 화상	피부의 모든 층이 손상되는 심각한 상태이다.

기출유형 완성하기

정답 01 ③ 02 ③ 03 ② 04 ③ 05 ②

01 상피조직의 신진대사에 관여하며 각화 정상화 및 피부 재생을 돕고 노화 방지에 효과가 있는 비타민은?

① 비타민 C
② 비타민 E
③ 비타민 A
④ 비타민 K

해설
① 비타민 C : 항산화 작용과 멜라닌 형성 억제로 미백 효과를 주며, 결핍 시 괴혈병, 발육 장애, 빈혈이 나타난다.
② 비타민 E : 항산화 작용으로 노화 예방에 도움을 주며, 결핍 시 불임, 생식 불능이 나타난다.
④ 비타민 K : 혈액 응고에 도움을 주며, 결핍 시 혈우병 등 출혈성 질병이 나타난다.

02 장파장(UVA)에 대한 설명으로 옳은 것은?

① 길이 290~320nm의 파장이다.
② 비타민 D를 합성한다.
③ 인공 선탠에 활용된다.
④ 살균 작용을 한다.

해설
①·② 중파장(UVB)에 대한 설명이다.
④ 단파장(UVC)에 대한 설명이다.

03 무핵층으로 손바닥과 발바닥에 주로 존재하는 층은?

① 각질층
② 투명층
③ 과립층
④ 유극층

해설
② 투명층 : 무색, 무핵의 편평세포층으로, 손바닥, 발바닥과 같이 두꺼운 부위에 존재한다.
① 각질층 : 표피의 가장 바깥층으로, 피부를 외부 자극으로부터 보호한다.
③ 과립층 : 무핵층으로, 본격적인 각질화가 일어난다.
④ 유극층 : 유핵층으로, 표피 중 가장 두꺼우며 면역 기능을 담당하는 랑게르한스세포가 존재한다.

04 피부에 대한 설명으로 옳은 것은?

① 피부의 pH 범위는 3.5~7.5가 이상적이다.
② 피부가 호흡을 하지는 못한다.
③ 피부는 체온조절 기능을 한다.
④ 피부 변성물로는 표피, 진피, 피하 지방층이 있다.

해설
③ 피부는 땀 분비와 혈관 확장 및 수축으로 외부 열을 차단하거나 내부 열 발산을 막는다.
① 피부의 이상적인 pH 범위는 4.5~6.5이다.
② 피부는 호흡을 하며, 인체 호흡의 0.6%는 피부를 통해 이루어진다.
④ 피부의 변성물로 손톱, 모발이 있다. 표피, 진피, 피하 지방층은 피부의 구성이다.

05 모발에 대한 설명으로 옳지 않은 것은?

① 외부로부터 피부를 보호한다.
② 건강한 모발의 pH는 4.5~6.5이다.
③ 수명은 3~6년이다.
④ 주성분은 케라틴이라는 경단백질이다.

해설
② 건강한 모발의 pH는 4.5~5.5이다. 건강한 피부의 pH인 4.5~6.5와 헷갈리지 않도록 주의한다.

기출유형 06 ▶ 화장품의 이해

화장품의 4대 요건으로 옳지 않은 것은?

① 안전성 : 인체에 자극성, 알레르기, 독성이 없어야 한다.
② 안정성 : 변질, 변색, 변취 등 오염을 일으키지 않아야 한다.
③ 사용성 : 사용이 전문적이어야 한다.
④ 유효성 : 보습, 미백, 세정, 자외선 차단 등 목적에 맞는 효과를 부여해야 한다.

해설
③ 사용성은 사용자가 편리하게 사용할 수 있어야 하며, 피부에 잘 발리고 흡수되어야 함을 의미한다.

| 정답 | ③

족집게 과외

1. 화장품의 종류

기초화장품	세안, 세정, 피부 정돈, 피부 보호 등에 도움을 준다.
기능성 화장품	• 피부의 미백이나 주름 개선에 도움을 준다. • 피부를 곱게 태워 주거나 자외선으로부터 보호한다. • 모발의 색상 변화, 제거 또는 영양 공급에 도움을 준다. • 피부 건조, 각화, 탈모 등을 방지하거나 개선하는 데 도움을 준다.
색조 화장품	피부를 매끄럽게 표현하고 채색하는 데에 사용한다.
바디 화장품	몸의 건조함을 방지해 주며, 유분을 부여하여 피부를 보호한다. 바디 로션이나 바디 오일 등이 있다.
모발 화장품	정발제	모발을 고정하는 제품이다.
	염모제	모발의 색을 변하게 하는 제품이다.
	탈색제	색의 원인이 되는 물질을 흡수 또는 분해하여 제거하는 제품이다.
	양모제	털의 성장을 돕고, 탈모를 막아 주는 제품이다.
네일 화장품	손(발)톱을 보호하고 아름답게 하기 위해 사용하며, 손질제, 색조화장제, 연장제 등이 있다.
세안용 화장품	안정성(성질이 쉽게 변하지 않는 성질), 용해성(냉수나 온수에 잘 풀리는 성질), 기포성(거품이 잘 나고 세정력이 있는 성질), 자극성(피부를 자극하지 않고 쾌적한 향이 나는 성질) 등의 조건을 갖추어야 한다.

알파 하이드록시 애씨드(AHA ; Alpha Hydroxy Acid)
• 화학 성분을 활용한 필링이다.
• 주요 성분으로 글리콜산, 젖산, 주석산, 능금산, 구연산 등이 있다.
• 각질 제거, 피부 탄력, 보습, 피부 톤 정리, 미백 작용 등의 효과가 있어 피부 관리에 널리 사용된다.

2. 화장품의 원료

❶ **수성 원료** : 정제수(기초화장품의 기본 원료), 에탄올(수렴 효과, 살균, 소독)

❷ **유성 원료** : 오일, 왁스, 합성 원료

식물성 오일
아보카도 오일, 피마자 오일, 올리브 오일 등

아로마 오일(에센셜 오일)의 종류 및 효능

종 류	효 능
티트리 오일	살균, 소독, 여드름 치료
타임 오일	살균, 소독
주니퍼 오일	독소 배출
로즈마리 오일	진정, 항산화
라벤더 오일	화상, 습진 등 상처 재생, 불면증 개선
멘톨 오일	혈액순환 촉진
클라리세이지 오일	여성 호르몬 균형

❸ **계면활성제** : 물에 녹기 쉬운 친수성 성분과 기름에 녹기 쉬운 친유성 성분을 가지고 있는 화합물로, 수성과 유성 두 물질 사이에 흡착하여 두 성분이 잘 섞일 수 있도록 도와준다.

❹ **산화방지제** : 화장품이 산화되는 것을 방지(변색·변질 방지)한다.

❺ **방부제** : 미생물 증식을 억제해 화장품 변질을 방지한다.

글리세린
글리세린은 화장품 원료(보습제)로서 물 다음으로 가장 널리 쓰이는 성분이다. 수분 손실을 막아 건조를 방지한다.

3. 화장품의 3대 제조 기술

❶ **유화** : 서로 용해되지 않는 두 가지 원료를 혼합한다.

수중유형	물에 오일이 분산되어 있는 상태이다.
유중수형	오일에 물이 분산되어 있는 상태이다.
다중유화	수중유형 유화가 다시 오일에 분산되거나, 유중수형 유화가 다시 물에 분산되어 있는 상태이다.

❷ **가용화** : 물에 녹지 않거나 부분적으로 녹는 물질이 계면활성제에 의해 투명하게 용해된 상태이다.

❸ **분산** : 미세한 고체 입자가 계면활성제에 의해 물 또는 오일 성분에 균일하게 분포된 상태이다.

4. 화장품의 4대 요건

❶ **안전성** : 인체에 자극성, 알레르기, 독성이 없어야 한다.

❷ **안정성** : 변질, 변색, 변취 등 오염을 일으키지 않아야 한다.

❸ **사용성** : 사용자가 편리하게 사용할 수 있어야 하며, 피부에 잘 발리고 흡수되어야 한다.

❹ **유효성** : 보습, 미백, 세정, 자외선 차단 등 목적에 맞는 효과를 부여해야 한다.

기출유형 완성하기

정답 01 ④ 02 ③ 03 ③ 04 ① 05 ③

01 다음 중 기초화장품의 주된 사용 목적에 속하지 않는 것은?

① 세 안
② 피부 정돈
③ 피부 보호
④ 피부 채색

해설
화장품의 주된 사용 목적
- 기초화장품 : 세안, 세정, 피부 정돈, 피부 보호 등
- 색조 화장품 : 피부를 매끄럽게 표현, 채색 등

02 다음은 어떤 종류의 화장품에 대한 설명인가?

- 피부 미백에 도움을 준다.
- 피부 주름 개선에 도움을 준다.
- 모발의 색상을 변화시키거나 제거한다.
- 피부 건조, 각화, 탈모 등을 방지하거나 개선에 도움을 준다.

① 기초화장품
② 색조 화장품
③ 기능성 화장품
④ 의약 화장품

해설
④ 의약 화장품은 치료를 목적으로 하는 연고, 항생제 등을 말한다.

03 다음 중 화장품 3대 제조 기술로 바르지 않은 것은?

① 유 화
② 분 산
③ 수 렴
④ 가용화

해설
화장품 3대 제조 기술
유화, 가용화, 분산

04 다음 설명에 해당하는 화장품의 원료는?

> 수성과 유성 두 물질 사이에 흡착하여 두 성분이 잘 섞이게 도와주는 물질

① 계면활성제
② 보습제
③ 방부제
④ 산화방지제

해설
② 보습제 : 피부 건조를 막고 피부를 촉촉하고 유연하게 해준다.
③ 방부제 : 미생물 증식을 억제해 화장품 변질을 방지한다.
④ 산화방지제 : 제품의 변성을 초래하는 산화의 시작을 늦추고 진행 속도를 느리게 해 화장품의 품질이 떨어지는 것을 방지한다.

05 다음 중 설명이 틀린 것은?

① 정발제 : 모발을 고정하는 제품
② 염모제 : 모발의 색을 변하게 하는 제품
③ 탈색제 : 모발의 색을 밝게 입히는 제품
④ 양모제 : 털의 성장을 돕고, 탈모를 막아 주는 제품

해설
③ 탈색제는 색의 원인이 되는 물질을 흡수 또는 분해하여 제거하는 화장품이다.

기출유형 07 ▶ 미용사 및 미용업소 위생관리 & 안전사고 예방

미용사의 위생관리로 적절하지 않은 것은?

① 체취 및 구취가 나지 않도록 청결함을 유지한다.
② 사용한 도구는 적절한 방법으로 소독한다.
③ 젤 네일 아트로 손톱을 관리한다.
④ 약제를 사용할 때는 장갑을 착용한다.

해설
③ 미용사는 위생을 위해 손톱을 손질하고, 고객의 시술 부위에 상처가 나지 않도록 주의해야 하기 때문에 젤 네일 아트로 손톱을 관리하는 것은 적절하지 않다.

| 정답 | ③

족집게 과외

1. 미용사가 준수해야 하는 사항

❶ 「공중위생관리법」을 준수한다.

❷ 손 위생관리(손톱 관리, 손 씻기, 손 소독 등)를 철저히 하여 청결을 유지하고, 고객의 시술 부위에 상처가 나지 않도록 주의한다.

❸ 체취 및 구취가 나지 않도록 청결함을 유지한다.

❹ 장신구를 많이 착용하면 시술 중 고객의 모발이나 피부에 상처를 입히거나 시술에 방해가 될 수 있으므로 장신구를 착용하지 않거나, 부득이하게 착용해야 하는 경우 최소한으로만 착용하도록 한다.

❺ 화장은 연하고 자연스럽게 한다.

❻ 수건 세탁 시 약품이 묻은 수건은 일반 세탁물과 분리하여 세탁해야 한다(수건을 통해 전염될 수 있는 질병 '트라코마' 때문).

❼ 사용한 도구는 적절한 방법으로 소독한다.

❽ 약제를 사용할 때는 장갑을 착용한다.

2. 안전사고별 응급조치

감 전	기기의 전원을 차단한다.
출 혈	출혈 부위를 압박하여 지혈한다.
화 상	화상 부위를 10~20분 정도 시원한 물에 담그거나 흐르는 물로 식혀 준다.
화 재	화재 사실을 알리고, 계단을 이용해 대피한다.

기출유형 완성하기

정답 01 ① 02 ③

01 상황별 안전사고 응급조치로 틀린 것은?

① 화재 – 화재 사실을 알리고, 엘리베이터로 신속하게 이동한다.
② 감전 – 기기의 전원을 차단한다.
③ 화상 – 화상 부위를 10~20분 정도 시원한 물에 담그거나 흐르는 물로 식혀 준다.
④ 출혈 – 출혈 부위를 압박하여 지혈한다.

해설
① 화재 시에는 엘리베이터를 이용하지 않고, 계단을 이용해 대피한다.

02 미용사의 위생관리에 대한 설명으로 틀린 것은?

① 체취 및 구취가 나지 않도록 청결함을 유지한다.
② 손 위생관리를 철저히 한다.
③ 아름답게 보일 수 있는 장신구를 최대한 많이 착용한다.
④ 화장은 연하고 자연스럽게 한다.

해설
③ 장신구(액세서리)를 많이 착용하게 되면 시술 중에 고객의 모발이나 피부에 상처를 입히거나 시술에 방해가 될 수 있다. 장신구는 착용하지 않거나, 착용할 경우 최소한으로만 해야 한다.

CHAPTER 01 | 미용업 안전위생관리

CHAPTER 02 고객 응대 서비스

PART 2 미용업 안전위생관리 & 고객 응대 서비스

족집게 과외

1. 고객 안내 업무

Comment

고객 안내 업무는 우리가 흔히 미용실에서 겪는 상식적인 내용이 주를 이룬다. 이 부분에서 문제가 출제될 경우 고객과의 경험을 바탕으로 정답을 유추하면 쉽게 풀 수 있다. 따라서 학습에 별도로 시간을 할애하지 않아도 된다.

기출유형 완성하기

정답 01 ④ 02 ④

01 고객 응대 방법으로 적절하지 않은 것은?

① 관리차트를 작성하여 고객의 스타일, 취향 등을 파악한다.
② 고객이 대기하는 공간을 편안하게 느낄 수 있도록 한다.
③ 고객의 개인 소지품은 보관함에 넣고, 시술에 맞는 가운을 제공한다.
④ 고객 관리를 위해 고객의 개인정보는 최대한 많이 수집한다.

해설
④ 개인정보 수집 시 수집 목적을 밝히고 개인정보 항목 등에 동의를 받아야 한다. 고객의 개인정보는 그 목적에 부합되는 내용만 최소한으로 수집할 수 있도록 한다.

02 전화 응대 방법으로 적절하지 않은 것은?

① 전화벨이 울리면 신속하게 받을 수 있도록 한다.
② 고객이 말하는 내용을 확인하고 메모한다.
③ 고객이 듣기 편하도록 친절한 목소리로 응대한다.
④ 비대면으로 이루어지기 때문에 자세나 표정은 신경 쓰지 않아도 된다.

해설
④ 통화하는 고객이 나를 볼 수 없다고 하더라도 통화 중에는 바른 자세와 밝은 표정으로 대화하는 것이 기본이다.

합격의 공식 시대에듀

교육이란
사람이 학교에서 배운 것을
잊어버린 후에 남은 것을 말한다.

– 알버트 아인슈타인 –

PART 3
헤어 펌 & 드라이

CHAPTER 01 헤어 펌

CHAPTER 02 드라이

CHAPTER 01 헤어 펌

PART 3 헤어 펌 & 드라이

기출유형 08 ▶ 베이직 헤어 펌 & 매직 스트레이트 헤어 펌

퍼머넌트 웨이브 시술 시 산화제의 역할이 아닌 것은?

① 퍼머넌트 웨이브의 작용을 계속 진행시킨다.
② 제1액의 작용을 멈추게 한다.
③ 시스틴 결합을 재결합시킨다.
④ 제1액이 작용한 형태의 컬로 고정시킨다.

해설
산화제는 제2액 또는 제2제 등으로 불리며, 절단된 시스틴 결합을 재결합시켜 웨이브 된 모발을 고정시키는 역할을 한다.

| 정답 | ①

족집게 과외

1. 헤어 퍼머넌트 웨이브

열 또는 화학약품 작용으로 모발 조직에 변화를 주어 오래 유지할 수 있는 웨이브를 만드는 것을 말한다.

2. 퍼머넌트 웨이브제

Comment
퍼머넌트 웨이브를 하기 전에는 두피와 모발을 진단하고, 프레 샴푸나 프레 커트를 한다.

❶ 제1액 또는 제1제
  ㉠ '환원제', '프로세싱 솔루션'이라고 한다.
  ㉡ 주성분
   • 티오글리콜산 : 무색, 유취의 액체이다. 환원 작용이 강하기 때문에 두꺼운 모발이나 화학 처리가 되지 않은 머리에 주로 사용한다.
   • 시스테인 : 모발, 새의 깃털을 원료로 시스틴을 환원시켜 수소를 첨가한 것이다. 아미노산이 있어 손상모 사용에 적합하다.
     - 시스틴 환원 → 시스테인
     - 시스테인 산화 → 시스틴(모발 결합 형태)

ⓒ 여기에서 환원이란 산소(O)를 잃거나 수소(H)와 결합하는 것을 뜻한다.
ⓓ 제1액(제1제)의 알칼리 성분이 모발을 팽윤·연화시키며 수소(H)가 시스틴 결합을 절단한다.
ⓔ 시스틴의 결합이 절단되어 모발의 모양이 변할 수 있는 상태가 된다.

❷ 제2액 또는 제2제
ⓐ '산화제', '중화제', '뉴트럴라이저'라고 한다.
ⓑ 주성분
  - 과산화수소수 : 열 펌에 주로 이용되며, 알칼리에서 불안정하다. 산화 속도가 빠르며, 소요 시간은 5~10분 정도이다.
  - 브롬산 : 냄새가 나서 '취소산'이라고도 불린다. 적정 농도는 3~5%이며, 시스테인 펌에 주로 사용한다. 소요 시간은 10~20분 정도이다.
ⓒ 절단된 시스틴 결합을 재결합시킨다.
ⓓ 산화제의 성분 중 산소(O)가 수소(H)와 만나 다시 시스틴 결합 상태로 만든다.

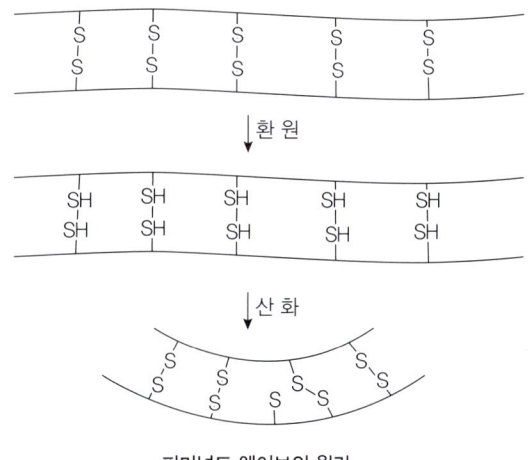

퍼머넌트 웨이브의 원리

Tip

테스트 컬(Test Curl)
퍼머넌트 웨이브 시술 시 제1액의 작용 정도를 판단하여 정확한 프로세싱 타임을 결정하고, 웨이브의 형성 정도를 조사하는 것이다.

Tip

와인딩과 로드의 관계
모발의 양이 많고 굵을수록 스트랜드를 적게 하고, 로드의 직경은 작은 것을 사용해야 한다.

Comment
퍼머넌트 직후에는 미온수로 린스 처리한다.

3. 펌의 종류

❶ 콜드 펌
㉠ 상온에서 펌제를 이용한다.
㉡ 시스틴 결합을 이용한 펌이다.
㉢ 1936년 영국의 J.B 스피크먼이 창안하였다.
㉣ 전기를 이용한 기기를 사용하지 않는다.

❷ 히트 펌
㉠ 콜드 펌 전에 사용한 펌이다.
㉡ 알갈리수용액과 열(105~110℃)을 이용한다.
㉢ 1905년 영국의 찰스 네슬러 : 스파이럴식 퍼머넌트 웨이브(두피 쪽에서 모발 끝으로 진행)를 창안하였다.
㉣ 1925년 독일의 조셉 메이어 : 크로키놀식 퍼머넌트 웨이브(모발 끝에서 두피 쪽으로 진행)를 창안하였다.

❸ 열 펌
㉠ 모발에 열을 가한다.
㉡ 제1액의 환원 작용 후 아이론기를 이용한다.
㉢ 수소 결합을 이용한다.
㉣ 물리적 작용으로 이루어진다.

❹ 매직 스트레이트 헤어 펌
㉠ 아이론기를 사용하여 모발을 곧게(플랫 아이론기 사용) 만들거나, 모발의 끝을 C컬 형태(반원형 아이론기 사용)로 만드는 열 펌이다.

> **Tip**
> **플랫 아이론기와 반원형 아이론기**
> • 플랫 아이론기와 반원형 아이론기는 모두 전열식 기기이다.
> • 플랫 아이론기는 머리를 곧게 만드는 데 사용한다.
> • 반원형 아이론기는 머리를 C컬 형태로 만드는 데 사용하며, 볼륨을 뿌리부터 살릴 수 있어 볼륨매직에도 사용한다.

㉡ 매직 스트레이트 펌, 볼륨매직 펌이 있다.
㉢ 방 법
- 연화 처리
  - 네이프에서부터 제1액을 도포한다.
  - 두피에서 0.5cm를 띄운다.
  - 열 처리 전까지 일정 시간 방치한다.
- 연화 상태 점검 : 스트레이트 펌이 될 수 있는 상태인지 확인한다.
- 중간 린스
  - 미온수로 펌제를 남김 없이 헹군다.
  - 타월 드라이 → 트리트먼트제 → 타월 드라이 → 헤어 드라이기 순서로 건조한다.

- 프레스
  - 아이론기를 사용하여 작업한다.
  - 아이론기의 적정 온도는 120~140℃이다.
  - 네이프 → 후두부 → 사이드 순서로 진행한다.

시술 중 화상을 입었을 경우
시술 중 화상을 입었을 때는 화상 부위를 찬물로 헹군 후 바셀린 또는 항생제를 발라준다.

- 제2액 도포 : 시스틴 재결합 과정으로, 제2액을 꼼꼼하게 도포한다.
- 샴푸 : 미온수에서 산성 샴푸를 한다.

4. 프로세싱 타임

❶ 와인딩 후 제2액을 도포하기 전까지의 방치 시간을 뜻한다.

❷ 콜드 펌의 프로세싱 타임은 일반적으로 10~15분이다.

❸ **프로세싱의 종류**
  ㉠ 언더 프로세싱 : 방치 시간을 너무 짧게 한 경우로, 웨이브 형성이 잘 되지 않는다.
  ㉡ 오버 프로세싱 : 방치 시간을 너무 길게 한 경우로, 모발이 꼬불거리고 갈라지며 부서진다.

다공성모
다공성모란 모발의 간충 물질이 소실되어 보습 작용이 적어져 건조해지기 쉬운 손상모를 말한다. 다공성은 모발이 얼마나 빨리 유액을 흡수하느냐에 따라 그 정도가 결정된다. 모발의 다공성을 알아보기 위한 진단은 모발이 건조한 상태일 때 실시한다. 다공성의 정도에 따라 콜드 웨이빙의 프로세싱 타임과 웨이빙 용액의 정도가 결정되는데, 모발의 다공성 정도가 클수록 프로세싱 타임을 짧게 하고, 보다 순한 용액을 사용해야 한다.

제1액(제1제) 도포 후 비닐 캡을 씌우는 이유
- 체온에 의한 환원 작용을 촉진하기 위한 것이다.
- 알칼리 휘발을 방지하기 위한 것이다.
- 제1액(제1제)이 모발 전체에 골고루 작용하도록 돕기 위한 것이다.
- 열을 보존하고 액의 건조를 방지하기 위한 것이다.

5. 리세트
펌의 완성도에 따라 다음의 경우 수정 · 보완 작업을 한다. 세트를 다시 마는 것이다.

❶ 웨이브가 나오지 않은 경우
- ㉠ 상황 : 언더 프로세싱 또는 로드가 큰 경우, 제2액 처리가 부족한 경우
- ㉡ 작업 : 방치 시간을 더 둔다.

❷ 과한 웨이브가 나온 경우
- ㉠ 상황 : 오버 프로세싱 또는 로드가 작은 경우, 모발의 상태에 비해 너무 강한 펌제를 사용한 경우
- ㉡ 작업 : 제1액으로 웨이브를 풀어주거나 컨디셔너를 충분히 활용한다.

❸ 탄력이 없는 경우
- ㉠ 상황 : 산화가 제대로 되지 않은 경우, 펌 후 과도한 텐션이 가해진 경우
- ㉡ 작업 : 다시 시술한다.

기출유형 완성하기

정답 01 ① 02 ③ 03 ④ 04 ④ 05 ②

01 다음 중 열 펌에 대한 설명으로 틀린 것은?

① 상온에서 하는 펌의 방법이다.
② 아이론기, 세팅기 등으로 열을 가하는 방식이다.
③ 물리적 작용으로 펌을 한다.
④ 수소 결합을 이용한 펌의 방법이다.

해설
① 상온에서 시스틴 결합을 이용하는 펌은 콜드 펌이다.

02 다음 중 콜드 펌에 대한 설명으로 틀린 것은?

① 펌제를 사용하여 웨이브를 만든다.
② 시스틴의 결합을 이용하여 펌을 만든다.
③ 1925년 독일의 조셉 메이어가 창안했다.
④ 전기를 이용한 기기를 사용하지 않는다.

해설
③ 콜드 펌은 1936년 영국의 J.B 스피크먼에 의해 창안되었다.

03 펌제 중 제1액에 해당하는 설명으로 옳은 것은?

① 절단된 시스틴 결합을 재결합하는 역할을 한다.
② 과산화수소가 주성분이다.
③ '산화제'라고도 불린다.
④ 알칼리 성분이 모발을 팽윤·연화시킨다.

해설
④ 제1액(제1제)의 알칼리 성분이 모발을 팽윤·연화시키며 수소(H)가 시스틴 결합을 절단한다.
①·②·③ 제2액(제2제)에 대한 설명이다.

04 다음 설명 중 틀린 것은?

① 콜드 펌 제2액은 산화 작용을 한다.
② 콜드 펌 제1액은 환원 작용을 한다.
③ 콜드 펌 제2액은 절단된 시스틴 결합을 재결합한다.
④ 콜드 펌 제1액은 시스틴 결합이 절단되지 않도록 단단히 고정한다.

해설
④ 제1액은 시스틴 결합을 절단하는 환원 작용을 한다.

05 펌 중간 테스트(테스트 컬)에서 컬이 잘 나오지 않았을 때 대처 방법으로 옳은 것은?

① 오버 프로세싱 상태라고 할 수 있다.
② 프로세싱 타임을 더 준다.
③ 제1액을 더 도포한다.
④ 더 큰 로드로 교체한다.

해설
② 중간 테스트는 와인딩된 로드를 풀어 웨이브의 형성 정도를 확인하는 것이다. 컬이 잘 나오지 않은 경우는 방치 시간이 부족한 언더 프로세싱인 상태로, 방치 시간을 더 두어 컬이 더 잘 나오게 할 수 있다.

기출유형 완성하기

정답 06 ④ 07 ③

06 플랫 아이론기, 반원형 아이론기에 대한 설명으로 옳은 것은?

① 플랫 아이론기를 사용하면 머리 끝이 C컬 형태가 된다.
② 두 아이론기 모두 화열식 기기이다.
③ 반원형 아이론기를 사용하면 머리가 곧게 펴진다.
④ 볼륨매직에 적합한 것은 반원형 아이론기이다.

해설
④ 플랫 아이론기는 머리를 곧게, 반원형 아이론기는 C컬 형태로 만드는 데 사용되며, 두 기기 모두 전열식 기기이다. 반원형 아이론기로 뿌리부터 볼륨을 살릴 수 있어 볼륨매직에 적합하다.

07 매직 스트레이트 헤어 펌의 설명으로 옳은 것은?

① 매직 스트레이트 헤어 펌에 적절한 아이론기 온도는 180~200℃이다.
② 매직 스트레이트 헤어 펌 중 화상 시에는 알코올을 뿌린다.
③ 시술 후 샴푸는 산성 샴푸를 사용하는 것이 좋다.
④ 모발을 건조한 후에 트리트먼트제를 사용한다.

해설
① 아이론기의 온도는 120~140℃가 적당하다.
② 시술 중 화상을 입었을 때는 찬물로 헹군 후 바셀린 또는 항생제를 발라준다.
④ 매직 스트레이트 헤어 펌은 모발 손상이 크므로 트리트먼트제를 도포한 뒤에 모발을 건조하는 것이 좋다. 또한, 홈케어 시에는 젖은 모발에 전열식 기기를 사용하여 모발 손상을 일으키지 않도록 주의하여야 한다(건조된 모발에 아이론기를 사용해야 한다).

CHAPTER 02 드라이

PART 3 헤어 펌 & 드라이

기출유형 09 ▶ 기초 드라이

컬의 목적으로 가장 적절한 것은?

① 텐션, 루프, 스템 생성
② 웨이브, 볼륨, 플러프 생성
③ 슬라이싱, 스퀘어, 베이스 생성
④ 세팅, 뱅 생성

해설
② 컬의 목적은 웨이브(모발의 움직임), 플러프(모발 끝의 변화), 볼륨(공기감) 생성으로, 컬의 3요소인 베이스, 스템, 루프와 헷갈리지 않도록 주의한다.

| 정답 | ②

족집게 과외

1. 헤어 세팅

❶ 종 류
㉠ 오리지널(기초) 세트(기초가 되는 최초의 세트) : 헤어 파팅, 셰이핑, 컬링, 롤링, 웨이빙
㉡ 리세트(마무리 세트) : 브러시 아웃, 콤아웃, 백 콤

2. 헤어 파팅

❶ 정의 : 모발을 갈라 나누는 작업이다.

❷ 종 류

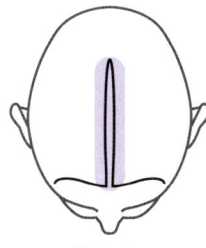 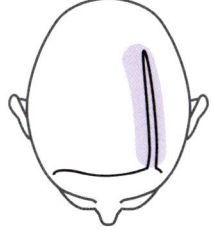 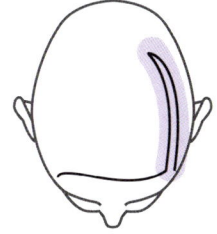 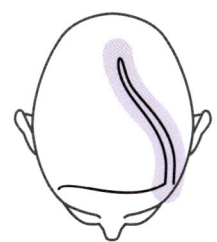

센터 파트   사이드 파트   라운드 사이드 파트   업 다이애그널 파트

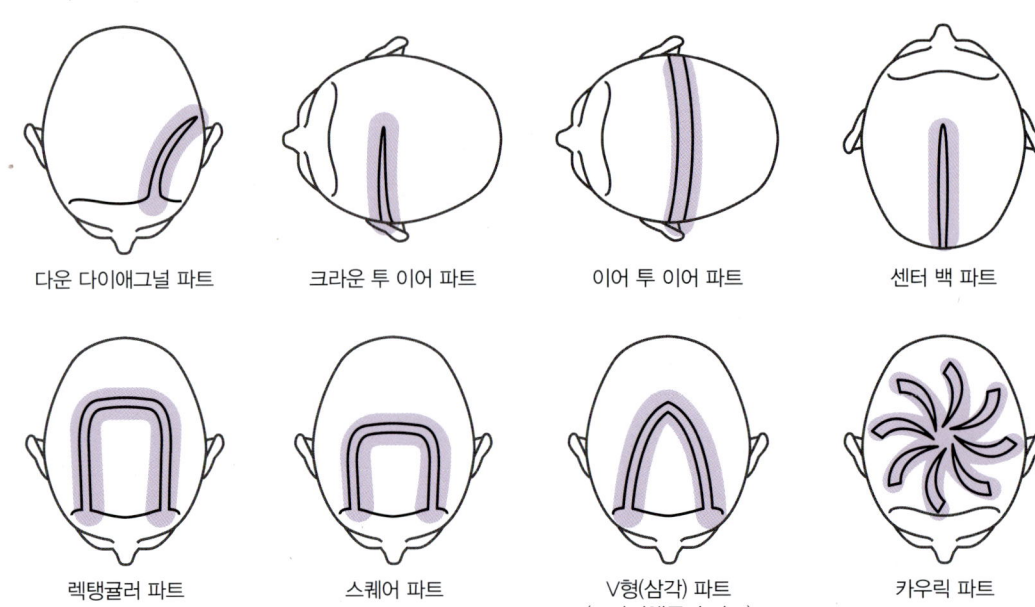

센터 파트	모발을 이마의 가운데에서 가르는 것이다.
사이드 파트	모발을 이마의 가운데가 아닌 옆쪽에서 가르는 것이다.
라운드 사이드 파트	모발의 사이드 파트를 둥글게 곡선으로 가르는 것이다.
업 다이애그널 파트	대각선 방향으로 뒤로 갈수록 위로 올라도록 모발을 가르는 것이다.
다운 다이애그널 파트	대각선 방향으로 뒤로 갈수록 아래로 내려가도록 모발을 가르는 것이다.
크라운 투 이어 파트	모발을 크라운(두상 꼭대기)에서 귀까지 수직으로 내려 가르는 것이다.
이어 투 이어 파트	모발을 한쪽 귀에서 정수리를 지나 반대쪽 귀까지 가르는 것이다.
센터 백 파트	모발을 두상의 뒤에서부터 가운데로 가르는 것이다.
렉탱귤러 파트	이마 양쪽 사이드 파트의 모발을 두정부에서 이어 직사각형으로 가르는 것이다.
스퀘어 파트	렉탱귤러 파트와 비슷하지만, 보다 정사각형에 가깝다.
V형(삼각) 파트 (트라이앵귤러 파트)	모발을 두정부에서 이마 양쪽으로 연결하여 V자 모양으로 가르는 것이다.
카우릭 파트	모발을 두정부 가마에서 방사상으로 가르는 것이다.

3. 헤어 셰이핑

❶ 정의 : 커트나 코밍으로 모발의 결이나 모양을 만드는 것이다.

❷ 종 류

　㉠ 업 셰이핑 : 위로 빗어 올리는 것이다.
　㉡ 다운 셰이핑 : 아래로 빗어 내리는 것이다.

4. 헤어 컬링

❶ **정의** : 모발을 둥글게 고리 모양의 형태로 만드는 것이다.

❷ **목적** : 웨이브, 볼륨, 플러프 생성을 위한 것이다.

❸ **컬의 부위별 명칭**

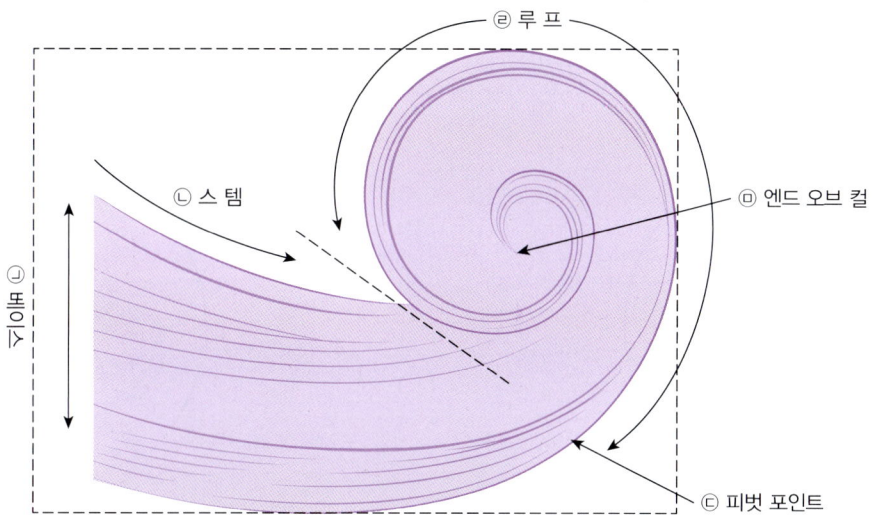

ⓐ 베이스 : 컬 스트랜드의 뿌리(근원)
ⓑ 스템 : 베이스에서 피벗 포인트까지의 줄기

스템의 방향
- 논 스템 : 루프가 베이스에 들어가 있는 형태로, 컬이 오래 지속되고 움직임을 가장 적게 해준다.
- 하프 스템 : 루프가 베이스에 반쯤 걸쳐 있는 형태로, 적당한 움직임을 갖는다.
- 롱(풀) 스템 : 루프가 베이스에 벗어나 있는 형태로, 움직임이 가장 크다.

ⓒ 피벗 포인트 : 컬이 말리기 시작한 지점
ⓓ 루프 : 원형으로 말린 둥근 부분
ⓔ 엔드 오브 컬 : 컬의 끝부분

컬의 3요소
베이스, 스템, 루프

❹ 종 류

㉠ 루프의 위치에 따른 분류

스탠드 업 컬	루프가 두피에 90°로 세워진 컬이다.
리프트 컬	루프가 두피에 45°로 세워진 컬('베럴 컬'이라고도 한다)이다.
플랫 컬	루프가 두피에 0°로 평평하고 납작하게 형성하는 컬이다.
스컬프쳐 컬	모발의 끝이 컬의 중심이 되는 컬로, 웨이브는 뿌리로 갈수록 넓어진다.
메이폴(핀) 컬	모발의 끝이 컬의 바깥에 있는 컬로, 웨이브는 모발 끝으로 갈수록 넓어진다.

㉡ 컬의 방향에 따른 분류

C컬 (클록와이즈 와인드 컬)	시계 방향으로 말리는 컬이다.
CC컬 (카운터 클록와이즈 와인드 컬)	반시계 방향으로 말리는 컬이다.
포워드 컬 (아래 방향으로 말리는 컬)	귓바퀴 방향으로 말리는 컬이다.
리버스 컬 (후두부 쪽으로 넘어가는 컬)	귓바퀴 반대 방향(후두부 쪽)으로 말리는 컬이다.

㉢ 기 타

- 롤러 컬 : 롤러를 이용하여 웨이브를 만들고 볼륨을 살린다.

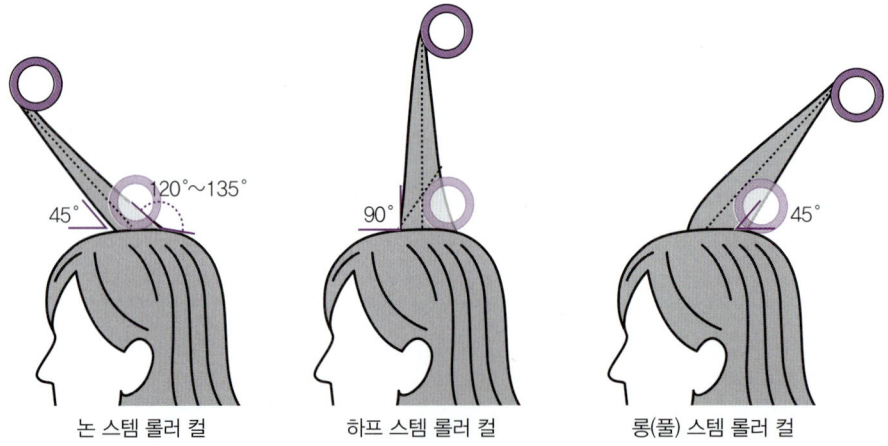

논 스템 롤러 컬   하프 스템 롤러 컬   롱(풀) 스템 롤러 컬

논 스템 롤러 컬	전방 45°로 마는 컬이다.
하프 스템 롤러 컬	90°로 마는 컬이다.
롱(풀) 스템 롤러 컬	후방 45°로 마는 컬이다.

5. 헤어 웨이빙

❶ **정의** : S형 물결 모양의 모발을 '웨이브'라고 하는데, 이러한 모발을 만드는 작업이 헤어 웨이빙이다.

❷ **웨이브의 부위별 명칭**

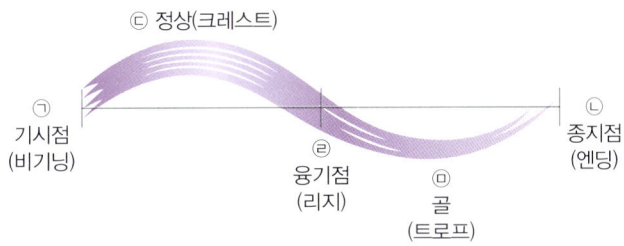

웨이브의 3요소
크레스트, 리지, 트로프

❸ **웨이브의 종류**

㉠ 웨이브 형상에 따른 분류

섀도 웨이브	리지가 그림자(Shadow)처럼 잘 보이지 않는다고 하여 붙여진 이름이다. 웨이브 중에서 굴곡이 가장 적다.
내로우 웨이브	크레스트(트로프)와 크레스트(트로프) 사이가 좁아 가장 곱슬거리는 웨이브이다.
와이드 웨이브	섀도 웨이브와 내로우 웨이브 중간 정도의 웨이브이며, 크레스트와 리지가 뚜렷하고 자연스럽다.

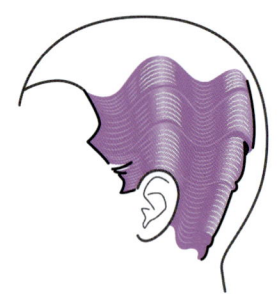 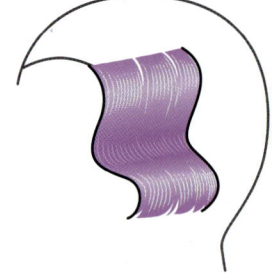 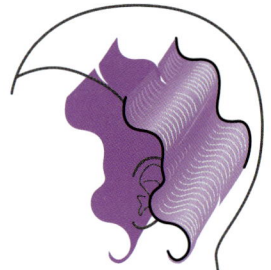

| 버티컬 웨이브 | 호리존탈 웨이브 | 다이애그널 웨이브 |

ⓒ 웨이브 위치에 따른 분류

버티컬 웨이브	리지가 수직인 웨이브이다.
호리존탈 웨이브	리지가 수평인 웨이브이다.
다이애그널 웨이브	리지가 사선인 웨이브이다.

ⓒ 기타 웨이브

- 핑거 웨이브(Finger Wave) : 세팅로션이나 물을 이용하여 빗과 손가락으로 형성하는 웨이브이다.
  - 종 류

스월 웨이브	물결이 휘어 치는 듯한 웨이브이다.
스윙 웨이브	큰 움직임을 보는 듯한 웨이브이다.
하이 웨이브	리지가 높은 웨이브이다.
로우 웨이브	리지가 낮은 웨이브이다.
덜 웨이브	리지가 뚜렷하지 않은 웨이브이다.
올 웨이브	가르마가 없이 만든 웨이브이다.

핑거 웨이브와 핀 컬 조합
- 리지 컬 : 핑거 웨이브와 하단에 핀 컬이 조합된 웨이브(뱅이 4개)이다.
- 스킵 웨이브 : 핑거 웨이브와 핀 컬이 교차 결합되어 반복되는 웨이브이다.

- 마샬 웨이브 : 1875년 프랑스의 마샬 그라또우가 창안한 것으로, 아이론기에 열을 가해 모발에 일시적인 변화를 주어 웨이브를 만드는 것이다.
  - 아이론기의 적정 온도 : 120~140℃
  - 아이론기의 종류

화열식	직접 불에 달궈 사용한다.
전열식	전기를 이용한다.
축열식	충전을 하여 사용한다.

- 아이론기의 사용법 : 프롱은 아래쪽, 그루브는 위쪽을 향하게 해야 아이론기가 중력의 힘으로 벌어져 시술이 가능하다.

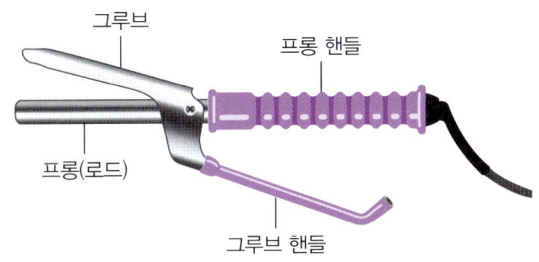

6. 뱅 & 플러프

① 뱅(Bang)

㉠ 정의 : 이마를 장식할 목적으로 자른 앞머리, 즉 앞머리 헤어스타일이다.

㉡ 종류

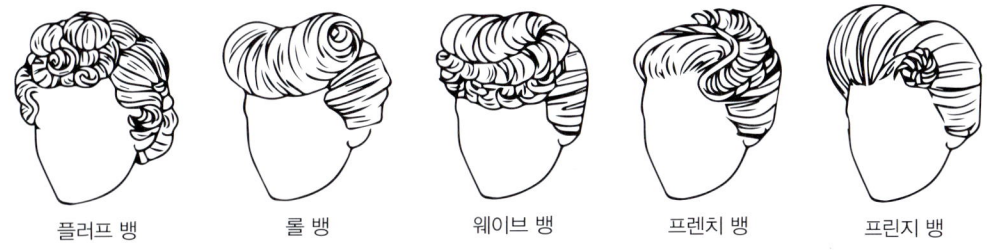

플러프 뱅	컬이 부드럽고 자연스러운 볼륨의 뱅이다. 컬을 깃털과 같이 일정한 모양을 갖추지 않고 부풀려서 볼륨을 준다.
롤 뱅	롤로 만든 뱅이다.
웨이브 뱅	풀 웨이브 또는 하프 웨이브로 형성한 뱅이다.
프렌치 뱅	모발을 위로 끌어 올려 끝부분을 들어 올린 뱅이다.
프린지 뱅	가르마 가까이에 작게 낸 뱅이다.

② 플러프(Fluff)

㉠ 정의 : 모발 끝에 모양을 주는 것(뒷머리 스타일)이다.

㉡ 종류

라운드 플러프	모발 끝이 원형 또는 반원형 모양인 플러프이다.
덕 테일 플러프	모발 끝이 오리 꼬리 모양으로 위로 구부러진 모양의 플러프이다.
페이지 보이 플러프	모발 끝이 갈고리 모양으로 구부러졌다가 원형으로 끝나는 모양의 플러프이다.

7. 콤아웃(Comb out)

❶ **정의** : 빗을 이용하여 헤어 세팅을 끝맺는 작업이다.

❷ **종 류**

브러싱	브러시를 이용하여 가지런히 빗어 마무리한다.
코 밍	브러시로 표현되지 않은 부분을 빗질로 마무리한다.
백코밍	• 빗을 모근(베이스)을 향한 방향으로 빗질하여 모발을 세워 마무리한다. • 흔히 '후까시'라고 한다.

8. 블로 드라이

❶ **정의** : 모발에 열풍을 가해 일시적으로 변화를 주는 방법이다.

❷ **적정 온도** : 60~90℃

기출유형 완성하기

정답 01 ③ 02 ④ 03 ④ 04 ①

01 헤어 스타일의 형태를 S형의 물결 모양으로 만드는 작업을 무엇이라고 하는가?

① 컬링
② 셰이핑
③ 웨이빙
④ 코밍

해설

① 컬링 : 모발을 둥글게 고리 모양의 형태로 만드는 것이다.
② 셰이핑 : 모발의 결이나 모양을 만드는 것(커트나 코밍으로)이다.
④ 코밍 : 브러시로 표현되지 않은 부분을 빗질하여 헤어 세팅을 마무리하는 것이다.

02 다음 중 컬의 3요소에 해당하지 않는 것은?

① 베이스
② 스템
③ 루프
④ 피벗 포인트

해설

컬의 3요소는 베이스, 스템, 루프이다. 피벗 포인트는 컬이 말리기 시작하는 지점으로, 스템과 루프의 사이 지점을 말한다.

03 다음 중 메이폴 컬의 설명으로 옳은 것은?

① 루프가 두피에 90°로 세워진 컬
② 루프가 두피에 45°로 세워진 컬
③ 모발의 끝이 컬의 중심이 되는 컬로, 뿌리로 갈수록 웨이브가 넓어지는 형태
④ 모발의 끝이 컬의 바깥에 있는 컬로, 모발 끝으로 갈수록 웨이브가 넓어지는 형태

해설

① 스탠드 업 컬에 대한 설명이다.
② 리프트 컬에 대한 설명이다.
③ 스컬프처 컬에 대한 설명이다.

04 시계 방향으로 말리는 컬을 일컫는 것은?

① C컬(클록와이즈 와인드 컬)
② CC컬(카운터 클록와이즈 와인드 컬)
③ 포워드 컬
④ 리버스 컬

해설

② CC컬(카운터 클록와이즈 와인드 컬) : 반시계 방향으로 말리는 컬
③ 포워드 컬 : 귓바퀴 방향으로 말리는 컬
④ 리버스 컬 : 귓바퀴 반대 방향(후두부 쪽)으로 말리는 컬

기출유형 완성하기

정답 05 ② 06 ④ 07 ③ 08 ①

05 웨이브의 3요소로 알맞은 것은?

① 비기닝, 크레스트, 트로프
② 크레스트, 리지, 트로프
③ 리지, 트로프, 엔딩
④ 비기닝, 크레스트, 리지

해설
② 웨이브의 3요소는 크레스트(정상), 리지(융기점), 트로프(골)이다.

06 뱅의 설명으로 틀린 것은?

① 플러프 뱅: 컬이 부드럽고 자연스러운 볼륨의 뱅
② 롤 뱅 : 롤로 만든 뱅
③ 웨이브 뱅 : 풀 웨이브 또는 하프 웨이브로 형성된 뱅
④ 프렌치 뱅 : 가르마 가까이에 작게 낸 뱅

해설
④ 가르마 가까이에 작게 낸 뱅은 프린지 뱅이다. 프렌치 뱅은 모발을 위로 올려 끝부분을 들어 올린 뱅이다.

07 모발 끝이 갈고리 모양으로 구부러졌다가 원형으로 끝나는 형태의 플러프는?

① 업 라운드 플러프
② 다운 라운드 플러프
③ 페이지 보이 플러프
④ 덕 테일 플러프

해설
① · ② 모발 끝이 원형 또는 반원형 모양인 플러프이다.
④ 모발 끝이 오리 꼬리 모양으로 위로 구부러진 모양의 플러프이다.

08 아이론기와 블로 드라이의 적정 온도로 옳은 것은?

① 아이론기 : 120~140℃, 블로 드라이: 60~90℃
② 아이론기 : 120~140℃, 블로 드라이: 90~120℃
③ 아이론기 : 90~120℃, 블로 드라이: 120~150℃
④ 아이론기 : 60~90℃, 블로 드라이: 120~150℃

해설
① 아이론기와 블로 드라이의 적정 온도는 아이론기 : 120~140℃, 블로 드라이 : 60~90℃이다.

PART 4
헤어 케어 &
두피 · 모발 관리

CHAPTER 01 헤어 케어

CHAPTER 02 두피 · 모발 관리

CHAPTER 01 헤어 케어

PART 4 헤어 케어 & 두피 · 모발 관리

기출유형 10 ▶ 헤어 샴푸 & 헤어 트리트먼트

헤어 샴푸의 목적과 가장 거리가 먼 것은?

① 두피와 모발에 영양 공급
② 헤어 트리트먼트를 쉽게 하기 위한 기초 작업
③ 모발의 건전한 발육 촉진
④ 청결한 두피와 모발 유지

해설
① 두피와 모발에 영양을 공급하는 것은 헤어 트리트먼트에 대한 설명이다.
샴푸의 목적
• 두피와 모발의 세정
• 두피 강화와 모발 발육 촉진
• 다른 미용 시술을 위한 기초 작업

| 정답 | ①

족집게 과외

1. 샴푸

❶ **목적** : 두피와 모발을 세정하고, 두피 강화와 모발 발육을 촉진하며, 다른 미용 시술을 위한 기초 작업을 위해 사용한다.

❷ **종류**

웨트 샴푸 (물 사용)	플레인 샴푸	중성 두피에 사용하는 가장 일반적인 샴푸이다.
	스페셜 샴푸	핫 오일 샴푸: • 물을 사용하는 스페셜 샴푸이다. • 오일을 따뜻하게 덥혀서 바르고 마사지한다. • 올리브유 등 식물성 오일이 좋다. • 플레인 샴푸를 하기 전에 사용한다. • 펌이나 컬러링 시술 후 두피와 모발에 지방을 공급하고 모근을 강화시켜주는 기능을 한다.
		에그 샴푸: • 달걀을 이용하는 샴푸로, 달걀의 흰자는 노폐물 제거에, 노른자는 영양과 광택 부여에 효과적이다. • 모발이 지나치게 건조할 때나 염색에 실패했을 때 모발에 영양을 공급하기 위해 사용한다.
드라이 샴푸 (물 없는 샴푸)	파우더 드라이 샴푸	카오린, 탄산마그네슘 등을 섞어 모발에 뿌려서 사용한다.
	리퀴드 드라이 샴푸	에탄올, 벤젠 등의 성분으로, 주로 가발에 사용한다.
	에그 파우더 드라이 샴푸	흰자를 팩으로 두피에 도포한다.

기능성 샴푸	프로테인 샴푸	• 단백질성 샴푸로 손상모에 세정 작용을 한다. • 누에고치에서 추출한 성분과 난황의 성분을 함유하고 있어 영양분을 공급하여 모발을 보호한다.
기 타	프레 샴푸	시술 전에 사용한다.
	애프터 샴푸	시술 후에 사용한다.

❸ 성 분

계면활성제, 기포증진제, 점증제, 금속이온봉쇄제, pH조절제

❹ 방 법

사전 브러싱을 한다. → 타월로 고객의 얼굴을 가려준다. → 물 온도(38~40℃)를 확인한다. → 손바닥으로 샴푸 거품을 낸 후 모발에 도포한다(전두부, 측두부, 두정부, 후두부 순서). → 샴푸 테크닉을 다양하게 한다. → 잔여 샴푸가 남지 않도록 헹군다.

브러싱의 목적
- 시술 전 엉킨 머리를 풀어주기 위함
- 두피나 모발의 비듬, 노폐물을 제거하기 위함
- 두피를 자극하여 혈액순환을 돕기 위함

Comment

타월 처리로 물이 튀지 않게 한다.

2. 린스

❶ **목적** : 샴푸 후 건조해진 모발에 유분과 수분을 공급하기 위한 것이다. 린스는 모발의 알칼리성을 약산성화하고 정전기를 방지하며, 윤기를 부여해 엉킴을 방지한다.

❷ **종 류**

플레인 린스	• 가장 일반적인 린스이다. • 38~40℃의 물을 사용한다. • 중간 린스에 사용한다. • 퍼머넌트 웨이브 시술 시 제1액을 미온수로 씻어낼 때 사용한다.
산성 린스	• pH는 3~4이다. • 시술 후 알칼리 중화[레몬 린스, 구연산 린스, 비니거 린스(식초 희석)]한다.
약용 린스	살균·소독 작용 물질로 구성되어 비듬성 두피에 사용한다.
유성(오일) 린스	• 건조해진 모발에 유분을 부여하는 목적으로 사용한다. • 크림 린스, 오일 린스가 있다.

크림 린스는 정전기와 엉킴을 방지하는 효과가 있다.

산성균형 린스(Acid Balanced Rinse)
염색 시술 시 모표피의 안정과 염색의 퇴색을 방지하기 위해 적합한 린스이다.

3. 트리트먼트

❶ 목 적
  ㉠ 두피의 혈액순환을 촉진한다.
  ㉡ 비듬을 제거하고 가려움증을 완화한다.
  ㉢ 두피 청결 및 모근 자극으로 탈모를 방지한다.
  ㉣ 모발 발육을 촉진한다.
  ㉤ 두피에 유분 및 수분을 공급한다.

❷ 두피 유형에 따른 트리트먼트 케어

정상 두피	플레인 스캘프 트리트먼트
건성 두피	드라이 스캘프 트리트먼트
지성 두피	오일리 스캘프 트리트먼트
비듬성 두피	댄드러프 스캘프 트리트먼트

기출유형 완성하기

정답 01 ② 02 ② 03 ② 04 ① 05 ④

01 다음 중 드라이 샴푸가 아닌 것은?

① 파우더 드라이 샴푸
② 플레인 샴푸
③ 리퀴드 드라이 샴푸
④ 에그 파우더 드라이 샴푸

해설
② 플레인 샴푸는 물을 사용하는 웨트 샴푸이다.

02 샴푸 방법으로 틀린 것은?

① 물의 온도는 38~40℃가 적당하다.
② 샴푸는 모발에 직접 도포한다.
③ 샴푸는 전두부에서부터 시작한다.
④ 타월 처리로 물이 튀지 않게 한다.

해설
② 샴푸는 손바닥에서 거품을 낸 후 모발에 도포해야 한다.

03 다음 중 산성 린스가 아닌 것은?

① 비니거 린스
② 크림 린스
③ 레몬 린스
④ 구연산 린스

해설
② 크림 린스는 유성 린스에 해당한다. 정전기 방지, 엉킴 방지 등의 효과가 있다.

04 헤어 트리트먼트 사용 목적으로 옳은 것은?

① 손상된 모발에 영양을 공급하기 위한 것이다.
② 두피, 모발의 노폐물을 제거하기 위한 것이다.
③ 모발에 색을 입히기 위한 것이다.
④ 탈모를 방지하고, 모발을 발육시키기 위한 것이다.

해설
② 샴푸에 대한 설명이다.
③ 염모제에 대한 설명이다.
④ 양모제에 대한 설명이다.

05 브러싱의 목적으로 틀린 것은?

① 시술 전 엉킨 머리를 풀어주기 위한 것이다.
② 두피나 모발의 비듬이나 노폐물을 제거하기 위한 것이다.
③ 두피를 자극하여 혈액순환을 돕기 위한 것이다.
④ 모발에 영양을 공급해 주기 위한 것이다.

해설
④ 트리트먼트의 목적에 대한 설명이다.

CHAPTER 02 두피 · 모발 관리

PART 4 헤어 케어 & 두피 · 모발 관리

기출유형 11 ▶ 두피·모발 관리

다음 중 일반적으로 건강한 모발의 상태는?

① 단백질 : 10~20%, 수분 : 10~15%, pH : 2.5~4.5
② 단백질 : 20~30%, 수분 : 70~80%, pH : 4.5~5.5
③ 단백질 : 50~60%, 수분 : 25~40%, pH : 7.5~8.5
④ 단백질 : 70~80%, 수분 : 10~15%, pH : 4.5~5.5

해설
④ 건강한 모발의 상태는 단백질 : 70~80%, 수분 : 10~15%, 멜라닌 3% 이하, pH 4.5~5.5이다.

| 정답 | ④

족집게 과외

1. 두피

❶ 정의 : 두피를 보호하고 있는 피부이다.

❷ 기능
  ㉠ 보호 기능
  ㉡ 호흡 기능
  ㉢ 배출 기능
  ㉣ 감각 기능
  ㉤ 체온 조절 기능
  ㉥ 비타민 D 생성

❸ 유형 및 관리 방법

건성 두피	• 유분과 수분이 부족하다. • 잦은 시술로 인해 건조해질 수 있다. • 두피 스케일링과 건성 피부용 제품을 사용한다.
지성 두피	• 피지선에서 많은 양의 피지를 분비한다. • 매일 샴푸를 하고 두피 스케일링을 통해 노폐물을 제거한다.
민감성 두피	• 유전, 스트레스, 영양 부족 등으로 발생한다. • 두피가 얇아 모세혈관이 보여 두피가 붉게 보인다. • 두피를 자극하는 스트레스 등 근본적인 원인을 해결하고, 민감성 샴푸나 두피 진정제를 사용한다.

2. 모 발

❶ 성장주기

성장기 (3~6년)	• 모발이 왕성하게 자라는 시기이다. • 전체 주기의 80~90%를 차지한다.
퇴행기 (3~4주)	• 세포 분열이 줄어드는 시기이다. • 전체 주기의 1~2%를 차지한다.
휴지기 (3~4개월)	• 성장이 멈춘 시기이다. • 전체 주기의 10%를 차지한다.
발생기	• 새로운 모발이 생성되는 시기이다. • 매우 짧다.

모발이 손상되는 이유
- 헤어 드라이기로의 급속한 건조
- 지나친 브러싱과 백코밍 시술
- 해수욕 후 모발에 잔류되어 있는 염분이나 풀장의 소독용 표백분

❷ 결합의 종류

주쇄 결합 (세로 결합)	'펩타이드 결합'이라고도 하며, 강하게 결합되어 있다.
측쇄 결합 (가로 결합)	• 시스틴 결합 : 두 개의 황(S) 사이에 형성되는 결합이다. 수소(H)를 이용하여 환원시키면 시스틴 결합이 절단되어 퍼머넌트 웨이브를 할 수 있다. 알칼리에 매우 약한 성질을 지니고 있다. • 수소 결합 : 모발은 수분에 적셔졌다가 건조되면서 변형되는데, 이를 이용하여 드라이, 아이론을 한다. • 이온 결합 : '염 결합'이라고도 한다. 양이온과 음이온 사이의 정전기적 결합이다.

모발을 태웠을 때 노린내가 나는 것은 모발의 유황 성분 때문이다.

❸ 구조

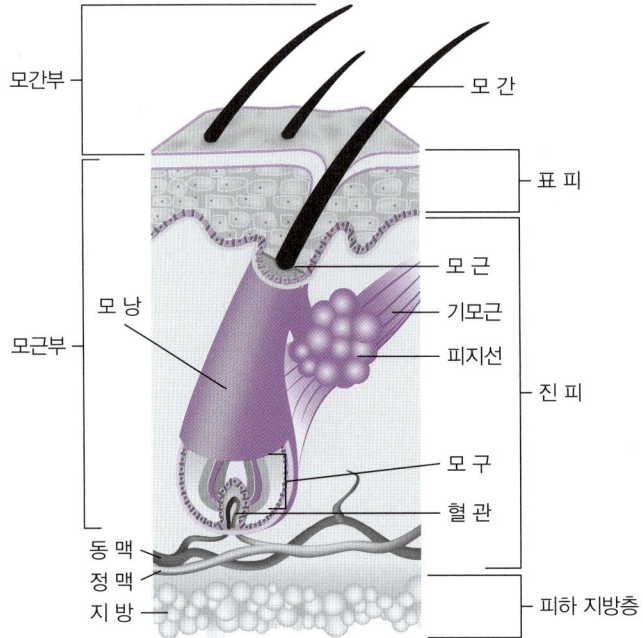

㉠ 모간 : 두피의 바깥 부분에 있는 모발이다.

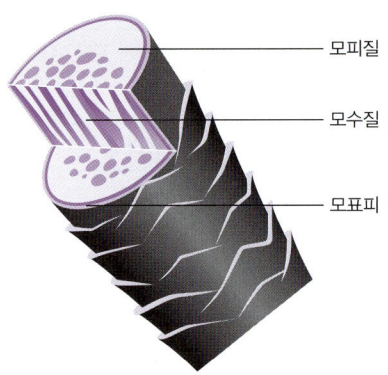

모간부의 구성	모피질	• 전체 모발의 80~90%를 차지한다. • 모발의 강도, 탄력성, 질감, 색상(멜라닌 색소) 등을 결정한다. • 결정 영역(피질세포), 비결정 영역(간충 물질) 등으로 이루어진다.
	모수질	• 모발의 가장 안쪽에 위치한다. • 연모(가는 모발)에는 모수질이 없을 수 있고, 두꺼운 모발에는 더 크게 나타나기도 한다. • 추운 기후에 서식하는 동물의 모수질이 더 발달한 것으로 보아, 모수질이 보온 역할을 하는 것으로 추정할 수 있다.
	모표피	• 전체 모발의 10~15%를 차지한다. • 모발의 가장 바깥층이다. • 외부로부터 모발을 보호하는 기능을 한다. • 5~15층의 비늘 모양이다. • 최외표피(에피큐티클), 외표피(에소큐티클), 내표피(엔도큐티클)로 이루어진다.

ⓒ 모근 : 피부에 털이 박혀 있는 부분을 뜻한다.

모근부의 구성	피지선	• 모근부 상부에 위치한다. • 피지를 분비한다. • 두피와 모발을 보호한다.
	입모근	외부의 자극, 공포, 추위 등에 반응하여 수축하면서 모발을 세운다.
	모구부	• 모근의 가장 아래에 위치한다. • 모유두와 모모세포로 구성된다.
	모유두	• 모구부 아래 돌출 부위에 위치한다. • 모세혈관과 신경세포가 있어 모발에 영양과 산소를 공급한다.
	모모세포	• 세포의 분열·증식으로 모발을 생성하는 세포이다. • 모유두와 연결되어 있다. • 케라틴 단백질과 멜라닌세포가 생성되어 모발의 구조와 색이 결정된다.
	모 낭	모발을 감싸고 있는 주머니이다.
	모세혈관	모근부에 영양과 산소를 공급한다.

3. 탈 모

❶ 정의 : 두피의 머리카락이 빠지는 것이다.

❷ 종 류

남성형 탈모	• 유전적으로 발생한다. • 남성 호르몬(안드로겐)의 영향을 받는다. • M자 형태로 탈모가 시작된다.
여성형 탈모	• 유전적으로 발생한다. • 여성 호르몬(에스트로겐)의 영향을 받는다. • 대부분 두상의 가운데 부분부터 탈모가 시작된다.
원형 탈모	• 탈모의 부위가 원형이다. • 여러 군데에서 발생할 수 있다.
지루성 탈모	피지의 과다 분비가 탈모를 유발한다.

건강한 모발의 상태
단백질 : 70~80%, 수분 : 10~15%, 멜라닌 : 3% 이하, pH : 4.5~5.5

두피·모발 분석 방법
문진, 시진, 촉진, 검진 등

기출유형 완성하기

정답 01 ① 02 ④ 03 ① 04 ③ 05 ④

01 다음 중 모발의 성장주기로 옳은 것은?

① 성장기 → 퇴행기 → 휴지기 → 발생기
② 성장기 → 휴지기 → 퇴행기 → 발생기
③ 퇴행기 → 성장기 → 휴지기 → 발생기
④ 발생기 → 성장기 → 휴지기 → 퇴행기

해설
① 모발의 성장주기는 성장기 → 퇴행기 → 휴지기 → 발생기 순서이다.

02 모근의 구조에 대한 설명으로 틀린 것은?

① 피지선 : 피지를 배출하고 두피를 보호한다.
② 모낭 : 모발을 감싸고 있는 주머니이다.
③ 모모세포 : 케라틴 단백질과 멜라닌세포가 생성되어 모발의 구조와 색을 결정한다.
④ 입모근 : 모근부에 영양과 산소를 공급하는 역할을 한다.

해설
④ 모근부에 영양과 산소를 공급하는 역할을 하는 것은 모세혈관이다. 입모근은 외부의 자극, 공포, 추위 등에 반응하여 수축하면서 모발을 세운다.

03 피부 바깥 부분에 있는 모발을 무엇이라고 하는가?

① 모 간   ② 모 근
③ 모 낭   ④ 외표피

해설
① 모간은 두피의 바깥 부분에 있는 모발로, 모피질, 모수질, 모표피로 구성된다.

04 모수질에 대한 설명으로 틀린 것은?

① 모발 가장 안쪽에 위치한다.
② 연모에는 없을 수도 있다.
③ 더운 기후에 사는 동물들의 모수질이 더 발달해 있다.
④ 두꺼운 모발에는 더 크게 나타나기도 한다.

해설
③ 추운 기후에 서식하는 동물의 모수질이 더 발달한 것으로 보아, 모수질이 보온 역할을 하는 것으로 추정할 수 있다.

05 모표피의 구성에 해당하지 않는 것은?

① 최외표피
② 외표피
③ 내표피
④ 최내표피

해설
모표피는 최외표피, 외표피, 내표피로 구성된다.

PART 5
헤어 커트

CHAPTER 01 헤어 커트

CHAPTER 01 헤어 커트

PART 5 헤어 커트

기출문험 12 ▶ 원랭스 헤어 커트

완성된 모발을 빗으로 빗어 내렸을 때 모든 모발이 하나의 선상으로 떨어지도록 자르는 커트 기법은?

① 스퀘어 커트(Square Cut)
② 원랭스 커트(One Length Cut)
③ 레이어드 커트(Layered Cut)
④ 그래쥬에이션 커트(Graduation Cut)

해설
② 원랭스 커트(One Length Cut) : 모든 모발이 층 없이 동일선상에 떨어지도록 하는 커트
① 스퀘어 커트(Square Cut) : 네모의 각진 형태가 되도록 하는 커트
③ 레이어드 커트(Layered Cut) : 네이프에서 탑 부분으로 올라가면서 모발의 길이가 점점 짧아지도록 하는 커트
④ 그래쥬에이션 커트(Graduation Cut) : 주로 짧은 스타일의 헤어 커트 시 두부 상부에 있는 모발은 길게, 하부로 갈수록 짧게 커트해서 모발의 길이에 작은 단차가 생기도록 하는 커트

| 정답 | ②

족집게 과외

1. 헤어 커트

❶ 종 류

원랭스 커트 (One Length Cut)	• '하나의 길이로 커트한다'라는 뜻이다. • 모든 모발이 층 없이 동일선상(같은 라인으로)에 떨어지도록 하는 커트이다. • 패러럴 커트, 스파니엘 커트, 이사도라 커트, 머시룸 커트가 원랭스 커트에 속한다. • 기본 시술 각도는 0°이다.
그래쥬에이션 커트 (Graduation Cut)	• '그라데이션 커트'와 같은 말이다. • 주로 짧은 스타일의 헤어 커트 시 사용한다. • 머리의 위로 올라갈수록 모발의 길이가 길어지고 아래로 내려갈수록 짧아지도록 커트함으로써 모발의 길이에 작은 단차가 생기도록 하는 커트이다. • 모발의 길이에 변화를 주어 무게감을 더해 줄 수 있다. • 기본 시술 각도는 45°이다.
레이어드 커트 (Layered Cut)	• 네이프에서 탑 부분으로 올라가면서(아래에서 위로 올라갈수록) 모발의 길이가 점점 짧아지도록 하는 커트이다. • 90° 이상의 시술 각도로 시술한다. • 전체적으로 층이 골고루 생긴다. • 머리형이 가볍고 부드러워 다양한 스타일을 만들 수 있다.

쇼트 커트 (Short Cut)		• 말 그대로 모발을 짧게 치는 커트이다. • 쇼트 커트의 기법
	싱글링 헤어 커트 (시저 오버 콤)	• 쇼트 커트의 기법 중 하나로, 네이프와 사이드 쪽을 짧게 자르는 커트이다. • 빗과 가위를 이용하여 모발의 아래에서부터 위로 올라오면서 커트한다.
	테이퍼링	• 노멀 테이퍼링 : 모발 끝을 기준으로 1/2 정도(중간 정도) 테이퍼링 하는 것이다. • 엔드 테이퍼링 : 모발 끝을 기준으로 1/3 정도(끝부분만) 테이퍼링 하는 것이다. • 딥 테이퍼링 : 모발 끝을 기준으로 2/3 정도(두피에 가깝게, 깊이) 테이퍼링 하는 것이다. • 보스 사이드 테이퍼링 : 스트랜드 양면을 테이퍼링 하는 것이다.
웨트 커트 (Wet Cut)		• 젖은 모발에 하는 커트이다. • 명확한 가이드라인이 형성되어 정확한 커트가 가능하다.
드라이 커트 (Dry Cut)		• 마른 모발에 하는 커트이다. • 수정 커트 또는 손상모 커트 시 사용한다. • 모발에 손상을 줄 수도 있다.
프레 커트 (Pre-Cut)		퍼머넌트 웨이브 등 시술 전 1~2cm 길게 하는 커트이다.
애프터 커트 (After Cut)		퍼머넌트 웨이브 등 시술 후 디자인에 맞게 하는 커트이다.

❷ **도구와 재료**

가위	직선날 가위	일반적으로 사용되며, 날이 직선 모양이다.
	곡선날 가위	• R 모양으로 생긴 가위로, 가위 끝이 휘어져 있다. • 스트로크 커트 시 사용한다.
	틴닝 가위	모발의 숱을 치는 가위이다.
	리버스 가위	한쪽 날이 레이저로 되어 있는 가위이다.
레이저 (면도날을 사용하는 커트 도구)	오디너리 레이저	일상용 레이저로, 칼날 전체를 사용하여 잘려 나가는 부분이 많아 숙련자가 사용한다.
	셰이핑 레이저	안정적으로 커팅할 수 있어 초보자가 사용하기에 적합하다.
커트빗		• 얼레살과 고운살로 나뉘며, 커트, 블로킹, 섹션 등에 사용한다. • 모발의 흐름을 아름답게 매만질 때는 빗살이 고운살로 된 세트빗을 사용한다. • 엉킨 모발을 빗을 때는 빗살이 얼레살로 된 얼레빗을 사용한다.
클리퍼		• 1870년경 프랑스의 바리캉에 의해 발명되었다. • 2개의 톱날이 교차하여 모발을 절삭하며, 쇼트 커트 전용 기계료 사용한다.

가위를 선택하는 방법
- 양날의 견고함이 동일해야 한다.
- 가위의 길이나 무게가 미용사의 손에 맞아야 한다.
- 가위의 날은 날렵한 것이 좋다.
- 협신에서 날 끝으로 갈수록 약간 내곡선인 것이 좋다.
- 용도에 따라 다양한 형태의 가위가 존재한다.

빗을 선택하는 방법
- 전체적으로 비뚤어지거나 휘지 않은 것이 좋다.
- 빗살 끝이 가늘고 빗살 전체가 균등하게 나열된 것이 좋다.
- 빗살 끝이 무딘 것은 좋지 않다.
- 빗살 사이의 간격이 일정한 것이 좋다.

❸ 기 법

블런트(=클럽) 커트	• 원랭스 커트, 그래쥬에이션 커트, 스퀘어 커트 시 사용한다. • 모발의 길이만 자른다. • 직선 커트를 뜻한다.
싱글링	커트빗에 가위를 대고 하는 커트로, 위로 올라갈수록 모발이 길어진다.
트리밍	• 커트 후 헤어 라인을 정리하고 다듬는 커트이다. • 가위, 레이저, 클리퍼 등을 사용한다.
클리핑	손상되거나 불필요한 모발 끝부분을 가위로 잘라내는 것이다.
스트로크 커트	• 가위를 이용한 테이퍼링으로, 곡선날 가위가 효과적이다. • 적절한 가위 각도 　– 쇼트 스트로크 : 0~10° 　– 미디움 스트로크 : 10~45° 　– 롱 스트로크 : 45~90°
틴 닝	모발 길이에는 변화를 주지 않고, 숱만 줄이는 커트이다.
슬라이싱	미끄러지듯이 커트하는 것이다.
테이퍼링	가위나 레이저를 이용하여 모발의 끝이 붓처럼 점차 가늘어지게 커트하는 것이다.
크로스 체크 커트	• 커트 과정에서 머리카락 끝을 교차시켜 길이를 체크하면서 커트하는 것을 칭한다. • 가로로 슬라이스 하여 커트한 경우, 세로로 들어서 체크 커트한다.

블로킹
두상에서 구획을 나누는 것이다.

커트 시술 순서
위그(모발) → 수분 분무 → 빗질 → 블로킹(구획을 만드는 것) → 슬라이스(커트할 머리를 얇게 가르는 것) → 스트랜드(모발 한 다발)

❹ 시술 각도

자연시술 각도	어느 상황에서나 고정되어 있는 각도로, 중력 방향이 0°이다.
두상시술 각도	모발이 위치한 두상을 기준으로 하는 각도이다.

2. 모류의 유형

순류	위에서 아래로 자연스럽게 떨어진다.
좌측·우측 쏠림 모류	좌측이나 우측 한쪽으로 쏠린다.
좌측·우측 다발성 모류	좌측이나 우측 한쪽으로 뭉쳐 있다.
중앙 쏠림 모류(제비추리)	가운데로 쏠린다.

기출유형 완성하기

01 다음 중 헤어 커트의 설명으로 틀린 것은?

① 웨트 커트 : 젖은 모발에 하는 커트로, 정확한 커트가 가능하다.
② 드라이 커트 : 마른 모발에 하는 커트로, 모발에 손상 없이 커트할 수 있다.
③ 프레 커트 : 퍼머넌트 웨이브 등 시술 전 1~2cm 길게 하는 커트이다.
④ 애프터 커트 : 퍼머넌트 웨이브 등 시술 후 디자인에 맞게 하는 커트이다.

해설
② 드라이 커트는 모발에 손상을 줄 수 있다.

02 다음 설명에 해당하는 커트 기법은?

- 커트 후 헤어 라인을 정리하고 다듬는 것이다.
- 가위, 레이저, 클리퍼 등을 사용한다.

① 트리밍
② 싱글링
③ 클리핑
④ 블런트 커트

해설
② 싱글링 : 커트빗에 가위를 대고 하는 커트이다.
③ 클리핑 : 손상되거나 불필요한 모발 끝부분을 가위로 잘라내는 것이다.
④ 블런트 커트 : 모발의 길이만 자르는 커트로, 원랭스 커트, 그래쥬에이션 커트, 스퀘어 커트 시 사용한다.

03 다음 중 원랭스 커트가 아닌 것은?

① 스파니엘 커트
② 이사도라 커트
③ 그래쥬에이션 커트
④ 머시룸 커트

해설
③ 원랭스 커트는 모발이 층 없이 동일선상에서 만나게 되는데, 그래쥬에이션 커트는 네이프에서 탑으로 올라갈수록 모발의 길이가 점점 길어지게 커트하면서 작은 단차를 준다.

04 모발의 끝이 붓처럼 점차 가늘어지게 커트하는 것은?

① 싱글링
② 틴닝
③ 클리핑
④ 테이퍼링

해설
① 싱글링 : 커트빗에 가위를 대고 하는 커트이다.
② 틴닝 : 길이는 자르지 않고 숱만 줄이는 커트이다.
③ 클리핑 : 손상되거나 불필요한 모발 끝부분을 가위로 잘라내는 것이다.

05 레이어드 커트에 대한 설명으로 틀린 것은?

① 네이프에서 탑 부분으로 올라갈수록 모발의 길이가 점점 짧아진다.
② 커트 중에서 가장 무게감이 있는 커트에 속한다.
③ 90° 이상의 시술 각도로 커트한다.
④ 전체적으로 층이 골고루 생긴다.

해설
② 레이어드 커트는 층이 많아 무게감이 없다.

정답 01 ② 02 ① 03 ③ 04 ④ 05 ② 06 ③ 07 ② 08 ④ 09 ②

06 쇼트 헤어 커트의 기법 중 테이퍼링(Tapering)에는 3가지의 종류가 있다. 다음 중 노멀 테이퍼링(Normal Tapering)은?

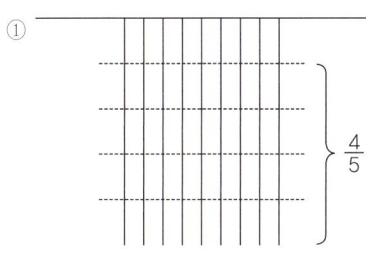
① $\frac{4}{5}$

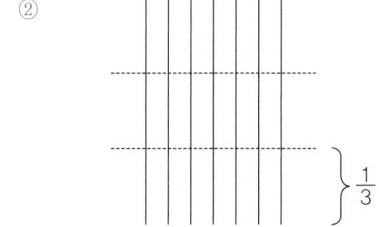
② $\frac{1}{3}$

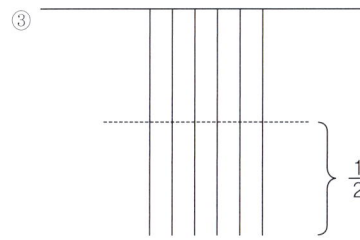
③ $\frac{1}{2}$

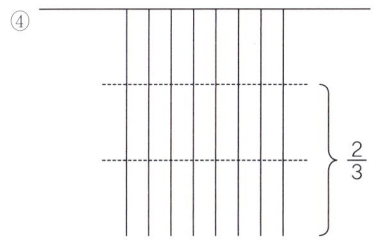
④ $\frac{2}{3}$

해설

테이퍼링의 종류
- 노멀 테이퍼링 : 모발 끝을 기준으로 1/2 정도(중간 정도) 테이퍼링 하는 것
- 엔드 테이퍼링 : 모발 끝을 기준으로 1/3 정도(끝부분만) 테이퍼링 하는 것
- 딥 테이퍼링 : 모발 끝을 기준으로 2/3 정도(두피에 가깝게, 깊이) 테이퍼링 하는 것
- 보스 사이드 테이퍼링 : 스트랜드 양면을 테이퍼링 하는 것

07 싱글링 헤어 커트의 설명으로 옳지 않은 것은?

① 빗과 가위를 이용하여 커트하는 방법이다.
② 주로 긴 머리를 커트하는 방법이다.
③ 위로 올라갈수록 모발의 길이가 길어지게 커트한다.
④ 손으로 모발을 잡지 않고 하는 커트 방법이다.

해설

② 싱글링 헤어 커트는 쇼트 헤어 커트의 방법으로 네이프, 사이드 쪽에서 빗과 가위를 이용하여 위로 올라가면서 커트하는 방법이다.

08 틴닝 가위의 설명으로 틀린 것은?

① 모발의 숱을 조절할 때 사용한다.
② 가윗날의 크기, 촘촘함에 따라서 절삭되는 모량이 달라진다.
③ 테이퍼링 할 때 사용한다.
④ 쇼트 헤어 커트 전용 가위라고 할 수 있다.

해설

④ 틴닝 가위를 쇼트 헤어 커트 전용 가위라고 할 수는 없다. 모발의 길이는 유지하면서 숱을 조절하고자 할 때 사용하는 가위이다.

09 클리퍼의 설명으로 틀린 것은?

① 2개의 톱날의 교차되면서 모발을 절삭한다.
② 1870년경 영국의 클리퍼에 의해 발명되었다.
③ 커트하지 않고 남길 모발의 길이에 맞춰 부착날을 선택할 수 있다.
④ 모발을 짧고 고르게 커트하는 데에 유용하다.

해설

② 클리퍼는 1870년경 프랑스의 바리깡에 의해 발명되었다.

합격의 공식
시대에듀

행운이란
100%의 노력 뒤에
남는 것이다.

- 랭스턴 콜먼 -

PART 6
헤어 컬러링

CHAPTER 01 헤어 컬러링

CHAPTER 01 헤어 컬러링

PART 6 헤어 컬러링

기출유형 13 ▶ 베이직 헤어 컬러

헤어 컬러링 기술에서 만족할 만한 색채 효과를 얻기 위해서는 색채의 기본적인 원리를 이해하고 이를 응용할 수 있어야 한다. 다음 중 색의 3속성 중의 명도만을 가지고 있는 무채색은?

① 적 색 ② 황 색
③ 청 색 ④ 백 색

해설
④ 문제에서 설명하는 것은 백색이다. 백색은 명도가 높고 반대로 검은색은 명도가 낮다.

| 정답 | ④

족집게 과외

1. 색의 3요소

❶ **색상** : 색의 이름으로, 색을 구별할 때 사용한다.

무채색과 유채색
- 무채색 : 흰색과 여러 단계의 회색 및 검은색
- 유채색 : 무채색을 제외한 색감을 가지고 있는 색상

❷ **명도** : 색의 밝고 어두운 정도로, 색상과는 상관없다. 백색의 명도가 가장 높고, 검은색의 명도가 가장 낮다.

❸ **채도** : 색의 순수한 정도를 말하는 것으로, 다른 색과 섞이지 않을수록 채도가 높다.

색의 3원색
적색(빨강), 황색(노랑), 청색(파랑)

가법혼합과 감법혼합
- 가법혼합 : 색을 혼합할수록 원래의 색보다 점점 밝아지는 혼합이다.
- 감법혼합 : 색을 혼합할수록 원래의 색보다 점점 어두워지는 혼합이다.

색상환표

색을 스펙트럼 순서로 둥그렇게 배열한 고리 모양의 도표이다. 색상환표에서 서로 마주보는 두 색을 보색이라고 하고, 보색을 혼합 시에는 어두운 무채색이 된다.

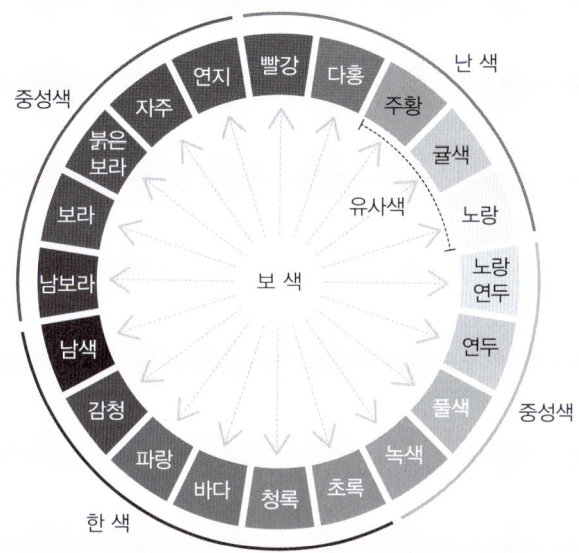

2. 염색

❶ **정의** : 모발에 인위적으로 색을 입히거나 빼는 작업이다.

❷ **목적**

㉠ 과거에는 종교적 의미나 계급을 표시하기 위해서 염색을 하기도 했다.
㉡ 흰머리를 기존의 자연 모발 색상과 맞추기 위한 것이다.
㉢ 개인의 개성과 아름다움을 표현하기 위한 것이다.

❸ **순서**

㉠ 사전 준비
- 패치 테스트 : 염색 전 알레르기 반응을 확인한다.
- 스트랜드 테스트 : 염색 전 색상이 잘 나오는지, 시간은 얼마나 소요될지 확인하기 위해 소량의 모다발에 테스트한다.
- 모발 연화 : 저항성모, 지성모 등 염모제가 침투하기 어려운 모발에 염색이 용이하게 되도록 만드는 과정이다.

㉡ 제1액 + 제2액 혼합 : 제1액의 알칼리제가 모발을 팽윤시켜 모표피 사이로 염료와 과산화수소수가 침투한다.
㉢ 도포 : 염모제를 도포한다.
㉣ 프로세싱 타임 : 염모제 도포 후 방치하는 시간으로, 보통 30~40분 내에 이루어진다.

ⓜ 컬러 테스트 : 염모제를 도포하고 약 20분 후에 소량의 모발을 수건으로 닦아 착색 또는 발색이 잘 되었는지 확인한다.
ⓗ 샴 푸

유 화
유화는 염색 후 샴푸를 하기 전 모발에 물을 뿌리고 손으로 문지르는 과정으로, 모발의 알칼리제와 염료 등이 제거되어 윤기가 나게 한다.

❹ 염모제
㉠ 정의 : 염색 시 모발에 색이 잘 들도록 바르는 약품이다.
㉡ 종 류

일시적 염모제	• 샴푸 1~2회로 지워진다. • 산성으로 모표피에 작용한다. • 염료로 유성염료, 산성염료를 사용한다.
반영구적 염모제	• 2주에서 4주까지 유지된다. • 산성으로 모표피와 모피질 외각까지 작용한다. • 염료는 산성염료로, 제1액(제1제)만으로 구성된다.

영구적 염모제	• 4주 이상 유지되는 염모제이다.
	• 알칼리성으로 모피질까지 작용한다.
	• 염료는 산화염료로, 제1액(제1제)과 제2액(제2제)으로 구성된다.
	• 유기합성 염모제가 가장 일반적인 염모제(식물성·금속성 염모제도 있다)이다.
	• 모피질 내의 인공색소는 큰 입자의 유색 염료를 형성하여 영구적으로 착색된다.
	• 제1액(제1제)
	  – 제1액인 알칼리제는 휘발성이라는 점에서 암모니아가 사용된다.
	  – 제1액인 알칼리제가 모표피를 팽윤시켜 모피질 내 인공색소와 과산화수소를 침투시킨다.
	• 제2액(제2제) : 제2액인 산화제는 모피질 내로 침투하여 산소를 방출하고, 이 산소는 멜라닌 색소를 파괴한다

유기합성 염모제
• 알칼리성인 제1액과 산성인 제2액으로 나누어진다.
• 제1액은 산화염료가 암모니아수에 녹아 있는 것이다.
• 제2액은 과산화수소로서 멜라닌 색소를 파괴하고 산화염료를 산화시켜 발색시킨다.

스트랜드 테스트(Strand Test)
원하는 색상의 발색이 잘 되는지 확인하는 과정이다. 색상 선정이 올바르게 이루어졌는지 파악하며, 원하는 색상을 시술할 수 있는 정확한 염모제의 작용 시간을 추정하기도 한다. 또한, 퍼머넌트 웨이브나 염색, 탈색 등으로 모발이 단모나 변색될 우려가 있는지 알아보기 위해서 실시하기도 한다.

ⓒ 작용 원리

제1액 (제1제)	• 알칼리가 모표피를 팽윤시켜 색소가 쉽게 침투할 수 있도록 해준다. • 산화염료는 명도에 영향을 준다. • 색소 중간체는 채도에 영향을 준다.
제2액 (제2제)	과산화수소수가 제1액(제1제)과 혼합되어 산소를 방출하고, 모발의 멜라닌 색소를 파괴한다.

3. 탈 색

❶ 정의 : 모발의 멜라닌 색소나 염색된 모발의 염료를 제거하는 작업이다.

❷ 목 적
  ㉠ 모발을 더 밝고 연하게 하기 위한 것이다.
  ㉡ 더 선명한 염색을 위한 것이다.
  ㉢ 개인의 개성을 표현하기 위한 것이다.

❸ 탈색제
  ㉠ 정의 : 색의 원인이 되는 유색 물질을 흡착 또는 분해하여 제거하는 물질이다.
  ㉡ 종 류

분말형 (파우더형) 탈색제	• 일반적으로 사용하는 방법으로, 분말형 제1액(제1제)과 제2액(제2제)을 혼합하여 사용한다. • 밝게 탈색할 수 있다. • 빠르고 경제적이다.
크림형 탈색제	• 튜브 형태로 간편하게 사용한다. • 밝게 탈색하기 어렵다. • 샴푸를 여러 번 해야 하는 불편함이 있다.
오일형 탈색제	• 모발과 두피에 가해지는 자극이 가장 적다. • 밝게 탈색하기 어렵다. • 시간차에 의한 색상 차이가 거의 없다.

ⓒ 작용 원리

제1액 (제1제)	알칼리가 모표피를 팽윤시켜 탈색제가 모피질까지 침투하기 쉽게 해준다.
제2액 (제2제)	과산화수소수가 제1액(제1제)과 혼합되어 산소를 방출하고, 모발의 멜라닌 색소를 파괴한다.

과산화수소수 농도에 따른 산소 방출량과 특징

과산화수소수 농도	산소 방출량	특 징
3%	10vol(볼륨)	백모 염색 시 사용한다.
6%	20vol(볼륨)	알칼리 28%와 가장 많이 사용하는 산화제이다.
9%	30vol(볼륨)	명도를 2~3단계 높일 수 있다.

기출유형 완성하기

정답 01 ② 02 ② 03 ④ 04 ③ 05 ③ 06 ①

01 색의 3요소(속성)가 아닌 것은?

① 색 상
② 혼 합
③ 명 도
④ 채 도

해설
색의 3가지 요소(속성)는 색상, 명도, 채도이다.

02 다음 설명 중 틀린 것은?

① 채도 : 색의 순수한 정도를 말하는 것으로, 다른 색과 섞이지 않을수록 채도가 높다.
② 명도 : 색상과 상관없는 색의 밝고 어두운 정도로, 백색의 명도가 가장 낮고, 검은색의 명도가 가장 높다.
③ 가법혼합 : 색을 혼합할수록 점점 밝아지는 혼합이다.
④ 감법혼합 : 색을 혼합할수록 점점 어두워지는 혼합이다.

해설
② 백색의 명도가 가장 높고, 검은색의 명도가 가장 낮다.

03 염색의 목적에 대한 설명으로 틀린 것은?

① 개인의 개성과 아름다움을 표현하기 위한 것이다.
② 과거에는 종교적인 의미로 하기도 했다.
③ 과거에는 계급을 표시하기도 했다.
④ 모발의 건강을 위해 하기도 한다.

해설
④ 염색을 하게 되면 모발에 손상이 간다.

04 영구적 염모제에 대한 설명 중 틀린 것은?

① 제1액의 알칼리제로는 휘발성이라는 점에서 암모니아가 사용된다.
② 제1액 속의 알칼리제가 모표피를 팽윤시켜 모피질 내 인공색소와 과산화수소를 침투시킨다.
③ 제2액인 산화제는 모피질 내로 침투하여 수소를 발생시킨다.
④ 모피질 내의 인공색소는 큰 입자의 유색 염료를 형성하여 영구적으로 착색된다.

해설
③ 제2액의 과산화수소는 수소가 아닌 산소를 방출시킨다.

05 유기합성 염모제에 대한 설명 중 틀린 것은?

① 유기합성 염모제 제품은 알칼리성의 제1액과 산화제인 제2액으로 나누어진다.
② 제1액은 산화염료가 암모니아수에 녹아 있다.
③ 제1액의 용액은 산성을 띠고 있다.
④ 제2액은 과산화수소로서 멜라닌 색소의 파괴와 산화염료를 산화시켜 발색시킨다.

해설
③ 제1액(제1제)은 알칼리성을 띤다.

06 염색 순서로 옳은 것은?

① 사전 준비 → 제1액 + 제2액 혼합 → 도포 → 프로세싱 타임 → 컬러 테스트 → 샴푸
② 제1액 + 제2액 혼합 → 사전 준비 → 도포 → 프로세싱 타임 → 컬러 테스트 → 샴푸
③ 사전 준비 → 제1액 + 제2액 혼합 → 도포 → 프로세싱 타임 → 샴푸 → 컬러 테스트
④ 사전 준비 → 제1액 + 제2액 혼합 → 도포 → 컬러 테스트 → 프로세싱 타임 → 샴푸

해설
염색 순서
사전 준비 → 제1액 + 제2액 혼합 → 도포 → 프로세싱 타임 → 컬러 테스트 → 샴푸

PART 7
실전모의고사

CHAPTER 01 제1회 실전모의고사

CHAPTER 02 제2회 실전모의고사

CHAPTER 03 제3회 실전모의고사

CHAPTER 04 제4회 실전모의고사

CHAPTER 05 제5회 실전모의고사

CHAPTER 01 제1회 실전모의고사

PART 7 실전모의고사

제1과목 | 미용 이론

01 주로 짧은 헤어 스타일의 헤어 커트 시 두부 상부에 있는 모발은 길고 하부로 갈수록 짧게 커트해서 모발의 길이에 작은 단차가 생기게 하는 커트 기법은?

① 스퀘어 커트(Square Cut)
② 원랭스 커트(One Length Cut)
③ 레이어드 커트(Layered Cut)
④ 그래쥬에이션 커트(Graduation Cut)

해설
④ 그래쥬에이션 커트(Graduation Cut)에 대한 설명이다.

02 한국의 고대 미용의 발달사를 설명한 것 중 틀린 것은?

① 헤어 스타일(모발형)에 관해서 문헌에 기록된 고구려 벽화는 없다.
② 헤어 스타일(모발형)은 신분의 귀천을 나타냈다.
③ 헤어 스타일(모발형)은 조선시대 때 쪽진머리, 큰머리, 조짐머리가 성행하였다.
④ 헤어 스타일(모발형)에 관해서 삼한시대에 기록된 내용이 있다.

해설
① 헤어 스타일(모발형)에 관해서 문헌에 기록된 고구려 벽화로 무용총과 쌍영총이 있다.

03 미용의 필요성으로 가장 거리가 먼 것은?

① 인간의 심리적 욕구를 만족시키고 생산 의욕을 높이는 데 도움을 주므로 필요하다.
② 미용의 기술은 외모의 결점 부분까지 보완하여 개성미를 연출해 주므로 필요하다.
③ 노화를 전적으로 방지해 주므로 필요하다.
④ 현대 생활에서는 상대방에게 불쾌감을 주지 않는 것이 중요하므로 필요하다.

해설
③ 미용이 노화를 전적으로 방지해 주지는 않는다.

04 헤어 컬의 목적이 아닌 것은?

① 볼륨(Volume) 생성
② 컬러(Color) 표현
③ 웨이브(Wave) 생성
④ 플러프(Fluff) 생성

해설
컬의 목적은 볼륨(Volume), 웨이브(Wave), 플러프(Fluff) 생성이다.

정답 01 ④ 02 ① 03 ③ 04 ②

05 핑거 웨이브의 종류 중 스윙 웨이브(Swing Wave)에 대한 설명은?

① 큰 움직임을 보는 듯한 웨이브
② 물결이 소용돌이치는 듯한 웨이브
③ 리지가 낮은 웨이브
④ 리지가 뚜렷하지 않고 느슨한 웨이브

> **해설**
>
> 핑거 웨이브의 종류
>
> | 스월 웨이브 | 물결이 휘어 치는 듯한 웨이브 |
> |---|---|
> | 스윙 웨이브 | 큰 움직임을 보는 듯한 웨이브 |
> | 하이 웨이브 | 리지가 높은 웨이브 |
> | 로우 웨이브 | 리지가 낮은 웨이브 |
> | 덜 웨이브 | 리지가 뚜렷하지 않은 웨이브 |
> | 올 웨이브 | 가르마 없이 만든 웨이브 |

06 누에고치에서 추출한 성분과 난황 성분을 함유한 샴푸로서 모발에 영양을 공급해 주는 샴푸는?

① 산성 샴푸(Acid Shampoo)
② 컨디셔닝 샴푸(Conditioning Shampoo)
③ 프로테인 샴푸(Protein Shampoo)
④ 드라이 샴푸(Dry Shampoo)

> **해설**
>
> ③ 단백질성 샴푸로 손상모에 세정 작용을 하고, 모발을 보호하는 역할을 하는 프로테인 샴푸에 대한 설명이다.

07 전체적인 머리 모양을 종합적으로 관찰하여 수정·보완시켜 완전히 끝맺도록 하는 것은?

① 통 칙
② 제 작
③ 보 정
④ 구 상

> **해설**
>
> ③ 미용은 소재 파악 → 구상 → 제작 → 보정 순서로 이루어지는데, 문제에서 설명하는 단계는 보정이다.

08 과산화수소수(산화제) 6%에 해당하는 산소 방출량은?

① 10vol(볼륨)
② 20vol(볼륨)
③ 30vol(볼륨)
④ 40vol(볼륨)

> **해설**
>
> 과산화수소수 농도에 따른 산소 방출량
>
> | 과산화수소수 농도 | 산소 방출량 |
> |---|---|
> | 3% | 10vol(볼륨) |
> | 6% | 20vol(볼륨) |
> | 9% | 30vol(볼륨) |
> | 12% | 40vol(볼륨) |

09 헤어 세트용 빗의 사용과 취급 방법에 대한 설명 중 틀린 것은?

① 모발의 흐름을 아름답게 매만질 때는 빗살이 고운살로 된 세트빗을 사용한다.
② 엉킨 모발을 빗을 때는 빗살이 얼레살로 된 얼레빗을 사용한다.
③ 빗은 사용 후 브러시로 털거나 비눗물에 담가 브러시로 닦은 후 소독하도록 한다.
④ 빗의 소독은 손님 약 5인에게 사용했을 때 1회씩 하는 것이 적합하다.

> **해설**
>
> ④ 빗은 손님 1인에게 사용 후 바로 소독하는 것이 적합하다.

10 마샬 웨이브 시술에 관한 설명 중 틀린 것은?

① 프롱은 아래쪽, 그루브는 위쪽을 향하도록 한다.
② 아이론기의 온도는 120~140℃를 유지시킨다.
③ 아이론기를 회전시키기 위해서는 먼저 아이론기를 정확하게 쥐고 반대쪽에 45°로 위치시킨다.
④ 아이론기의 온도가 균일할 때 웨이브가 일률적으로 완성된다.

해설

③ 아이론기를 뺄 때 45°로 회전시키기도 하지만, 아이론기를 반드시 반대쪽 45°로 위치시켜야 하는 것은 아니다. 45°로 만들지 않고도 회전이 가능하다.

11 모발의 결합 중 수분에 의해 일시적으로 변형되며, 헤어 드라이기의 열을 가하면 다시 재결합되어 형태가 만들어지는 결합은?

① S-S 결합
② 펩타이드 결합
③ 수소 결합
④ 염 결합

해설

③ 모발의 결합 중 수분에 의해 일시적으로 변형되며, 헤어 드라이기로 열을 가하면 다시 재결합되어 형태가 만들어지는 결합은 수소 결합이다. 모발에 열을 가하여 펌을 만드는 열 펌의 경우, 수소 결합을 이용한다.

12 다음 중 염색 시술 시 모표피의 안정과 염색의 퇴색을 방지하기 위해 가장 적합한 것은?

① 샴푸(Shampoo)
② 플레인 린스(Plain Rinse)
③ 알칼리 린스(Alkali Rinse)
④ 산성균형 린스(Acid Balanced Rinse)

해설

④ 산성균형 린스(Acid Balanced Rinse) : 염색 시술 시 모표피의 안정과 염색의 퇴색을 방지하기 위해 가장 적합하다.
① 샴푸(Shampoo) : 두피와 모발을 세정하고, 두피 강화와 모발 발육을 촉진하기 위해 사용한다.
② 플레인 린스(Plain Rinse) : 일반적인 린스로 중간 린스에 사용한다.
③ 알칼리 린스(Alkali Rinse) : 헤어 펌이나 염색 전 모발을 팽윤시키기 위해 사용한다.

13 다음 중 플러프 뱅(Fluff Bang)을 설명한 것은?

① 가르마 가까이에 작게 낸 뱅
② 깃털과 같이 일정한 모양을 갖추지 않고 부풀려서 볼륨을 준 뱅
③ 모발을 위로 빗고 모발 끝을 플러프 해서 내려뜨린 뱅
④ 풀 웨이브 또는 하프 웨이브로 형성한 뱅

해설

뱅의 종류

플러프 뱅	컬이 부드럽고 자연스러운 볼륨의 뱅. 깃털과 같이 일정한 모양을 갖추지 않고 부풀려서 볼륨을 준 뱅
롤 뱅	롤로 만든 뱅
웨이브 뱅	풀 웨이브 또는 하프 웨이브로 형성된 뱅
프렌치 뱅	모발을 위로 올려 끝부분을 들어 올린 뱅
프린지 뱅	가르마 가까이에 작게 낸 뱅

14 두부 라인의 명칭 중에서 코의 중심을 통해 두부 전체를 수직으로 나누는 선은?

① 정중선 ② 측중선
③ 수평선 ④ 측두선

> **해설**

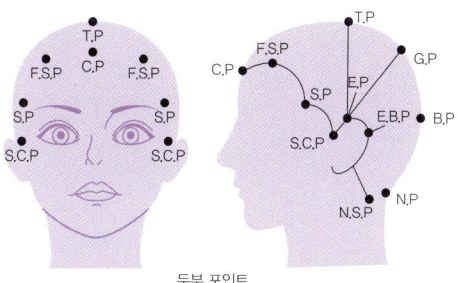

두부 포인트

② 측중선 : T.P에서 양쪽 E.P로 수직으로 내린 선
③ 수평선 : E.P 높이에서 수평으로 이등분한 선
④ 측두선 : F.S.P에서 측중선까지 연결한 선

15 다음 중 스퀘어 파트에 대하여 설명한 것은?

① 이마의 양쪽은 사이드 파트를 하고, 두정부 가까이에서 얼굴의 모발이 난 가장자리와 수평이 되도록 모나게 가르마를 타는 것
② 이마의 양각에서 나누어진 선이 두정부에서 함께 만난 세모꼴의 가르마를 타는 것
③ 사이드(Side) 파트로 나눈 것
④ 파트의 선이 곡선으로 된 것

> **해설**

스퀘어 파트

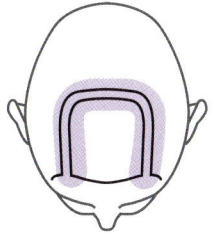

16 헤어 샴푸의 목적과 가장 거리가 먼 것은?

① 두피와 모발에 영양 공급
② 헤어 트리트먼트를 쉽게 하기 위한 기초 작업
③ 모발의 건전한 발육 촉진
④ 청결한 두피와 모발 유지

> **해설**

① 헤어 샴푸는 두피와 모발을 세정하는 역할을 한다. 두피와 모발에 영양을 공급하는 것은 헤어 트리트먼트에 대한 설명이다.

17 건강 모발의 pH 범위는?

① pH 3~4
② pH 4.5~5.5
③ pH 6.5~7.5
④ pH 8.5~9.5

> **해설**

② 건강한 모발의 pH 범위는 4.5~5.50이다.

18 옛 여인들의 머리 모양 중 뒤통수에 낮게 머리를 땋아 틀어 올리고 비녀를 꽂은 머리 모양은?

① 민머리
② 얹은머리
③ 풍기병식 머리
④ 쪽진머리

> **해설**

④ 쪽진머리에 대한 설명이다.

19 다음은 모발의 구조와 성질을 설명한 내용이다. 맞지 않는 것은?

① 모발은 주요 부분을 구성하고 있는 모표피, 모피질, 모수질 등으로 구성되며, 주로 탄력성이 풍부한 단백질로 이루어져 있다.
② 케라틴은 다른 단백질에 비하여 유황의 함유량이 많은데, 황(S)은 시스틴(Cystine)에 함유되어 있다.
③ 시스틴 결합(S-S 결합)은 알칼리에는 강한 저항력을 갖고 있으나, 물, 알코올, 약산성이나 소금류에 대해서 약하다.
④ 케라틴의 폴리펩타이드는 쇠사슬 구조로서, 모발의 장축방향으로 배열되어 있다.

해설
③ 시스틴 결합은 알칼리에 매우 약한 성질을 지니고 있다.

20 펌 제2액 취소산 염류의 농도로 맞는 것은?

① 1~2%   ② 3~5%
③ 6~7.5%   ④ 8~9.5%

해설
② 취소산(브롬산)의 농도는 3~5%이다.

제2과목 공중보건학

21 고기압 상태에서 올 수 있는 인체 장애는?

① 안구진탕증　② 잠함병
③ 레이노이드병　④ 섬유증식증

해설
② 잠함병 : 깊은 바닷속과 같이 높은 압력의 환경에 있다가 갑작스레 보통 기압의 환경으로 되돌아올 때 일어나는 여러 가지 장애
① 안구진탕증 : 무의식적으로 눈이 움직이는 증상
③ 레이노이드병 : 추위 등으로 말초혈관에 혈액순환이 되지 않아 피부색이 변하는 증상

22 접촉자의 색출 및 치료가 가장 중요한 질병은?

① 성 병　② 암
③ 당뇨병　④ 일본뇌염

해설
① 성병은 법정감염병으로 접촉자 색출과 치료가 필요한 질병이다.

23 다음 기생충 중 산란과 동시에 감염 능력이 있으며, 건조에 저항성이 커서 집단감염이 가장 잘 되는 기생충은?

① 회 충　② 십이지장충
③ 광절열두조충　④ 요 충

해설
④ 요충 : 산란 후 수 시간 내에 감염형 충란이 되어 매우 강한 전파력을 갖는다.
① 회충 : 대변을 통해 배출되며, 파리에 의한 음식물 오염 등으로 전파된다.
② 십이지장충 : 토양, 풀, 채소 등을 통해 경피 · 경구 감염된다.
③ 광절열두조충 : 물벼룩 → 담수어 → 사람 경로로 감염된다.

24 보건행정의 정의에 포함되는 내용과 가장 거리가 먼 것은?

① 국민의 수명 연장
② 질병 예방
③ 공적인 행정활동
④ 수질 및 대기 보전

해설
보건행정은 국민의 수명 연장, 질병 예방 및 육체적 · 정신적 효율의 증진 등 공중보건의 목적을 달성하기 위해 공공의 책임하에 행해지는 공적인 행정활동이다.

25 생물화학적 산소요구량(BOD)과 용존산소량(DO)의 값은 어떤 관계가 있는가?

① BOD와 DO는 무관하다.
② BOD가 낮으면 DO는 낮다.
③ BOD가 높으면 DO는 낮다.
④ BOD가 높으면 DO도 높다.

해설
③ BOD와 DO는 반비례 관계이다.

26 장티푸스, 결핵, 파상풍 등의 예방접종은 어떤 면역인가?

① 인공 능동면역
② 인공 수동면역
③ 자연 능동면역
④ 자연 수동면역

해설
① 인공 능동면역 : 예방접종, 백신으로 생기는 면역
② 인공 수동면역 : 타인의 혈청, 항체 주사를 통해 얻게 되는 면역
③ 자연 능동면역 : 병에 걸린 후 생기는 면역
④ 자연 수동면역 : 태아가 모체의 태반, 수유를 통해 얻는 면역

정답 21 ② 22 ① 23 ④ 24 ④ 25 ③ 26 ①

27 식품을 통한 식중독 중 독소형 식중독은?

① 포도상구균 식중독
② 살모넬라균 식중독
③ 장염 비브리오 식중독
④ 병원성 대장균 식중독

> **해설**
>
> **식중독의 종류**
>
> | 세균성 식중독 | 감염형 | 살모넬라균, 장염 비브리오균, 병원성 대장균 |
> |---|---|---|
> | | 독소형 | 포도상구균, 보툴리누스균, 장구균 |
> | 자연독에 의한 식중독 | 식물성 | 솔라닌(감자), 무스카린(버섯), 아미그달린(청매실), 시큐톡신(독미나리) |
> | | 동물성 | 테트로도톡신(복어), 베네루핀(모시조개, 굴, 바지락), 삭시토신(홍합) |

28 무구조충은 다음 중 어느 것을 날것으로 먹었을 때 감염될 수 있는가?

① 돼지고기　② 잉어
③ 게　　　　④ 쇠고기

> **해설**
>
> **기생충의 종류**
>
> | 선충류 | • 선의 형태로 생긴 기생충이다.
• 주로 소화기에 기생한다.
• 회충, 요충, 십이지장충, 편충 등이 있다. |
> |---|---|
> | 흡충류 | • 납작하고 빨판이 있는 기생충이다.
• 감염경로
　- 간흡충(간디스토마) : 우렁이 → 잉어, 붕어 → 사람
　- 폐흡충(폐디스토마) : 다슬기 → 가재, 게 → 사람
　- 요코가와흡충 : 다슬기 → 은어, 숭어 → 사람 |
> | 조충류 | • 감염경로
　- 유구조충(갈고리촌충) : 돼지 → 사람
　- 무구조충(민촌충) : 소 → 사람
　- 광절열두조충(긴촌충) : 물벼룩 → 연어, 송어(담수어) → 사람 |

29 일반적인 이·미용업소의 실내 쾌적 습도 범위로 가장 알맞은 것은?

① 10~20%
② 20~40%
③ 40~70%
④ 70~90%

> **해설**
>
> **쾌적 조건**
>
> | 쾌적 기온 | 18±2℃(실내 기준) |
> |---|---|
> | 쾌적 기습 | 40~70% |
> | 쾌적 기류 | 1.0m/sec(실외 기준), 0.5m/sec(실내 기준) |

30 다음 중 환경 보전에 영향을 미치는 공해 발생 원인으로 관계가 먼 것은?

① 실내에서의 흡연
② 산업장의 폐수 방류
③ 공사장의 분진 발생
④ 공사장의 굴착 작업

> **해설**
>
> ① 실내 흡연으로 공해가 발생했다고 보기는 어렵다.

제3과목　소독학

31 소독과 멸균에 관련된 용어 해설 중 틀린 것은?

① 살균 : 생활력을 가지고 있는 미생물을 여러 가지 물리·화학적 작용에 의해 급속히 죽이는 것을 말한다.
② 방부 : 병원성 미생물의 발육과 그 작용을 제거하거나 정지시켜서 음식물의 부패나 발효를 방지하는 것을 말한다.
③ 소독 : 사람에게 유해한 미생물을 파괴시켜 감염의 위험성을 제거하는 비교적 강한 살균작용으로, 세균의 포자까지 사멸하는 것을 말한다.
④ 멸균 : 병원성 또는 비병원성 미생물 및 포자를 가진 것을 전부 사멸 또는 제거하는 것을 말한다.

해설

③ 소독 : 사람에게 유해한 미생물을 파괴시켜 감염의 위험성을 제거하는 것으로, 세균의 포자까지 제거하지는 못한다.

32 소독제의 이상적인 구비 조건과 거리가 먼 것은?

① 생물학적 작용을 충분히 발휘할 수 있어야 한다.
② 효과를 빨리 내고 살균 소요시간이 짧을수록 좋다.
③ 독성이 적으면서 사용자에게도 자극성이 없어야 한다.
④ 원액 혹은 희석된 상태에서 화학적으로는 불안정된 것이라야 한다.

해설

④ 소독제는 안정성이 있어야 한다.

33 소독약 10mL를 용액(물) 40mL에 혼합시키면 몇 %의 수용액이 되는가?

① 2%
② 10%
③ 20%
④ 50%

해설

③ 소독약 10mL에 물 40mL를 혼합하면 총 50mL가 된다. 소독약은 50mL 중에 10mL이므로 20%의 수용액이 된다.

34 건열멸균법에 대한 설명 중 틀린 것은?

① 드라이 오븐(Dry Oven)을 사용한다.
② 유리제품이나 주사기 등의 소독에 적합하다.
③ 젖은 손으로 조작하지 않는다.
④ 110~130℃에서 1시간 내에 실시한다.

해설

④ 건열멸균기로 밀폐시켜 160~170℃에서 1~2시간 멸균하여 소독한다.

35 이·미용업소에서 종업원이 손 소독 시 사용하기에 가장 보편적이고 적당한 것은?

① 승홍수
② 과산화수소
③ 역성비누
④ 석탄수

해설

③ 역성비누는 양이온성 비누로, 세척력은 없지만 살균작용이 뛰어나 이·미용업소의 종업원이 손 소독 시 사용하기에 가장 보편적이고 적당하다.

36 살균력이 좋고 자극성이 적어서 상처 소독에 많이 사용되는 것은?

① 승홍수
② 과산화수소
③ 포르말린
④ 석탄산

해설

소독제의 종류

과산화수소	• 일반적으로 3%를 사용한다. • 살균, 탈취, 표백에 효과적이다. • 상처 부위를 소독할 때 사용한다.
승홍수	• 살균력과 독성이 강해 0.1%의 수용액을 사용한다(소량으로도 소독이 가능하다). • 상처 소독에는 사용하지 않는다. • 금속 부식성이 있다. • 무색, 무취이다. • 염화칼륨을 첨가하면 자극성이 완화된다.
포르말린	• 포름알데히드 36%의 수용액이다. • 고온에서 소독력이 강하다. • 고무, 금속, 플라스틱 등을 소독할 때 사용한다.
석탄산	• 일반적으로 3%를 사용한다. • 소독약의 표준이다. • 독성이 있다. • 포자에는 효력이 없다. • 고무, 의류, 가구 등을 소독할 때 사용한다.

37 다음 중 음용수의 소독에 사용되는 소독제는?

① 표백분
② 염산
③ 과산화수소
④ 요오드팅크

해설

① 음용수의 화학적 소독에는 염소와 표백분을 사용한다.

38 다음 중 음료수의 소독 방법으로 가장 적절한 방법은?

① 일광 소독
② 자외선등 사용
③ 염소 소독
④ 증기 소독

해설

③ 음료수 소독에 가장 적합한 방법은 염소 소독이다.

39 이·미용실의 기구(가위, 레이저) 소독 시 사용하기에 가장 적절한 약품은?

① 70~80%의 알코올
② 100~200배 희석한 역성비누
③ 5%의 크레졸 비누액
④ 50%의 페놀액

해설

① 가위, 레이저는 70% 알코올에 20분 정도 침수 소독한다.

40 소독 작용에 영향을 미치는 요인에 대한 설명으로 틀린 것은?

① 온도가 높을수록 소독 효과가 크다.
② 유기물질이 많을수록 소독 효과가 크다.
③ 접촉 시간이 길수록 소독 효과가 크다.
④ 농도가 높을수록 소독 효과가 크다.

해설

온도가 높을수록, 접촉 시간이 길수록, 농도가 높을수록 소독 효과가 크고, 유기물질이 많을수록 소독 효과가 떨어진다.

36 ② 37 ① 38 ③ 39 ① 40 ② **정답**

제4과목 피부학

41 다음 중 탄수화물, 지방, 단백질의 3가지를 지칭하는 것은?

① 구성 영양소
② 열량 영양소
③ 조절 영양소
④ 구조 영양소

해설
② 탄수화물, 지방, 단백질은 열량을 내는 열량 영양소이다. 비타민, 무기질 등은 조절 영양소에 속한다.

42 다음 중 기초화장품의 주된 사용 목적에 속하지 않는 것은?

① 세 안
② 피부 정돈
③ 피부 보호
④ 피부 채색

해설
④ 피부 채색은 색조 화장품의 사용 목적이다.

43 상피조직의 신진대사에 관여하며 각화 정상화 및 피부 재생을 돕고 노화 방지에 효과가 있는 비타민은?

① 비타민 C
② 비타민 E
③ 비타민 A
④ 비타민 K

해설
비타민의 종류

비타민 A	• 신진대사와 신체 성장에 관여한다. • 각화를 정상화시킨다. • 피부 재생을 돕는다. • 노화를 예방한다. • 결핍 시 야맹증, 피부 건조가 나타난다. • 과잉 시 탈모가 나타난다.
비타민 C	• 신체의 결합조직 형성과 기능 유지에 도움을 준다. • 항산화 작용과 멜라닌 형성 억제로 미백 효과를 준다. • 면역 기능이 있다. • 모세혈관 강화에 중요한 역할을 한다. • 결핍 시 괴혈병, 발육 장애, 빈혈이 나타난다.
비타민 E	• 호르몬 생성에 도움을 준다. • 항산화 작용으로 노화 예방에 도움을 준다. • 결핍 시 불임, 생식 불능이 나타난다.
비타민 K	• 혈액 응고에 도움을 준다. • 결핍 시 혈우병 등 출혈성 질병이 나타난다.

정답 41 ② 42 ④ 43 ③

44 다음 중 일반적으로 건강한 모발의 상태는?

① 단백질 10~20%, 수분 10~15%, pH 2.5~4.5
② 단백질 20~30%, 수분 70~80%, pH 4.5~5.5
③ 단백질 50~60%, 수분 25~40%, pH 7.5~8.5
④ 단백질 70~80%, 수분 10~15%, pH 4.5~5.5

해설

건강한 모발의 상태
- 단백질(케라틴이라는 경단백질) : 70~80%
- 수분 : 10~15%
- pH : 4.5~5.5
- 멜라닌 : 3% 이하

45 다음 중 글리세린의 가장 중요한 작용은?

① 소독 작용
② 수분 유지 작용
③ 탈수 작용
④ 금속염 제거 작용

해설

② 글리세린은 보습제로, 피부를 촉촉하게 유지하여 피부 건조를 막는다.

46 다음 중 멜라닌 색소를 함유하고 있는 부분은?

① 모표피
② 모피질
③ 모수질
④ 모유두

해설

모피질
- 전체 모발의 80~90%를 차지한다.
- 모발의 강도, 탄력성, 질감, 색상(멜라닌 색소) 등을 결정한다.
- 결정 영역(피질세포), 비결정 영역(간충 물질) 등으로 이루어진다.

47 다음 중 피지선의 활성을 높여주는 호르몬은?

① 안드로겐
② 에스트로겐
③ 인슐린
④ 멜라닌

해설

① 남성 호르몬인 안드로겐은 피지 분비를 촉진하고, 여성 호르몬인 에스트로겐은 피지 분비를 억제시킨다.

44 ④ 45 ② 46 ② 47 ①

48 다음 중 식물성 오일이 아닌 것은?

① 아보카도 오일
② 피마자 오일
③ 올리브 오일
④ 실리콘 오일

해설
④ 오일에 식물 이름이 들어가지 않은 것을 고르면 된다. 실리콘 오일은 합성 오일이다.

49 다음 중 피부의 기능이 아닌 것은?

① 피부는 강력한 보호 작용을 한다.
② 피부는 체온의 외부 발산을 막고 외부 온도 변화가 내부로 전해지도록 작용한다.
③ 피부는 땀과 피지를 통해 노폐물을 분비·배설한다.
④ 피부도 호흡한다.

해설
② 피부는 땀 분비 조절, 혈관 확장과 수축 등으로 외부의 열을 차단하고 내부의 열이 외부로 발산되는 것을 막는다. 그러나 외부 온도 변화가 내부로 전해지도록 작용한다는 것은 틀린 설명이다.

50 피부 색상을 결정짓는 데 주요한 요인이 되는 멜라닌 색소를 만들어 내는 피부층은?

① 과립층
② 유극층
③ 기저층
④ 유두층

해설
표피와 진피

표피	무핵층	각질층	• 표피의 가장 바깥층이다. • 외부의 자극으로부터 피부를 보호한다.

표피	무핵층	각질층	• 표피의 가장 바깥층이다. • 외부의 자극으로부터 피부를 보호한다.
		투명층	• 무색, 무핵의 편평세포층이다. • 손바닥, 발바닥과 같이 두꺼운 부위에 존재한다.
		과립층	무핵층으로, 본격적인 각질화(각화 현상)가 시작된다.
	유핵층	유극층	• 유핵층으로, 표피 중 가장 두껍다. • 표피의 대부분을 차지한다. • 면역 기능을 담당하는 랑게르한스세포가 존재한다.
		기저층	• 표피의 가장 아래층이다. • 진피와 경계를 이룬다. • 각질형성세포와 멜라닌형성세포가 존재하며 활발한 세포 분열이 이루어진다.
진피		유두층	• 혈관과 신경이 존재한다. • 모세혈관, 림프관, 신경종말에 의해 표피로의 영양 공급, 산소 운반, 신경 전달이 이루어진다.
		망상층	• 유두층 아래에 위치한다. • 진피의 4/5를 차지할 정도로 두껍다. • 옆으로 길고 섬세한 섬유가 그물 모양으로 구성되어 있다. • 혈관, 림프관, 신경관, 피지선, 땀샘, 모발, 입모근이 존재한다.

정답 48 ④ 49 ② 50 ③

제5과목 공중위생법규

51 「공중위생관리법」에서 규정하고 있는 공중위생영업의 종류에 해당되지 않는 것은?

① 이·미용업
② 위생관리용역업
③ 학원영업
④ 세탁업

> **해설**
> 공중위생영업이란 다수인을 대상으로 위생관리서비스를 제공하는 영업으로서 숙박업, 목욕장업, 이용업, 미용업, 세탁업, 건물위생관리업(위생관리용역업)을 말한다(「공중위생관리법」 제2조 제1항 제1호).

52 영업소 외의 장소에서 이·미용 업무를 행할 수 있는 경우가 아닌 것은?

① 질병으로 영업소에 나올 수 없는 경우
② 결혼식 등의 의식 직전인 경우
③ 손님의 간곡한 요청이 있을 경우
④ 시장·군수·구청장이 인정하는 경우

> **해설**
> 영업소 외의 장소에서 이·미용 업무를 행할 수 있는 경우(「공중관리법」 시행규칙 제13조)
> • 질병, 고령, 장애나 그 밖의 사유로 영업소에 나올 수 없는 자에 대하여 이용 또는 미용을 하는 경우
> • 혼례나 그 밖의 의식에 참여하는 자에 대하여 그 의식 직전에 이용 또는 미용을 하는 경우
> • 「사회복지사업법」 제2조 제4호에 따른 사회복지시설에서 봉사활동으로 이용 또는 미용을 하는 경우
> • 방송 등의 촬영에 참여하는 사람에 대하여 그 촬영 직전에 이용 또는 미용을 하는 경우
> • 이 외에 특별한 사정이 있다고 시장·군수·구청장이 인정하는 경우

53 영업자의 지위를 승계한 자로서 신고를 하지 아니하였을 경우 해당하는 처벌기준은?

① 1년 이하의 징역 또는 1천만 원 이하의 벌금
② 6개월 이하의 징역 또는 500만 원 이하의 벌금
③ 200만 원 이하의 벌금
④ 100만 원 이하의 벌금

> **해설**
> ② 공중위생영업자의 지위를 승계한 자로서 신고를 하지 아니한 자에게는 6개월 이하의 징역 또는 500만 원 이하의 벌금에 처한다(「공중위생관리법」 제20조 제3항).

54 공익상 또는 선량한 풍속 유지를 위하여 필요하다고 인정하는 경우에 이·미용업의 영업시간 및 영업행위에 관한 필요한 제한을 할 수 있는 사람은?

① 관련 전문기관 및 단체장
② 보건복지부 장관
③ 행정안전부 장관
④ 시·도지사

> **해설**
> 영업의 제한(「공중위생관리법」 제9조의 2)
> 시·도지사는 공익상 또는 선량한 풍속을 유지하기 위하여 필요하다고 인정하는 때에는 공중위생영업자 및 종사원에 대하여 영업시간 및 영업행위에 관한 필요한 제한을 할 수 있다(2025년 7월 31일부터는 개정 법령 시행에 따라 시·도지사를 비롯하여 시장·군수·구청장 또한 영업을 제한할 수 있게 된다).

정답 51 ③ 52 ③ 53 ② 54 ④

55 다음 중 이·미용사 면허를 취득할 수 없는 자는?

① 면허 취소 후 1년 경과자
② 독감 환자
③ 마약 중독자
④ 전과기록자

해설

이·미용사 면허를 취득할 수 없는 자(「공중위생관리법」 제6조 제2항)
- 피성년후견인
- 정신질환자(전문의가 적합하다고 인정하는 사람 제외)
- 감염병 환자(공중위생에 영향을 미칠 수 있는 사람)
- 마약 등 약물 중독자
- 면허 취소 후 1년이 경과되지 아니한 자

56 처분 기준이 200만 원 이하의 과태료가 아닌 것은?

① 규정을 위반하여 영업소 이외 장소에서 이·미용 업무를 행한 자
② 위생교육을 받지 아니한 자
③ 위생관리 의무를 지키지 아니한 자
④ 관계 공무원의 출입·검사·기타 조치를 거부·방해 또는 기피한 자

해설

④ 관계 공무원의 출입·검사·기타 조치를 거부·방해 또는 기피한 자는 300만 원 이하의 과태료 부과 대상이다(「공중위생관리법」 제22조 제1항 제4호).

200만 원 이하의 과태료 부과 대상(「공중위생관리법」 제22조 제2항)
- 규정에 위반하여 이용업소의 위생관리 의무를 지키지 아니한 자
- 규정에 위반하여 미용업소의 위생관리 의무를 지키지 아니한 자
- 영업소 외의 장소에서 이용 또는 미용 업무를 행한 자
- 위생교육을 받지 아니한 자

57 다음 중 이·미용사 면허를 받을 수 없는 경우에 해당 하는 것은?

① 전문대학 또는 동등 이상의 학력이 있다고 교육부 장관이 인정하는 학교에서 이용 또는 미용에 관한 학과를 졸업한 자
② 교육부 장관이 인정하는 인문계 학교에서 1년 이상 이·미용사 자격을 취득한 자
③ 「국가기술자격법」에 의한 이·미용사 자격을 취득한 자
④ 초·중등교육법령에 따른 고등기술학교에서 1년 이상 이·미용에 관한 소정의 과정을 이수한 자

해설

② 교육부 장관이 인정하는 학교의 이용 또는 미용에 관한 학과를 졸업해야 한다.

이·미용사 면허를 받을 수 있는 경우(「공중위생관리법」 제6조 제1항)
- 전문대학 또는 이와 같은 수준 이상의 학력이 있다고 교육부 장관이 인정하는 학교에서 이용 또는 미용에 관한 학과를 졸업한 자
- 「학점인정 등에 관한 법률」 제8조에 따라 대학 또는 전문대학을 졸업한 자와 같은 수준 이상의 학력이 있는 것으로 인정되어 같은 법 제9조에 따라 이용 또는 미용에 관한 학위를 취득한 자
- 고등학교 또는 이와 같은 수준의 학력이 있다고 교육부 장관이 인정하는 학교에서 이용 또는 미용에 관한 학과를 졸업한 자
- 초·중등교육법령에 따른 특성화고등학교, 고등기술학교나 고등학교 또는 고등기술학교에 준하는 각종 학교에서 1년 이상 이용 또는 미용에 관한 소정의 과정을 이수한 자
- 「국가기술자격법」에 의한 이용사 또는 미용사의 자격을 취득한 자

정답 55 ③ 56 ④ 57 ②

58 이·미용기구의 소독 기준 및 방법을 정한 것은?

① 대통령령
② 보건복지부령
③ 환경부령
④ 보건소령

해설
② 이·미용기구의 소독 기준 및 방법은 보건복지부령으로 정한다(「공중위생관리법」 제4조 제3항 제1호 및 제4항 제2호).

60 공중위생관리법상의 위생교육에 대한 설명 중 옳은 것은?

① 위생교육 대상자는 이·미용업 영업자이다.
② 위생교육 대상자는 이·미용사이다.
③ 위생교육 시간은 매년 8시간이다.
④ 위생교육은 「공중위생관리법」 위반자에 한하여 받는다.

해설
②·④ 위생교육 대상자는 이·미용 영업자이다.
③ 위생교육 시간은 매년 3시간이다.

59 이·미용업자의 준수사항 중 틀린 것은?

① 소독한 기구와 소독을 하지 아니한 기구는 각각 다른 용기에 넣어 보관할 것
② 조명은 75럭스(Lux) 이상 유지되도록 할 것
③ 신고증과 함께 면허증 사본을 게시할 것
④ 일회용 면도날은 손님 1인에 한하여 사용할 것

해설
③ 이·미용업 신고증 및 개설자의 면허증 원본을 게시하여야 한다(「공중위생관리법」 시행규칙 별표 4).

CHAPTER 02 제2회 실전모의고사

제1과목 미용 이론

01 다음 중 용어의 설명으로 틀린 것은?

① 버티컬 웨이브(Vertical Wave) : 웨이브 흐름이 수평 방향
② 리세트(Reset) : 세트를 다시 마는 것
③ 호리존탈 웨이브(Horizontal Wave) : 웨이브 흐름이 가로 방향
④ 오리지널 세트(Original Set) : 기초가 되는 최초의 세트

해설
① 버티컬(Vertical)은 '수직'이라는 뜻이고, 호리존탈(Horizontal)은 '수평'이라는 뜻이다. 버티컬 웨이브에서 버티컬(수직)의 기준은 리지(Ridge)의 방향을 뜻하는데, 리지는 수평이 아닌 수직 방향이 되어야 한다.

02 핑거 웨이브(Finger Wave)와 관계없는 것은?

① 세팅로션, 물, 빗
② 크레스트(Crest), 리지(Ridge), 트로프(Trough)
③ 포워드 비기닝(Forward Beginning), 리버스 비기닝(Reverse Beginning)
④ 테이퍼링(Tapering), 싱글링(Shingling)

해설
④ 테이퍼링(Tapering)은 가위나 레이저를 이용하여 두발의 끝이 붓처럼 점차 가늘어지게 커트하는 방법이고, 싱글링(Shingling)은 커트빗에 가위를 대고 하는 커트로, 위로 올라갈수록 모발이 길어진다.
①·② 핑거 웨이브(Finger Wave)는 세팅로션이나 물을 이용하여 빗과 손가락으로 형성하는 웨이브를 뜻한다. 크레스트(Crest), 리지(Ridge), 트로프(Trough)는 웨이브의 위치별 명칭이다.
③ 비기닝은 웨이브가 시작될 때 방향을 결정하는 기시점인데, 포워드 비기닝(Forward Beginning)은 시계 방향, 리버스 비기닝(Reverse Beginning)은 반시계 방향을 의미한다.

03 스캘프 트리트먼트(Scalp Treatment)의 시술 과정에서 화학적 방법과 관련 없는 것은?

① 양모제
② 헤어 토닉
③ 헤어 크림
④ 헤어 스티머

해설
④ 화학적 방법에는 화학제품이 사용되어야 하지만, 헤어 스티머는 수증기를 이용하기 때문에 화학적인 방법과 거리가 멀다.

04 빗(Comb)의 손질법에 대한 설명으로 틀린 것은? (단, 금속 빗은 제외)

① 살 사이의 때는 솔로 제거하거나 심한 경우는 비눗물에 담근 후 브러시로 닦고 나서 소독한다.
② 증기소독과 자비소독 등 열에 의한 소독과 알코올 소독을 해준다.
③ 빗을 소독할 때는 크레졸수, 역성비누액 등이 이용되며 세정이 바람직하지 않은 재질은 자외선으로 소독한다.
④ 소독용액에 오랫동안 담그면 빗이 휘어지는 경우가 있어 주의하고 끄집어낸 후 물로 헹구고 물기를 제거한다.

해설
② 문제에서 금속 빗은 제외한다는 것은 플라스틱 빗의 손질 방법에 대해 묻겠다는 의미이다. 플라스틱에 열을 가할 경우, 빗이 변형될 수 있기 때문에 열에 의한 소독을 한다는 것은 틀린 설명이다.

정답 01 ① 02 ④ 03 ④ 04 ②

05 다음 중 헤어 블리치에 관한 설명으로 틀린 것은?

① 과산화수소는 산화제이고 암모니아수는 알칼리제이다.
② 헤어 블리치는 산화제의 작용으로 모발의 색소를 옅게 한다.
③ 헤어 블리치제는 과산화수소에 암모니아수 소량을 더하여 사용한다.
④ 과산화수소에서 방출된 수소가 멜라닌 색소를 파괴시킨다.

> **해설**
> ④ 과산화수소는 수소가 아닌 산소를 방출하고 멜라닌 색소를 파괴시킨다.

06 핫 오일 샴푸에 대한 설명 중 잘못된 것은?

① 플레인 샴푸를 하기 전에 실시한다.
② 오일을 따뜻하게 덥혀서 바르고 마사지한다.
③ 핫 오일 샴푸 후 펌을 시술한다.
④ 올리브유 등의 식물성 오일이 좋다.

> **해설**
> ③ 핫 오일 샴푸는 물을 사용하는 스페셜 샴푸로 플레인 샴푸를 하기 전에 사용하며, 펌이나 컬러링 이후 두피와 모발에 지방을 공급하고 모근을 강화시켜주는 기능이 있다.

07 모발이 지나치게 건조할 때나 모발의 염색에 실패했을 때의 가장 적합한 샴푸 방법은?

① 플레인 샴푸 ② 에그 샴푸
③ 약산성 샴푸 ④ 토닉 샴푸

> **해설**
> **에그 샴푸**
> • 달걀을 이용하는 샴푸로, 달걀의 흰자는 노폐물 제거에, 노른자는 영양과 광택 부여에 효과적이다.
> • 모발이 지나치게 건조할 때나 염색에 실패했을 때 모발에 영양을 공급하기 위해 사용한다.

08 미용의 과정이 바른 순서로 나열된 것은?

① 소재 파악 → 구상 → 제작 → 보정
② 소재 파악 → 보정 → 구상 → 제작
③ 구상 → 소재 파악 → 제작 → 보정
④ 구상 → 제작 → 보정 → 소재 파악

> **해설**
> ① 미용 과정의 올바른 순서는 소재 파악 → 구상 → 제작 → 보정이다.

09 다음 중 커트를 하기 위한 순서로 가장 옳은 것은?

① 위그 → 수분 → 빗질 → 블로킹 → 슬라이스 → 스트랜드
② 위그 → 수분 → 빗질 → 블로킹 → 스트랜드 → 슬라이스
③ 위그 → 수분 → 슬라이스 → 빗질 → 블로킹 → 스트랜드
④ 위그 → 수분 → 스트랜드 → 빗질 → 블로킹 → 슬라이스

> **해설**
> **커트 시술 순서**
> 위그(모발) → 수분 분무 → 빗질 → 블로킹(구획을 만드는 것) → 슬라이스(커트할 머리를 얇게 가르는 것) → 스트랜드(모발 한 다발)

10 첩지에 대한 내용으로 틀린 것은?

① 첩지의 모양은 봉과 개구리 등이 있다.
② 첩지는 조선시대 사대부의 예장 때 머리 위 가르마를 꾸미는 장식품이다.
③ 왕비는 은 개구리 첩지를 사용하였다.
④ 첩지는 내명부나 외명부의 신분을 밝혀주는 중요한 표시이기도 했다.

해설

첩지는 조선시대 사대부 예장 때 가르마를 꾸미는 장식품이었다. 용은 왕비, 봉은 비와 빈, 개구리는 내외명부들이 사용하여 첩지의 모양으로 신분을 구분할 수 있었다.

11 레이어드 커트(Layered Cut)의 특징이 아닌 것은?

① 커트라인이 얼굴 정면에서 네이프라인과 일직선인 스타일이다.
② 두피 면에서의 모발의 각도를 90° 이상으로 커트한다.
③ 머리형이 가볍고 부드러워 다양한 스타일을 만들 수 있다.
④ 네이프라인에서 탑 부분으로 올라가면서 모발의 길이가 점점 짧아지는 커트이다.

해설

① '레이어(Layer)'는 '층'이라는 뜻으로, 레이어드 커트는 머리 끝단에 층이 나도록 만드는 커트이다. 커트라인이 얼굴 정면에서 네이프라인과 일직선인 스타일이라는 것은 틀린 설명이다.

12 모발 커트 시 모발 끝 1/3 정도를 테이퍼링 하는 것은?

① 노멀 테이퍼링
② 딥 테이퍼링
③ 엔드 테이퍼링
④ 보스 사이드 테이퍼링

해설

③ 엔드 테이퍼링 : 모발 끝을 기준으로 1/3 정도(끝부분만) 테이퍼링 하는 것
① 노멀 테이퍼링 : 모발 끝을 기준으로 1/2 정도(중간 정도) 테이퍼링 하는 것
② 딥 테이퍼링 : 모발 끝을 기준으로 2/3 정도(두피에 가깝게, 깊이) 테이퍼링 하는 것
④ 보스 사이드 테이퍼링 : 스트랜드 양면을 테이퍼링 하는 것

13 시스테인 퍼머넌트에 대한 설명으로 틀린 것은?

① 아미노산의 일종인 시스테인을 사용한 것이다.
② 환원제로 티오글리콜산염이 사용된다.
③ 모발에 대한 잔류성이 높아 주의가 필요하다.
④ 연모, 손상모의 시술에 적합하다.

해설

② 모발, 새의 깃털을 원료로 추출한 시스테인이라는 아미노산을 사용한다.

14 영구적 염모제에 대한 설명 중 틀린 것은?

① 제1액의 알칼리제로는 휘발성이라는 점에서 암모니아가 사용된다.
② 제2액인 산화제는 모피질 내로 침투하여 수소를 발생시킨다.
③ 제1액 속의 알칼리제가 모표피를 팽윤시켜 모피질 내 인공색소와 과산화수소를 침투시킨다.
④ 모피질 내의 인공색소는 큰 입자의 유색 염료를 형성하여 영구적으로 착색된다.

해설

② 산화제는 수소를 발생시키는 것이 아니라 산소를 방출하고, 이 산소는 멜라닌 색소를 파괴한다.

15 두피 타입에 알맞은 스캘프 트리트먼트(Scalp Treatment)의 연결이 틀린 것은?

① 건성 두피 – 드라이 스캘프 트리트먼트
② 지성 두피 – 오일리 스캘프 트리트먼트
③ 비듬성 두피 – 핫오일 스캘프 트리트먼트
④ 정상 두피 – 플레인 스캘프 트리트먼트

해설
영어의 뜻을 파악한 후 해당 두피에 적합한 스캘프 트리트먼트의 유형을 고르면 된다. 건성 두피에는 드라이 스캘프 트리트먼트('드라이'는 '건조하다'라는 뜻이다)를, 지성 두피에는 오일리 스캘프 트리트먼트('오일리'는 '기름기가 많다'라는 뜻이다)를 사용한다. 비듬성 두피에는 댄드러프 스캘프 트리트먼트('댄드러프'는 '비듬'을 뜻한다)를, 정상 두피에는 플레인 스캘프 트리트먼트('플레인'은 '일반적'이라는 뜻이다)를 사용한다.

16 샴푸의 성분이 아닌 것은?

① 계면활성제   ② 점증제
③ 기포증진제   ④ 산화제

해설
④ 샴푸의 대표적인 성분으로는 계면활성제, 기포증진제, 점증제, 금속이온봉쇄제, pH조절제 등이 있다. 산화제는 헤어 컬러링과 연관이 있다.

17 퍼머넌트 웨이브(Permanent Wave) 시술 시 두발에 대한 제1액의 작용 정도를 판단하여 정확한 프로세싱 타임을 결정하고, 웨이브의 형성 정도를 조사하는 것은?

① 패치 테스트   ② 스트랜드 테스트
③ 테스트 컬   ④ 컬러 테스트

해설
테스트 컬(Test Curl)
퍼머넌트 웨이브 시술 시 제1액의 작용 정도를 판단하여 정확한 프로세싱 타임을 결정하고, 웨이브의 형성 정도를 조사하는 것이다.

18 가위에 대한 설명 중 틀린 것은?

① 양날의 견고함이 동일해야 한다.
② 가위의 길이나 무게가 미용사의 손에 맞아야 한다.
③ 가위의 날은 반듯하고 두꺼운 것이 좋다.
④ 협신에서 날 끝으로 갈수록 약간 내곡선인 것이 좋다.

해설
③ 가위는 용도에 따라 다양한 형태가 존재한다. 가위의 날은 두껍지 않고 날렵한 것이 오히려 더 좋다.

19 모발의 측쇄 결합으로 볼 수 없는 것은?

① 시스틴 결합(Cystine Bond)
② 염 결합(Salt Bond)
③ 수소 결합(Hydrogen Bond)
④ 폴리 펩티드 결합(Poly Peptide Bond)

해설
④ 주쇄 결합에 해당하며, 강하게 결합되어 있다.
①·②·③ 측쇄 결합에 해당한다.

20 모발에서 퍼머넌트 웨이브의 형성과 직접 관련이 있는 아미노산은?

① 시스틴(Cystine)
② 알라닌(Alanine)
③ 멜라닌(Melanin)
④ 티로신(Tyrosin)

해설
① 퍼머넌트는 모발의 시스틴 결합을 이용하는 방법이다. 제1액의 알칼리 성분이 모표피를 팽윤시키고, 수소(H)가 시스틴 결합을 절단한다.

제2과목 공중보건학

21 수질 오염을 측정하는 지표로서 물에 녹아 있는 유리산소를 의미하는 것은?

① 용존산소량(DO)
② 생물화학적 산소요구량(BOD)
③ 화학적 산소요구량(COD)
④ 수소이온농도(pH)

해설

① 수질 오염을 측정하는 지표로서 물에 녹아 있는 유리산소를 의미하는 것은 용존산소량(DO)이다. 생물화학적 산소요구량(BOD)이 높으면 용존산소량(DO)이 낮음을 의미하고, 용존산소량(DO) 부족 시 메탄가스 및 악취가 발생한다.

22 출생률보다 사망률이 낮으며 14세 이하 인구가 65세 이상 인구의 2배를 초과하는 인구 구성형은?

① 피라미드형
② 종 형
③ 항아리형
④ 별 형

해설

① 14세 이하의 인구가 65세 이상 인구의 2배를 초과하는 인구 구성형은 아래가 넓은 피라미드형이다.

23 보건행정에 대한 설명으로 가장 올바른 것은?

① 공중보건의 목적을 달성하기 위해 공공의 책임하에 수행하는 행정활동
② 개인보건의 목적을 달성하기 위해 공공의 책임하에 수행하는 행정활동
③ 국가 간의 질병 교류를 막기 위해 공공의 책임하에 수행하는 행정활동
④ 공중보건의 목적을 달성하기 위해 개인의 책임하에 수행하는 행정활동

해설

① 보건행정이란 국민의 수명 연장, 질병 예방 및 육체적·정신적 효율의 증진 등 공중보건의 목적을 달성하기 위해 공공의 책임하에 행해지는 공적인 행정활동이다.

24 콜레라 예방접종은 어떤 면역 방법인가?

① 인공 수동면역
② 인공 능동면역
③ 자연 수동면역
④ 자연 능동면역

해설

② 인공 능동면역 : 예방접종, 백신으로 생기는 면역
① 인공 수동면역 : 타인의 혈청, 항체 주사를 통해 얻게 되는 면역
③ 자연 수동면역 : 태아가 모체의 태반, 수유를 통해 얻는 면역
④ 자연 능동면역 : 병에 걸린 후 생기는 면역

정답 21 ① 22 ① 23 ① 24 ②

25 기생충과 인체 내 기생 부위의 연결이 잘못된 것은?

① 구충증 – 폐
② 간흡충증 – 간의 담도
③ 요충증 – 직장
④ 폐흡충 – 폐

해설
① 구충은 십이지장충이라고도 하며, 소화기관(소장)에 기생한다.

26 출생 후 4주 이내에 기본접종을 실시하는 것이 효과적인 전염병은?

① 볼거리 ② 홍 역
③ 결 핵 ④ 일본뇌염

해설
③ 생후 1개월(4주) 이내에 하는 BCG 예방접종은 주로 결핵을 예방하기 위해 실시한다.
①·② 생후 12~15개월에 접종하는 MMR 백신은 홍역, 볼거리, 풍진 등을 예방하기 위해 실시한다.
④ 일본뇌염 예방접종은 생후 12~23개월에 실시한다.

27 주로 여름철에 발병하며 어패류 등의 생식이 원인이 되어 복통, 설사 등의 급성위장염 증상을 나타내는 식중독은?

① 포도상구균 식중독
② 병원성 대장균 식중독
③ 장염 비브리오 식중독
④ 보툴리누스균 식중독

해설
③ 장염 비브리오 식중독 : 어패류를 생으로 섭취했을 때 감염될 수 있는 식중독이다.
① 포도상구균 식중독 : 육류, 가공식품, 유제품이 원인으로, 음식물을 5℃ 이하로 냉장 보관하면 예방할 수 있는 식중독이다.
② 병원성 대장균 식중독 : 육류 등을 덜 익혀 먹었을 때 감염될 수 있는 식중독이다.
④ 보툴리누스균 식중독 : 통조림이나 소시지 등에 존재하며, 매우 위험한 세균 중 하나이다.

28 다음 중 비타민(Vitamin)과 그 결핍증의 연결이 틀린 것은?

① 비타민(Vitamin) B_2 – 구순염
② 비타민(Vitamin) D – 구루병
③ 비타민(Vitamin) A – 야맹증
④ 비타민(Vitamin) C – 각기병

해설
④ 각기병은 비타민 B_1의 결핍증이다. 비타민 C가 부족하면 괴혈병 등이 나타난다.

29 일반적으로 돼지고기 생식에 의해 감염될 수 없는 것은?

① 유구조충
② 무구조충
③ 선모충
④ 살모넬라

해설
② 무구조충은 소를 통해 인간에게 감염된다.

30 실내에 다수인이 밀집한 상태에서의 공기 변화는?

① 기온 상승 → 습도 증가 → 이산화탄소 감소
② 기온 하강 → 습도 증가 → 이산화탄소 감소
③ 기온 상승 → 습도 증가 → 이산화탄소 증가
④ 기온 상승 → 습도 감소 → 이산화탄소 증가

해설
③ 이런 종류의 문제는 상식적인 측면에서 생각하면 좋다. 사람이 밀집하는 경우 체온으로 인해 기온이 상승하고, 사람의 호흡으로 인해 습도와 이산화탄소가 모두 증가한다.

제3과목 소독학

31 고압증기멸균법 중 20파운드(Lbs)의 압력에서는 몇 분간 처리하는 것이 가장 적절한가?

① 40분　② 30분
③ 15분　④ 5분

해설
고압증기멸균법 시 압력별 온도와 처리시간
- 10파운드 : 115℃, 30분
- 15파운드 : 120℃, 20분
- 20파운드 : 126℃, 15분

32 광견병의 병원체는 어디에 속하는가?

① 세균(Bacteria)
② 바이러스(Virus)
③ 리케차(Rickettsia)
④ 진균(Fungi)

해설
② 광견병의 병원체는 바이러스에 속한다. 바이러스는 가장 작은 미생물로 세균여과기에 여과되지 않는다. 병원체가 바이러스인 질병으로는 광견병 외에도 인플루엔자, 천연두, 폴리오 등이 있다.

33 다음 중 열에 대한 저항력이 커서 자비소독법으로 사멸되지 않는 균은?

① 콜레라균　② 결핵균
③ 살모넬라균　④ B형간염 바이러스

해설
④ 자비소독법이란 100℃ 끓는 물에서 15~20분 가열하여 소독하는 방법이다. 탄산나트륨(1~2%), 붕소(2%), 크레졸 비누액(2~3%)을 넣으면 살균력이 강해지고 녹 방지 효과가 생긴다. 이는 열에 대한 저항력이 큰 아포형성균이나 B형간염 바이러스 사멸에는 적합하지 않다.

34 레이저(Razor) 사용 시 헤어 살롱에서 교차 감염을 예방하기 위해 주의할 점이 아닌 것은?

① 매 고객마다 새로 소독된 면도날을 사용해야 한다.
② 면도날을 매번 고객마다 갈아 끼우기 어렵지만, 하루에 한 번은 반드시 새것으로 교체해야만 한다.
③ 레이저 날이 한 몸체로 분리가 안 되는 경우 반드시 70% 알코올을 적신 솜으로 소독 후 사용한다.
④ 면도날을 재사용해서는 안 된다.

해설
② 면도날(레이저)은 무조건 고객 한 명에게 1회 사용 시 새것으로 바꿔야 한다.

35 손 소독과 주사 시 피부 소독 등에 사용되는 에틸알코올(Ethyl Alcohol)은 어느 정도의 농도에서 가장 많이 사용되는가?

① 20% 이하
② 60% 이하
③ 70~80%
④ 90~100%

해설
③ 알코올은 70~80% 농도에서 살균력이 가장 강하다.

36 이·미용업소에서 일반적 상황에서의 수건 소독법으로 가장 적합한 것은?

① 석탄산 소독
② 크레졸 소독
③ 자비 소독
④ 적외선 소독

해설
③ 수건은 자비 소독 후에 일광 소독 후 사용한다.

37 이·미용업소에서 B형간염의 전염을 방지하려면 다음 중 어느 기구를 가장 철저히 소독하여야 하는가?

① 수 건   ② 머리빗
③ 면도날   ④ 클리퍼(전동형)

해설
③ B형간염은 바이러스에 감염된 사람의 체액이나 분비물을 통해 전염된다. B형간염이 전염되는 것을 방지하기 위해서는 면도날이나 주삿바늘 등의 기구를 철저히 소독해야 한다.

38 소독제의 살균력을 비교할 때 기준이 되는 소독약은?

① 요오드   ② 승 홍
③ 석탄산   ④ 알코올

해설
석탄산
• 일반적으로 3%를 사용한다.
• 소독제의 살균력을 비교할 때 기준이 되는 소독약의 표준이다.
• 독성이 있다.
• 포자에는 효력이 없다.
• 고무, 의류, 가구 등을 소독할 때 사용한다.

39 3%의 크레졸 비누액 900mL를 만드는 방법으로 옳은 것은?

① 크레졸 원액 270mL에 물 630mL를 가한다.
② 크레졸 원액 27mL에 물 873mL를 가한다.
③ 크레졸 원액 300mL에 물 600mL를 가한다.
④ 크레졸 원액 200mL에 물 700mL를 가한다.

해설
② 900mL의 3%는 27mL이므로, 27mL의 크레졸 원액이 있으면 된다.

40 소독약의 구비 조건으로 틀린 것은?

① 값이 비싸고 위험성이 없다.
② 인체에 해가 없으며 취급이 간편하다.
③ 살균하고자 하는 대상물을 손상시키지 않는다.
④ 살균력이 강하다.

해설
소독약의 구비 조건
• 살균력이 강하고 무해해야 한다.
• 경제적이고 사용법이 간편해야 한다.
• 부식성·표백성이 없고 안정성이 있어야 한다.
• 불쾌한 냄새를 남기지 않아야 한다.
• 짧은 시간에 소독 효과가 확실해야 한다.
• 미량으로도 효과가 커야 한다.
• 생물학적 작용을 충분히 발휘할 수 있어야 한다.
• 독성이 적으면서 사용자에게 자극성이 없어야 한다.
• 안정성이 있어야 한다.
• 살균하고자 하는 대상물을 손상시키지 않아야 한다.

정답 36 ③ 37 ③ 38 ③ 39 ② 40 ①

제4과목 | 피부학

41 다음 중 피부의 각질, 털, 손톱, 발톱의 구성성분인 케라틴을 가장 많이 함유한 것은?

① 동물성 단백질
② 동물성 지방질
③ 식물성 지방질
④ 탄수화물

해설

① 케라틴은 기본적으로 단백질이다. 특히 동물성 단백질에 가장 많이 함유되어 있다.

42 노화된 피부의 특징이 아닌 것은?

① 노화된 피부는 탄력이 있고 수분이 없다.
② 피지 분비가 원활하지 못하다.
③ 주름이 형성되어 있다.
④ 호르몬 불균형으로 색소 침착이 나타난다.

해설

노화된 피부의 특징
- 피하 지방과 피부의 부착이 약해져 피부가 중력의 방향으로 늘어나고 처진다.
- 피지 분비와 수분이 감소하여 피부가 건조해지거나 탄력·윤기를 잃는다.
- 피부에 주름이 생긴다.
- 호르몬 불균형으로 피부에 색소 침착이 발생한다.

43 피부진균에 의하여 발생하며 습한 곳에서 발생빈도가 가장 높은 것은?

① 모낭염
② 족부백선
③ 봉소염
④ 티 눈

해설

② 족부백선은 무좀으로, 습하고 비위생적인 환경에서 발생한다.

44 기미를 악화시키는 주요한 원인이 아닌 것은?

① 경구피임약의 복용
② 임 신
③ 자외선 차단
④ 내분비 이상

해설

③ 기미는 눈 밑, 광대, 이마 주위에 발생하는 색소 침착 현상으로, 임신, 피임약 복용, 자외선 노출, 내분비 장애 등이 원인으로 작용한다.

45 다음 중 피지선과 가장 관련이 깊은 질환은?

① 사마귀
② 주사(Rosacea)
③ 한관종
④ 백반증

해설

② 주사(Rosacea)는 얼굴의 중앙 부위를 침범하는 만성 충혈성 질환으로, 피지선의 염증이 원인이 된다.

46 박하(Peppermint)에 함유된 시원한 느낌으로 혈액순환 촉진 성분은?

① 자일리톨(Xylitol)
② 멘톨(Menthol)
③ 알코올(Alcohol)
④ 마조람오일(Majoram Oil)

해설

② 박하의 주성분은 멘톨이다. 자일리톨은 천연감미료이다.

정답 41 ① 42 ① 43 ② 44 ③ 45 ② 46 ②

47 다음 중 표피에 존재하며, 면역과 가장 관계가 깊은 세포는?

① 멜라닌세포
② 랑게르한스세포
③ 머켈세포
④ 섬유아세포

해설

② 랑게르한스세포 : 면역 기능과 관계가 있다.
① 멜라닌세포 : 피부색을 결정한다.
③ 머켈세포 : 촉각을 감지한다.
④ 섬유아세포 : 콜라겐 세포를 만든다.

48 다음 중 필수 아미노산에 속하지 않는 것은?

① 트립토판
② 트레오닌
③ 발린
④ 알라닌

해설

필수 아미노산(10종)
류신, 아이소류신, 라이신, 메티오닌, 페닐알라닌, 트레오닌, 트립토판, 발린, 히스티딘, 아르기닌

49 AHA(Alpha Hydroxy Acid)에 대한 설명으로 틀린 것은?

① 화학적 필링
② 글리콜산, 젖산, 주석산, 능금산, 구연산
③ 각질세포의 응집력 강화
④ 미백 작용

해설

③ 알파 하이드록시 애씨드(AHA ; Alpha Hydroxy Acid)는 각질 제거에 효과적이므로, 각질세포의 응집력을 강화한다는 것은 틀린 설명이다.

알파 하이드록시 애씨드(AHA ; Alpha Hydroxy Acid)
• 화학 성분을 활용한 필링이다.
• 주요 성분으로 글리콜산, 젖산, 주석산, 능금산, 구연산 등이 있다.
• 각질 제거, 피부 탄력, 보습, 피부 톤 정리, 미백 작용 등의 효과가 있어 피부 관리에 널리 사용한다.

50 다음 정유(Essential Oil) 중에서 살균·소독 작용이 가장 강한 것은?

① 타임 오일(Thyme Oil)
② 주니퍼 오일(Juniper Oil)
③ 로즈마리 오일(Rosemary Oil)
④ 클라리세이지 오일(Clarysage Oil)

해설

① 타임 오일(Thyme Oil) : 살균·소독 작용으로 염증 제거에 도움
② 주니퍼 오일(Juniper Oil) : 독소 배출에 도움
③ 로즈마리 오일(Rosemary Oil) : 진정, 항산화에 도움
④ 클라리세이지 오일(Clarysage Oil) : 여성 호르몬 균형에 도움

제5과목 공중위생법규

51 신고를 하지 아니하고 영업소의 소재지를 변경한 때 3차 위반 시의 행정처분은?

① 경고
② 면허 정지
③ 면허 취소
④ 영업장 폐쇄 명령

해설

신고를 하지 아니하고 영업소 소재지를 변경한 때의 행정처분(「공중위생관리법」 시행규칙 별표 7)
• 1차 : 영업 정지 1개월
• 2차 : 영업 정지 2개월
• 3차 : 영업장 폐쇄 명령

52 이·미용업에 있어 청문을 실시하여야 하는 경우가 아닌 것은?

① 면허 취소 처분을 하고자 하는 경우
② 면허 정지 처분을 하고자 하는 경우
③ 일부 시설의 사용중지 처분을 하고자 하는 경우
④ 위생교육을 받지 아니하여 1차 위반한 경우

해설

청문을 실시해야 하는 경우는 보건복지부 장관 또는 시장·군수·구청장이 면허 취소 또는 면허 정지, 영업 정지 명령, 일부 시설의 사용중지 명령, 영업소 폐쇄 명령 중 하나에 해당하는 처분을 하려는 때이다(「공중위생관리법」 제12조).

53 이·미용업소에서의 면도기 사용에 대한 설명으로 가장 옳은 것은?

① 일회용 면도날만을 손님 1인에 한하여 사용
② 정비용 면도기를 손님 1인에 한하여 사용
③ 정비용 면도기를 소독 후 계속 사용
④ 매 손님마다 소독한 정비용 면도기 교체 사용

해설

① 이·미용업소에서는 일회용 면도날을 손님 1인에 한하여 사용 후 버려야 한다.

일회용 면도날을 2인 이상의 손님에게 사용한 경우의 행정처분(「공중위생관리법」 시행규칙 별표 7)
• 1차 : 경고
• 2차 : 영업 정지 5일
• 3차 : 영업 정지 10일
• 4차 : 영업장 폐쇄 명령

54 부득이한 사유가 없는 한 공중위생영업소를 개설할 자는 언제 위생교육을 받아야 하는가?

① 영업개시 후 2월 이내
② 영업개시 후 1월 이내
③ 영업개시 전
④ 영업개시 후 3월 이내

해설

영업 신고를 하고자 하는 자는 미리 위생교육을 받아야 한다. 다만, 보건복지부령으로 정하는 부득이한 사유로 미리 교육을 받을 수 없는 경우에는 영업개시 후 6개월 이내에 위생교육을 받을 수 있다(「공중위생관리법」 제17조 제2항).

정답 51 ④ 52 ④ 53 ① 54 ③

55 다음 중 공중위생영업을 하고자 할 때 필요한 것은?

① 허 가　　② 통 보
③ 인 가　　④ 신 고

해설
④ 공중위생영업을 하고자 하는 자는 공중위생영업의 종류별로 보건복지부령이 정하는 시설 및 설비를 갖추고 시장·군수·구청장에게 신고하여야 한다(「공중위생관리법」 제3조 제1항).

56 공중위생영업자가 준수하여야 할 위생관리 기준은 다음 중 어느 것으로 정하고 있는가?

① 대통령령　　② 국무총리령
③ 고용노동부령　　④ 보건복지부령

해설
④ 건전한 영업질서 유지를 위하여 영업자가 준수하여야 할 사항은 보건복지부령으로 정한다(「공중위생관리법」 제4조 제7항).

57 이용 또는 미용의 면허가 취소된 후 계속하여 업무를 행한 자에 대한 벌칙은?

① 6개월 이하의 징역 또는 300만 원 이하의 벌금
② 500만 원 이하의 벌금
③ 300만 원 이하의 벌금
④ 200만 원 이하의 벌금

해설
300만 원 이하의 벌금에 처하는 경우(「공중위생관리법」 제20조 제4항)
• 다른 사람에게 이용사 또는 미용사의 면허증을 빌려주거나 빌린 사람
• 이용사 또는 미용사의 면허증을 빌려주거나 빌리는 것을 알선한 사람
• 면허의 취소 또는 정지 중에 이용업 또는 미용업을 한 사람
• 면허를 받지 아니하고 이용업 또는 미용업을 개설하거나 그 업무에 종사한 사람

58 이·미용 영업자에게 과태료를 부과·징수할 수 있는 처분권자에 해당되지 않는 자는?

① 시·도지사
② 시 장
③ 군 수
④ 구청장

해설
① 처분권자는 시장·군수·구청장, 보건복지부 장관이다.

59 대통령령이 정하는 바에 의하여 관계 전문기관 등에 공중위생관리 업무의 일부를 위탁할 수 있는 자는?

① 시·도지사
② 시장·군수·구청장
③ 보건복지부 장관
④ 보건소장

해설
위임 및 위탁(「공중위생관리법」 제18조)
• 보건복지부 장관은 「공중위생관리법」에 의한 권한의 일부를 대통령령이 정하는 바에 의하여 시·도지사 또는 시장·군수·구청장에게 위임할 수 있다.
• 보건복지부 장관은 대통령령이 정하는 바에 의하여 관계 전문기관에 그 업무의 일부를 위탁할 수 있다.

60 이·미용사의 면허증을 재교부 받을 수 있는 자는 다음 중 누구인가?

① 「공중위생관리법」의 규정에 의한 명령을 위반한 자
② 간질병자
③ 면허증을 다른 사람에게 대여한 자
④ 면허증이 헐어 못 쓰게 된 자

해설
④ 이용사 또는 미용사는 면허증의 기재사항에 변경이 있는 때, 면허증을 잃어버린 때 또는 면허증이 헐어 못쓰게 된 때에는 면허증의 재발급을 신청할 수 있다(「공중위생관리법」 시행규칙 제10조 제1항).

정답 55 ④　56 ④　57 ③　58 ①　59 ③　60 ④

CHAPTER 03 제3회 실전모의고사

PART 7 실전모의고사

제1과목 | 미용 이론

01 물에 적신 모발에 와인딩을 한 후 퍼머넌트 웨이브 제1액을 도포하는 방법은?

① 워터래핑
② 슬래핑
③ 스파이럴 랩
④ 크로키놀 랩

해설
① 워터래핑은 젖은 모발에 와인딩을 하고 제1액을 도포하는 방법이다.

02 한국 현대 미용사에 대한 설명 중 옳은 것은?

① 경술국치 이후 일본인들에 의해 미용이 발달했다.
② 1933년 일본인이 우리나라에 처음으로 미용원을 열었다.
③ 해방 전 우리나라 최초의 미용교육기관은 정화고등기술학교이다.
④ 오엽주가 화신백화점 내에 미용원을 열었다.

해설
④ 1933년 오엽주가 서울 화신백화점 내에 우리나라 최초 미용실인 화신미용원을 개원하였다.

03 펌 제1액 처리에 따른 프로세싱 중 언더 프로세싱의 설명으로 틀린 것은?

① 언더 프로세싱은 프로세싱 타임 이상으로 두발에 제1액을 방치한 것을 말한다.
② 언더 프로세싱일 때에는 모발의 웨이브가 거의 나오지 않는다.
③ 언더 프로세싱일 때에는 처음에 사용한 솔루션보다 약한 제1액을 다시 사용한다.
④ 제1액의 처리 후 모발의 테스트 컬로 언더 프로세싱 여부가 판명된다.

해설
① 언더 프로세싱은 방치 시간을 너무 짧게 하여 웨이브 형성이 잘 되지 않은 경우이고, 오버 프로세싱은 방치 시간을 너무 길게 하여 모발이 꼬불거리고 갈라지며 부서지는 경우이다.

04 헤어 컬러링 기술에서 만족할 만한 색채 효과를 얻기 위해서는 색채의 기본적인 원리를 이해하고 이를 응용할 수 있어야 한다. 다음 중 색의 3속성 중의 명도만을 가지고 있는 무채색은?

① 적 색
② 황 색
③ 청 색
④ 백 색

해설
④ 문제에서 설명하는 것은 백색이다. 백색은 명도가 높고 반대로 검은색은 명도가 낮다.

정답 01 ① 02 ④ 03 ① 04 ④

05 아이론기의 열을 이용하여 웨이브를 형성하는 것은?

① 마샬 웨이브
② 콜드 웨이브
③ 핑거 웨이브
④ 섀도 웨이브

해설
① 1875년 프랑스의 마샬 그라또우가 아이론기의 열로 웨이브를 만드는 마샬 웨이브를 창안하였다.

06 다음 중 산성 린스의 종류가 아닌 것은?

① 레몬 린스
② 비니거 린스
③ 오일 린스
④ 구연산 린스

해설
③ 산성 린스에는 레몬 린스, 구연산 린스, 비니거 린스(식초 희석)가 있다. 오일 린스는 건조한 모발에 유분을 부여하는 린스로, 크림 린스 등이 있다.

07 다음 중 블런트 커트와 같은 의미인 것은?

① 클럽 커트
② 싱글링
③ 클리핑
④ 트리밍

해설
① 블런트 커트는 직선 커트를 뜻하며, '클럽 커트'라고도 불린다.

08 브러시 세정법으로 옳은 것은?

① 세정 후 털을 아래로 하여 양지에서 말린다.
② 세정 후 털을 아래로 하여 응달에서 말린다.
③ 세정 후 털을 위로 하여 양지에서 말린다.
④ 세정 후 털을 위로 하여 응달에서 말린다.

해설
② 털이 있는 브러시는 세정 후 털을 아래로 하여 응달에서 말린다.

09 콜드 퍼머넌트 시 제1액을 바르고 비닐캡을 씌우는 이유로 거리가 가장 먼 것은?

① 체온으로 솔루션의 작용을 빠르게 하기 위하여
② 제1액이 모발 전체에 골고루 작용하도록 돕기 위하여
③ 휘발성 알칼리의 휘산 작용을 방지하기 위하여
④ 모발을 구부러진 형태로 정착시키기 위하여

해설
④ 모발을 구부러진 형태로 정착시키는 것은 제2액의 역할이다.

10 미용의 특수성에 해당하지 않는 것은?

① 자유롭게 소재를 선택한다.
② 시간적 제한을 받는다.
③ 손님의 의사를 존중한다.
④ 여러 가지 조건에 제한을 받는다.

해설
미용의 특수성

의사표현의 제한	고객의 의사가 우선시되고, 미용사의 의사는 제한된다.
소재 선정의 제한	소재가 고객의 신체로 제한된다.
시간적 제한	정해진 시간 안에 완성해야 한다.
부용예술로서의 제한	여러 가지 조건에 제한을 받는다.
미적 효과의 고려	고객의 나이, 패션, 장소 등과의 조화를 고려해야 한다.

정답 05 ① 06 ③ 07 ① 08 ② 09 ④ 10 ①

11 염모제로 헤나를 처음으로 사용했던 나라는?

① 그리스　　② 이집트
③ 로 마　　　④ 중 국

> **해설**
> ② 이집트는 고대 미용의 발상지로, 서양 최초로 화장 및 가발, 나뭇가지를 이용한 펌을 하였다. B.C.1500년경에는 헤나를 진흙에 개어 모발에 발랐다.

12 빗의 보관 및 관리에 관한 설명 중 옳은 것은?

① 빗은 사용 후 소독액에 계속 담가 보관한다.
② 소독액에서 빗을 꺼낸 후 물로 닦지 않고 그대로 사용해야 한다.
③ 증기소독은 자주 해주는 것이 좋다.
④ 소독액은 석탄산수, 크레졸 비누액 등이 좋다.

> **해설**
> ④ 빗은 미온수로 세척 후 자외선소독기에 보관하지만 오염이 심한 경우에는 석탄산수, 크레졸 비누액 등으로 소독한다. 이후 다시 헹구고 물기를 제거하여 보관한다. 이때 소독액에 너무 오래 담그면 변형될 수 있으니 주의하도록 한다.

13 다음 중 유기합성 염모제에 대한 설명으로 틀린 것은?

① 유기합성 염모제 제품은 알칼리성인 제1액과 산화제인 제2액으로 나누어진다.
② 제1액은 산화염료가 암모니아수에 녹아 있는 것이다.
③ 제1액 용액은 산성을 띤다.
④ 제2액은 과산화수소로서 멜라닌 색소를 파괴하고 산화염료를 산화시켜 발색시킨다.

> **해설**
> ③ 유기합성 염모제의 제1액은 알칼리성을, 제2액은 산성을 띤다.

14 비듬이 없고 두피가 정상적인 상태일 때 실시하는 것은?

① 댄드러프 스캘프 트린트먼트
② 오일리 스캘프 트린트 먼트
③ 플레인 스캘프 트린트 먼트
④ 드라이 스캘프 트린트 먼트

> **해설**
> **두피 상태에 따른 헤어 케어**
> • 정상 두피 : 플레인 스캘프 트리트먼트
> • 건성 두피 : 드라이 스캘프 트리트먼트
> • 지성 두피 : 오일리 스캘프 트리트먼트
> • 비듬성 두피 : 댄드러프 스캘프 트리트먼트

15 다음 중 샴푸 거품을 모발에 도포하는 순서로 알맞은 것은?

① 전두부 → 측두부 → 후두부 → 두정부
② 전두부 → 측두부 → 두정부 → 후두부
③ 측두부 → 두정부 → 후두부 → 전두부
④ 측두부 → 두정부 → 전두부 → 후두부

> **해설**
> ② 샴푸 시 손바닥으로 거품을 낸 후 전두부 → 측두부 → 두정부 → 후두부 순서로 모발에 도포한다.

정답 11 ②　12 ④　13 ③　14 ③　15 ②

16 다음 중 웨이브의 종류와 창안자가 옳게 짝지어진 것은?

① 마샬 웨이브 – 1830년 프랑스의 무슈끄로샤뜨
② 콜드 웨이브 – 1936년 영국의 J.B 스피크먼
③ 스파이럴식 퍼머넌트 웨이브 – 1925년 영국의 조셉 메이어
④ 크로키놀식 퍼머넌트 웨이브 – 1875년 프랑스의 마샬 그라또우

해설

① 마샬 웨이브 : 1875년 프랑스의 마샬 그라또우
③ 스파이럴식 퍼머넌트 웨이브 : 1905년 영국의 찰스 네슬러
④ 크로키놀식 퍼머넌트 웨이브 : 1925년 독일의 조셉 메이어

17 헤어 스타일 또는 메이크업에서 개성미를 발휘하기 위한 첫 단계는?

① 구 상 ② 보 정
③ 소재의 확인 ④ 제 작

해설

미용의 절차는 소재 파악 → 구상 → 제작 → 보정의 순서로 이루어진다.

18 두정부의 가마로부터 방사상으로 나눈 파트는?

① 카우릭 파트
② 이어 투 이어 파트
③ 센터 파트
④ 스퀘어 파트

해설

카우릭 파트

19 컬의 목적으로 가장 옳은 것은?

① 텐션, 루프, 스템을 만들기 위해
② 웨이브, 볼륨, 플러프를 만들기 위해
③ 슬라이싱, 스퀘어, 베이스를 만들기 위해
④ 세팅, 뱅을 만들기 위해

해설

② 컬의 목적은 웨이브, 볼륨, 플러프 생성이다.

20 컬의 줄기 부분으로서 베이스(Base)에서 피벗(Pivot) 포인트까지의 부분을 무엇이라 하는가?

① 엔 드 ② 스 템
③ 루 프 ④ 융기점

해설

컬의 부위별 명칭

- 스템 : 베이스에서 피벗 포인트까지의 줄기
- 베이스 : 컬 스트랜드의 뿌리(근원)
- 루프 : 원형으로 말린 둥근 부분
- 엔드 오브 컬 : 컬의 끝부분
- 피벗 포인트 : 컬이 말리기 시작한 지점

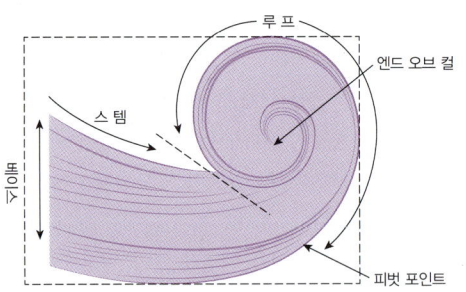

Tip

컬의 3요소
베이스, 스템, 루프

제2과목 공중보건학

21 간흡충 중(디스토마)의 제1 중간 숙주는?

① 다슬기
② 쇠우렁
③ 피라미
④ 게

해설

간흡충(간디스토마)의 감염경로
우렁이 → 잉어, 붕어 → 사람

22 납 중독과 가장 거리가 먼 증상은?

① 빈 혈
② 신경마비
③ 뇌 중독 증상
④ 과다행동 장애

해설

납 중독은 빈혈, 피로, 사지마비, 변비, 복통, 불면증, 두통, 뇌 중독 증상 등을 일으킨다.

23 간헐적으로 유행할 가능성이 있어 지속적으로 그 발생을 감시하고 방역대책의 수립이 필요한 감염병은?

① 말라리아
② 콜레라
③ 디프테리아
④ 유행성이하선염

해설

제3급 감염병(「감염병의 예방 및 관리에 관한 법률」 제2조 제4호)
파상풍, B형간염, 일본뇌염, C형간염, 말라리아, 레지오넬라증, 비브리오패혈증, 발진티푸스, 발진열, 쯔쯔가무시증, 렙토스피라증, 브루셀라증, 공수병, 신증후군출혈열, 후천성면역결핍증(AIDS), 크로이츠펠트-야콥병(CJD) 및 변종크로이츠펠트-야콥병(vCJD), 황열, 뎅기열, 큐열, 웨스트나일열, 라임병, 진드기매개뇌염, 유비저, 치쿤구니야열, 중증열성혈소판감소증후군(SFTS), 지카바이러스감염증, 매독

24 수질 오염의 지표로 사용하는 "생물화학적 산소요구량"을 나타내는 용어는?

① BOD
② DO
③ COD
④ SS

해설

① 생물화학적 산소요구량을 뜻하는 것은 BOD이다. DO는 용존산소량, COD는 화학적 산소요구량을 나타낸다.

정답 21 ② 22 ④ 23 ① 24 ①

25 국가의 건강 수준을 나타내는 지표로서 가장 대표적으로 사용하고 있는 것은?

① 인구증가율
② 조사망률
③ 영아사망률
④ 질병발생률

해설

영아사망률(보건 및 건강 수준을 평가하는 대표 지표)
출생 후 1년 이내에 사망한 영아 수를 해당 연도 1년 동안의 총 출생아 수로 나눈 비율. 보통 1,000분비로 나타낸다.

26 지역사회에서 노인층 인구에게 보건 교육을 실시할 때 가장 적절한 교육 방법은?

① 신 문
② 집단교육
③ 개별접촉
④ 강연회

해설

③ 노인층은 이동이 불편하기 때문에 가정 방문을 통해 개별접촉하는 것이 적절하다.

27 예방접종에서 생균제제를 사용하는 것은?

① 장티푸스
② 파상풍
③ 결 핵
④ 디프테리아

해설

③ 생균제제를 사용하는 백신에는 결핵, 홍역, 폴리오, 두창, 탄저, 광견병, 황열 등이 있다.

28 저온폭로에 의한 건강 장애는?

① 동상, 무좀, 전신체온 상승
② 참호족, 동상, 전신체온 하강
③ 참호족, 동상, 전신체온 상승
④ 동상, 기억력 저하, 참호족

해설

저온폭로에 의한 건강 장애
참호족, 동상, 전신체온 하강, 침수족, 알레르기 반응, 피로, 작업 능률 저하 등

29 다음 식중독 중에서 치명률이 가장 높은 것은?

① 살모넬라균 식중독
② 포도상구균 식중독
③ 연쇄상구균 식중독
④ 보툴리누스균 식중독

해설

④ 보툴리누스균 식중독은 치명률이 25% 정도로 매우 위험하다. 반대로 살모넬라균 식중독은 발병률이 75%로 매우 높지만, 치명률은 낮다.

30 다음 중 파리가 전파할 수 있는 소화기계 전염병은?

① 페스트
② 일본뇌염
③ 장티푸스
④ 황 열

해설

③ 파리가 전파하는 소화기계 전염병으로는 콜레라, 장티푸스, 파라티푸스, 이질 등이 있다.

25 ③ 26 ③ 27 ③ 28 ② 29 ④ 30 ③ **정답**

제3과목 소독학

31 다음 중 소독의 정의로 옳은 것은?

① 미생물 일체를 사멸하는 것을 말한다.
② 모든 미생물을 열과 약품으로 완전히 죽이거나 제거하는 것을 말한다.
③ 사람에게 유해한 미생물을 파괴시켜 감염의 위험성을 제거하는 것을 말한다.
④ 병원성 또는 비병원성 미생물 및 포자를 가진 것을 전부 사멸 또는 제거하는 것을 말한다.

해설

소독 용어
- 방부 : 병원성 미생물의 발육과 그 작용을 제거하거나 정지시켜서 음식물의 부패나 발효를 방지하는 것을 말한다.
- 소독 : 사람에게 유해한 미생물을 파괴시켜 감염의 위험성을 제거하는 것으로, 세균의 포자까지 제거하지는 못한다.
- 살균 : 생활력을 가지고 있는 미생물을 여러 가지 물리·화학적 작용에 의해 급속히 죽이는 것을 말한다.
- 멸균 : 병원성 또는 비병원성 미생물 및 포자를 가진 것을 전부 사멸 또는 제거하는 것을 말한다.

32 AIDS나 B형간염 등과 같은 질환의 전파를 예방하기 위한 이·미용기구의 가장 좋은 소독 방법은?

① 고압증기멸균법
② 자외선 소독법
③ 음이온 계면활성제 활용
④ 알코올 활용

해설

① 고압증기멸균법은 100~135℃의 수증기로 포자형성균까지 멸균하는 효과적인 방법이다. AIDS나 B형간염 등의 전파를 예방한다.

33 일반적으로 사용되는 소독용 알코올의 적정 농도는?

① 30%   ② 70%
③ 50%   ④ 100%

해설

② 일반적으로 사용되는 소독용 알코올의 적정 농도는 70%이다.

34 다음 중 이·미용사의 손을 소독하려 할 때 가장 알맞은 것은?

① 역성비누액
② 석탄산수
③ 포르말린수
④ 과산화수소수

해설

① 역성비누는 양이온성 계면활성제로 세척력은 낮지만 살균 작용이 뛰어나다. 또한, 무자극·무독성으로, 이·미용업소의 종업원이 손 소독 시 사용하기에 가장 보편적이고 적당하다.

35 다음 중 음용수 소독에 사용되는 약품은?

① 석탄산   ② 액체 염소
③ 승 홍   ④ 알코올

해설

염소
- 살균력이 강하다.
- 자극성과 부식성이 강하다.
- 상수도 및 하수도를 소독할 때 사용한다.
- 표백분과 함께 음용수의 소독에 사용한다.

정답 31 ③ 32 ① 33 ② 34 ① 35 ②

36 소독에 영향을 미치는 인자가 아닌 것은?

① 온 도　　② 수 분
③ 시 간　　④ 풍 속

해설

소독에 영향을 미치는 인자로는 온도, 수분, 시간이 있다.

37 소독약의 구비 조건에 부적합한 것은?

① 장시간에 걸쳐 소독의 효과가 서서히 나타나야 한다.
② 소독 대상물에 손상을 입혀서는 안 된다.
③ 인체 및 가축에 해가 없어야 한다.
④ 방법이 간단하고 비용이 적게 들어야 한다.

해설

소독약의 구비 조건
- 살균력이 강하고 무해해야 한다.
- 경제적이고 사용법이 간편해야 한다.
- 부식성·표백성이 없고 안정성이 있어야 한다.
- 불쾌한 냄새를 남기지 않아야 한다.
- 짧은 시간에 소독 효과가 확실히 나타나야 한다.
- 미량으로도 효과가 커야 한다.
- 생물학적 작용을 충분히 발휘할 수 있어야 한다.
- 독성이 적으면서 사용자에게 자극성이 없어야 한다.
- 안정성이 있어야 한다.
- 살균하고자 하는 대상물을 손상시키지 않아야 한다.

38 소독제의 살균력 측정 검사의 지표로 사용되는 것은?

① 알코올　　② 크레졸
③ 석탄산　　④ 포르말린

해설

석탄산
- 일반적으로 3%를 사용한다.
- 소독제의 살균력을 비교할 때 기준이 되는 소독약의 표준이다.
- 독성이 있다.
- 포자에는 효력이 없다.
- 고무, 의류, 가구 등을 소독할 때 사용한다.

39 화장실, 하수도, 쓰레기통 소독에 가장 적합한 것은?

① 알코올　　② 연 소
③ 승홍수　　④ 생석회

해설

생석회
- 알칼리성이다.
- 산화칼륨을 98% 이상 함유한 백색 분말이다.
- 화장실, 하수도, 분뇨, 토사물, 쓰레기통 등을 소독할 때 사용한다.

40 상처 소독에 적당하지 않은 것은?

① 과산화수소
② 요오드딩크제
③ 승홍수
④ 머큐로크롬

해설

승홍수
- 살균력과 독성이 강해 0.1%의 수용액을 사용한다(소량으로도 소독이 가능하다).
- 상처 소독에는 사용하지 않는다.
- 금속 부식성이 있다.
- 무색, 무취이다.
- 염화칼륨을 첨가하면 자극성이 완화된다.

제4과목　피부학

41 생명력이 없는 상태의 무색, 무핵층으로서 손바닥과 발바닥에 주로 있는 층은?

① 각질층
② 과립층
③ 투명층
④ 기저층

해설

③ 투명층은 손바닥과 발바닥에 존재하는 얇고 투명한 무핵의 편평세포층이다.

42 천연보습인자(NMF)에 속하지 않는 것은?

① 아미노산
② 암모니아
③ 젖산염
④ 글리세린

해설

천연보습인자(NMF ; Natural Moisturizing Factor)
피부가 적절한 수분을 유지할 수 있도록 피부의 각질층에 존재하는 천연 물질이다. 아미노산, 젖산염, 피롤리돈 카르복시산(PCA), 요소, 암모니아 등으로 구성된다.

43 즉시 색소 침착 작용을 하는 광선으로 인공 선탠에 사용되는 것은?

① UVA
② UVB
③ UVC
④ UVD

해설

자외선 파장의 종류

장파장(UVA)	• 파장 길이 : 320~400nm • 색소 침착의 원인이 된다. • 인공 선탠에 활용된다.
중파장(UVB)	• 파장 길이 : 290~320nm • 홍반, 수포 등 일광 화상 및 색소 침착을 유발한다. • 비타민 D를 합성한다.
단파장(UVC)	• 파장 길이 : 200~290nm • 살균 작용을 한다. • 파장 길이가 짧아 가장 강한 힘을 가졌으나, 오존층에 흡수되어 인체에 미치는 영향력이 작다. • 인체에 영향을 미칠 시 피부암의 원인이 된다.

44 갑상선의 기능과 관계있으며 모세혈관 기능을 정상화시키는 것은?

① 칼슘
② 인
③ 철분
④ 요오드(아이오딘)

해설

④ 요오드에서 아이오딘으로 용어가 변경되었다. 아이오딘은 갑상선 호르몬인 티록신과 합성한다.

정답　41 ③　42 ④　43 ①　44 ④

45 피부의 기능 중 감각 기능에 대한 설명으로 옳은 것은?

① 피부 표면에 수증기가 발산한다.
② 땀샘, 피지선 모근이 작용한다.
③ 피부 전체에 퍼져 있는 신경에 의해 촉각, 온각, 냉각, 통각, 압각 등을 느낀다.
④ 노폐물을 운반한다.

해설
③ 피부의 감각 기능은 피부 전체에 퍼져 있는 신경에 의해 촉각, 온각, 냉각, 통각, 압각 등의 외부 자극을 느끼는 것이다.

46 교원섬유(콜라겐)와 탄력섬유(엘라스틴)로 구성되어 있어 강한 탄력성을 지니고 있는 곳은?

① 표 피
② 진 피
③ 피하조직
④ 근 육

해설
② 진피는 피부의 90%를 차지하며, 교원섬유(콜라겐)와 탄력섬유(엘라스틴)로 구성된다.

47 자외선의 영향으로 인한 부정적인 효과는?

① 홍반 반응
② 비타민 D 형성
③ 살균 효과
④ 강장 효과

해설
비타민 D 형성, 살균 효과, 강장 효과는 자외선의 영향으로 인한 긍정적인 영향이다.

48 피부에서 땀과 함께 분비되는 천연 자외선 흡수제는?

① 우로칸산
② 글리콜산
③ 글루탐산
④ 레틴산

해설
① 우로칸산은 땀에서 검출되며, 자외선으로부터 피부를 보호하는 역할을 한다.

49 광노화와 거리가 먼 것은?

① 피부 두께가 두꺼워진다.
② 섬유아세포 수의 양이 감소한다.
③ 콜라겐이 비정상적으로 늘어난다.
④ 점다당질이 증가한다.

해설
③ 광노화는 장파장과 중파장이 피부 깊숙이 침투해 콜라겐과 엘라스틴 등 피부를 지탱하는 단백질을 파괴하면서 발생한다.

50 피지 분비 활성화와 관계있는 호르몬은?

① 에스트로겐
② 프로게스테론
③ 인슐린
④ 안드로겐

해설
④ 남성 호르몬인 안드로겐은 피지 분비를 활성화시키고, 여성 호르몬인 에스트로겐은 피지 분비를 억제한다.

45 ③ 46 ② 47 ① 48 ① 49 ③ 50 ④ **정답**

제5과목 공중위생법규

51 이용 및 미용업 영업자의 지위를 승계한 자가 관계 기관에 신고를 해야 하는 기간은?

① 1년 이내
② 3개월 이내
③ 6개월 이내
④ 1개월 이내

해설
④ 공중위생영업자의 지위를 승계한 자는 1개월 이내에 보건복지부령이 정하는 바에 따라 시장·군수 또는 구청장에게 신고하여야 한다(「공중위생관리법」 제3조의2 제4항).

52 이용업 및 미용업은 다음 중 어디에 속하는가?

① 공중위생영업
② 위생관련영업
③ 위생처리업
④ 위생관리용역업

해설
① 공중위생영업이란 다수인을 대상으로 위생관리서비스를 제공하는 영업으로서 숙박업, 목욕장업, 이용업, 미용업, 세탁업, 건물위생관리업(위생관리용역업)을 말한다(「공중위생관리법」 제2조 제1항 제1호).

53 다음 빈칸에 들어갈 말로 옳은 것은?

> 이·미용업 영업자가 「공중위생관리법」을 위반하여 관계행정기관의 장의 요청이 있는 때에는 ( ) 이내의 기간을 정하여 영업의 정지 또는 일부 시설의 사용중지 혹은 영업소 폐쇄 등을 명할 수 있다.

① 3개월
② 6개월
③ 1년
④ 2년

해설
공중위생영업소의 폐쇄 등(공중위생관리법 제11조 제1항)
시장·군수·구청장은 공중위생영업자가 다음의 어느 하나에 해당하면 6개월 이내의 기간을 정하여 영업의 정지 또는 일부 시설의 사용중지를 명하거나 영업소 폐쇄 등을 명할 수 있다.
- 영업 신고를 하지 아니하거나 시설과 설비 기준을 위반한 경우
- 변경 신고를 하지 아니한 경우
- 지위승계 신고를 하지 아니한 경우
- 공중위생영업자의 위생관리의무 등을 지키지 아니한 경우
- 카메라나 기계장치를 설치한 경우
- 영업소 외의 장소에서 이용 또는 미용 업무를 한 경우
- 보고를 하지 아니하거나 거짓으로 보고한 경우 또는 관계 공무원의 출입, 검사 또는 공중위생영업 장부 또는 서류의 열람을 거부·방해하거나 기피한 경우
- 개선 명령을 이행하지 아니한 경우
- 「성매매 알선 등 행위의 처벌에 관한 법률」, 「풍속영업의 규제에 관한 법률」, 「청소년 보호법」, 「아동·청소년의 성보호에 관한 법률」, 「의료법」 또는 「마약류 관리에 관한 법률」을 위반하여 관계 행정기관의 장으로부터 그 사실을 통보받은 경우

정답 51 ④ 52 ① 53 ②

54 이·미용업소 내 반드시 게시하여야 할 사항으로 옳은 것은?

① 요금표 및 준수사항만 게시하면 된다.
② 이·미용업 신고증만 게시하면 된다.
③ 이·미용업 신고증, 면허증 사본, 요금표를 게시하여야 한다.
④ 이·미용업 신고증, 면허증 원본, 요금표를 게시하여야 한다.

> **해설**
> 이·미용업소 내부에 반드시 게시 또는 부착하여야 하는 사항(「공중위생관리법」 시행규칙 별표 4)
> • 이·미용업 신고증 및 개설자의 면허증 원본 게시
> • 최종 지급 요금표 게시 또는 부착

55 다음 중 이·미용사의 면허 정지를 명할 수 있는 자는?

① 행정안전부 장관
② 시·도지사
③ 시장·군수·구청장
④ 경찰서장

> **해설**
> ③ 시장·군수·구청장은 이·미용사의 면허를 취소하거나 6개월 이내의 기간을 정하여 면허 정지를 명할 수 있다.

56 이·미용 영업소에서 일회용 면도날을 2인 이상의 손님에게 사용한 경우 1차 위반 시 행정처분은?

① 시정 명령
② 개선 명령
③ 경고
④ 영업 정지 5일

> **해설**
> 일회용 면도날을 2인 이상의 손님에게 사용한 경우의 행정처분(「공중위생관리법」 시행규칙 별표 7)
> • 1차 : 경고
> • 2차 : 영업 정지 5일
> • 3차 : 영업 정지 10일
> • 4차 : 영업장 폐쇄 명령

57 관련법상 이·미용사의 위생교육에 대한 설명 중 옳은 것은?

① 위생교육 대상자는 이·미용업 영업자이다.
② 위생교육 대상자에는 이·미용사의 면허를 가지고 이·미용업에 종사하는 모든 자가 포함된다.
③ 위생교육은 시장·군수·구청장만이 실시할 수 있다.
④ 위생교육 시간은 분기당 4시간으로 한다.

> **해설**
> ①·② 위생교육 대상자는 이·미용 영업자이다.
> ③ 위생교육은 보건복지부 장관이 허가한 단체 또는 공중위생영업자 단체가 실시할 수 있다.
> ④ 위생교육 시간은 매년 3시간이다.

정답 54 ④ 55 ③ 56 ③ 57 ①

58 다음 중 이·미용사의 면허를 받을 수 없는 자는?

① 전문대학에서 이·미용에 관한 학과를 졸업한 자
② 초·중등교육법령에 따른 고등기술학교에서 1년 이상 이·미용에 관한 소정의 과정을 이수한 자
③ 「국가기술자격법」에 의한 이·미용사의 자격을 취득한 자
④ 외국의 유명 이·미용학원에서 2년 이상 기술을 습득한 자

해설

이·미용사 면허를 발급받을 수 있는 조건(「공중위생관리법」 제6조 제1항)
- 전문대학 또는 이와 같은 수준 이상의 학력이 있다고 교육부 장관이 인정하는 학교에서 이용 또는 미용에 관한 학과를 졸업한 자
- 「학점인정 등에 관한 법률」 제8조에 따라 대학 또는 전문대학을 졸업한 자와 같은 수준 이상의 학력이 있는 것으로 인정되어 같은 법 제9조에 따라 이용 또는 미용에 관한 학위를 취득한 자
- 고등학교 또는 이와 같은 수준의 학력이 있다고 교육부 장관이 인정하는 학교에서 이용 또는 미용에 관한 학과를 졸업한 자
- 초·중등교육법령에 따른 특성화고등학교, 고등기술학교나 고등학교 또는 고등기술학교에 준하는 각종 학교에서 1년 이상 이용 또는 미용에 관한 소정의 과정을 이수한 자
- 「국가기술자격법」에 의한 이용사 또는 미용사의 자격을 취득한 자

59 신고를 하지 않고 영업소의 명칭 및 상호를 변경한 경우 1차 위반에 해당하는 행정처분은?

① 주 의
② 경고 또는 개선 명령
③ 영업 정지 15일
④ 영업 정지 1개월

해설

신고를 하지 않고 영업소의 명칭 및 상호를 변경한 경우의 행정처분(「공중위생관리법」 시행규칙 별표 7)
- 1차 : 경고 또는 개선 명령
- 2차 : 영업 정지 15일
- 3차 : 영업 정지 1개월
- 4차 : 영업장 폐쇄 명령

60 다음 중 과태료 처분 대상에 해당되지 않는 자는?

① 관계 공무원의 출입·검사 등 업무를 기피한 자
② 영업소 폐쇄 명령을 받고도 영업을 계속한 자
③ 이·미용업소 위생관리 의무를 지키지 아니한 자
④ 위생교육 대상자 중 위생교육을 받지 아니한 자

해설

② 영업소 폐쇄 명령을 받고도 영업을 계속한 자 : 1년 이하의 징역 또는 1천만 원 이하의 벌금(「공중위생관리법」 제20조 제2항 제2호)
① 관계 공무원의 출입·검사 등 업무를 기피한 자 : 300만 원 이하의 과태료(「공중위생관리법」 제22조 제1항 제4호)
③ 이·미용업소 위생관리 의무를 지키지 아니한 자 : 200만 원 이하의 과태료(「공중위생관리법」 제22조 제2항 제1호 및 제2호)
④ 위생교육 대상자 중 위생교육을 받지 아니한 자 : 200만 원 이하의 과태료(「공중위생관리법」 제22조 제2항 제6호)

CHAPTER 04 제4회 실전모의고사

PART 7 실전모의고사

제1과목 미용 이론

01 다음 중 콜드 퍼머넌트 웨이브 시술 시 모발에 부착된 제1액을 씻어내는 데 가장 적합한 린스는?

① 에그 린스(Egg Rinse)
② 산성 린스(Acid Rinse)
③ 레몬 린스(Lemon Rinse)
④ 플레인 린스(Plain Rinse)

해설
④ 퍼머넌트 웨이브 시술 시 제1액을 미온수로 씻어낼 때 사용하는 린스는 플레인 린스이다. '중간 린스'라고도 한다.

02 퍼머넌트 웨이브 시술 중 테스트 컬(Test Curl)을 하는 목적으로 가장 적합한 것은?

① 제2액의 작용 여부를 확인하기 위해서이다.
② 굵은 모발, 혹은 가는 모발에 로드가 제대로 선택되었는지 확인하기 위해서이다.
③ 산화제의 작용이 미묘하기 때문에 확인하기 위해서이다.
④ 정확한 프로세싱 타임을 결정하고 웨이브 형성 정도를 조사하기 위해서이다.

해설
테스트 컬(Test Curl)
퍼머넌트 웨이브 시술 시 제1액의 작용 정도를 판단하여 정확한 프로세싱 타임을 결정하고, 웨이브의 형성 정도를 조사하는 것이다.

03 스트로크 커트(Stroke Cut) 테크닉에 사용하기 가장 적합한 것은?

① 리버스 가위(Reverse Scissors)
② 미니 가위(Mini Scissors)
③ 직선날 가위(Cutting Scissors)
④ 곡선날 가위(R-Scissors)

해설
④ 스트로크 커트(Stroke Cut)는 가위를 이용한 테이퍼링으로, 곡선날 가위(R-Scissors)를 사용하는 것이 적절하다.

04 다음 중 가는 로드를 사용한 콜드 퍼머넌트 직후에 나오는 웨이브로 가장 가까운 것은?

① 내로우 웨이브(Narrow Wave)
② 와이드 웨이브(Wide Wave)
③ 섀도 웨이브(Shadow Wave)
④ 호리존탈 웨이브(Horizontal Wave)

해설
① 로드가 가늘수록 웨이브의 물결상이 많고, 리지와 리지 사이의 폭이 매우 좁다. 이를 '좁다'라는 뜻을 가진 '내로우(Narrow)'라는 단어를 활용하여 '내로우 웨이브(Narrow Wave)'라고 한다. 가는 로드를 사용한 콜드 퍼머넌트 직후에는 이 내로우 웨이브(Narrow Wave)가 나온다.

01 ④ 02 ④ 03 ④ 04 ① **정답**

05 모발의 양이 많고 굵은 경우 와인딩과 로드의 관계가 옳은 것은?

① 스트랜드를 많게 하고, 로드의 직경은 큰 것을 사용
② 스트랜드를 적게 하고, 로드의 직경은 작은 것을 사용
③ 스트랜드를 많게 하고, 로드의 직경은 작은 것을 사용
④ 스트랜드를 적게 하고, 로드의 직경은 큰 것을 사용

해설
② 모발의 양이 많고 굵은 경우 같은 양의 가는 모발을 잡을 때보다 부피가 더 커지기 때문에 스트랜드(양)를 적게 잡아야 하고, 웨이브가 잘 형성되기 위해서는 직경이 작은 로드를 사용해야 한다.

06 컬이 오래 지속되며 움직임을 가장 적게 해주는 것은?

① 논 스템(Non Stem)
② 하프 스템(Half Stem)
③ 풀 스템(Full Stem)
④ 컬 스템(Curl Stem)

해설
① 논 스템(Non Stem) : 루프가 베이스에 들어가 있는 형태로, 컬이 오래 지속되고 움직임이 가장 적다.
② 하프 스템(Half Stem) : 루프가 베이스에 반쯤 걸쳐있는 형태로, 적당한 움직임을 가진다.
③ 풀(롱) 스템(Full Stem) : 루프가 베이스에 벗어나 있는 형태로 움직임이 가장 크다.

07 모발을 탈색한 후 초록색으로 염색하고 얼마 동안의 기간이 지난 후 다시 다른 색으로 바꾸고 싶을 때 보색 관계를 이용하여 초록색의 흔적을 없애려면 어떤 색을 사용하면 좋은가?

① 노란색
② 오렌지색
③ 적 색
④ 청 색

해설
보색이란 색생환표의 반대쪽에 있는 색상을 말한다. 초록의 보색은 적색이다.

색상환표

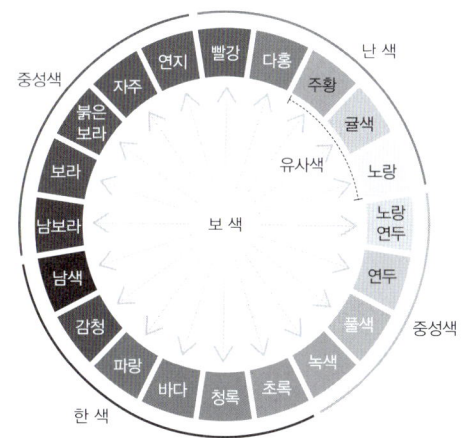

08 헤어 린스의 목적과 관계없는 것은?

① 모발의 엉킴 방지
② 모발에 윤기 부여
③ 이물질 제거
④ 알칼리성을 약산성화

해설
③ 린스는 샴푸 후 건조해진 모발에 유분과 수분을 공급하는 과정이다. 이물질을 제거하는 것은 샴푸에 대한 설명이다.

09 화장법으로는 흑색과 녹색으로 눈꺼풀에 악센트를 넣었으며, 붉은 찰흙에 샤프란(꽃)을 조금씩 섞어서 볼에 붉게 칠하거나 입술 연지로 활용한 시대는?

① 고대 그리스
② 고대 로마
③ 고대 이집트
④ 중국 당나라

해설
③ 문제에서 설명하는 시대는 고대 이집트이다. 고대 이집트 시대는 서양 최초로 화장을 시작했다는 특징이 있다.
① 고대 그리스 시대에는 키프로스풍 머리형을 하였다.
② 고대 로마 시대에는 잿물을 활용하여 황금색으로 착색하였다.
④ 중국 당나라 시대에는 십미도라는 열 종류의 눈썹 모양을 기준으로 미인을 평가하였다.

10 현대 미용에 있어서 1920년대에 최초로 단발머리를 함으로써 우리나라 여성들의 머리형에 혁신적인 변화를 일으키게 된 계기가 된 사람은?

① 이숙종
② 김활란
③ 김상진
④ 오엽주

해설
② 김활란 : 단발머리
① 이숙종 : 높은머리
③ 김상진 : 현대 미용학원 설립
④ 오엽주 : 서울 화신백화점에 우리나라 최초의 미용실인 화신미용실(미용원) 개원

11 업스타일을 시술할 때 백코밍의 효과를 크게 하고자 세모난 모양의 파트로 섹션을 잡는 것은?

① 스퀘어 파트
② 트라이앵귤러 파트
③ 카우릭 파트
④ 렉탱귤러 파트

해설
② 미용 전문용어는 영단어를 활용한 것이 많아 영단어의 뜻을 알면 정답을 쉽게 찾을 수 있다. 문제에서 세모난 모양의 파트로 섹션을 잡는다고 했으므로, '삼각형의'라는 뜻의 '트라이앵귤러(Triangular)'가 활용된 트라이앵귤러 파트가 정답이다.

12 원랭스 커트의 정의로 가장 적합한 것은?

① 모발의 길이에 단차가 있는 상태의 커트
② 완성된 모발을 빗으로 빗어 내렸을 때 모든 모발이 하나의 선상으로 떨어지도록 자르는 커트
③ 전체의 머리 길이가 똑같은 커트
④ 머릿결을 맞추지 않아도 되는 커트

해설
② '원랭스(One Length)'는 영단어 '하나'라는 뜻의 '원(One)'과 '길이'라는 뜻의 '랭스(Length)'가 결합하여 만들어진 말로, 모든 부분의 모발을 하나(One)의 길이(Length)로 떨어지게 하는 커트를 말한다.

13 고객이 추구하는 미용의 목적과 필요성을 시각적으로 느끼게 하는 과정은 어디에 해당하는가?

① 소재 파악
② 구 상
③ 제 작
④ 보 정

해설

④ 미용의 절차는 소재 파악 → 구상 → 제작 → 보정 순서로 이루어진다. 고객이 추구하는 미용의 목적과 필요성을 시각적으로 느끼게 하는 과정은 제작이 끝난 뒤 보정하는 과정에서 이루어진다.

14 플랫 컬의 특징을 가장 잘 표현한 것은?

① 루프가 두피에 0°로 평평하고 납작하게 형성하는 컬이다.
② 일반적인 컬 전체를 말한다.
③ 루프가 반드시 90°로 두피에 세워진 컬로, 볼륨을 내기 위한 헤어 스타일에 주로 이용된다.
④ 모발의 끝에서부터 말아올린 컬이다.

해설

① '플랫(Flat)'이란 '납작하다', '평평하다'라는 뜻으로, 플랫 컬은 루프가 두피에 0°로 평평하고 납작하게 형성하는 컬을 말한다.

15 원랭스 커트(One Length Cut)에 속하지 않는 것은?

① 레이어드 커트
② 이사도라 커트
③ 패러럴 보브 커트
④ 스파니엘 커트

해설

원랭스 커트(One Length Cut)
- '하나의 길이로 커트한다'라는 뜻이다.
- 모든 모발이 층 없이 동일선상(같은 라인으로)에 떨어지도록 하는 커트이다.
- 패러럴 커트, 스파니엘 커트, 이사도라 커트, 머시룸 커트가 원랭스 커트에 속한다.
- 기본 시술 각도는 0°이다.

16 완성된 모발선 위를 가볍게 커트하는 방법은?

① 테이퍼링
② 틴 닝
③ 트리밍
④ 싱글링

해설

③ 트리밍 : 커트 후 헤어 라인을 정리하고 다듬는 커트이다.
① 테이퍼링 : 가위나 레이저를 이용하여 모발의 끝이 붓처럼 점차 가늘어지게 커트하는 것이다.
② 틴닝 : 모발 길이에는 변화를 주지 않고, 숱만 줄이는 커트이다.
④ 싱글링 : 커트빗에 가위를 대고 하는 커트로, 위로 올라갈수록 모발이 길어진다.

17 레이저(Razor)에 대한 설명 중 가장 거리가 먼 것은?

① 셰이핑 레이저를 이용하여 커팅하면 안정적이다.
② 초보자는 오디너리 레이저를 사용하는 것이 좋다.
③ 솜털 등을 깎을 때 외곡선상의 날이 좋다.
④ 녹이 슬지 않게 관리를 한다.

해설

② 레이저는 면도날을 사용하는 커트 도구이다. 오디너리 레이저는 일상용 레이저로, 칼날 전체를 사용하기 때문에 잘려 나가는 부분이 많아 숙련자가 사용하기에 적합하다. 초보자가 사용하기에 적합한 것은 셰이핑 레이저이다.

18 트리트먼트의 목적이 아닌 것은?

① 원형 탈모증 치료
② 두피 및 모발을 건강하고 아름답게 유지
③ 혈액순환 촉진
④ 비듬 방지

해설

① 트리트먼트는 탈모를 방지할 뿐, 치료할 수는 없다. 탈모를 치료하는 것은 전문의약품을 활용하는 의료 행위의 영역이다.

트리트먼트의 목적
- 두피의 혈액순환을 촉진한다.
- 비듬을 제거하고 가려움증을 완화한다.
- 두피 청결 및 모근 자극으로 탈모를 방지한다.
- 모발 발육을 촉진한다.
- 두피에 유분 및 수분을 공급한다.

19 다공성모에 대한 사항 중 틀린 것은?

① 다공성모란 모발의 간충 물질이 소실되어 두발 조직 중에 공동이 많고 보습 작용이 적어져서 모발이 건조해지기 쉬운 손상모를 말한다.
② 다공성은 모발이 얼마나 빨리 유액을 흡수하느냐에 따라 그 정도가 결정된다.
③ 다공성의 정도에 따라서 콜드 웨이빙의 프로세싱 타임과 웨이빙 용액의 정도가 결정된다.
④ 다공성의 정도가 클수록 모발의 탄력이 적으므로 프로세싱 타임을 길게 한다.

해설

④ 모발의 다공성 정도가 클수록 프로세싱 타임을 짧게 하고, 보다 순한 용액을 사용해야 한다.

20 다음 중 감각 온도의 3요소가 아닌 것은?

① 기 온　② 기 습
③ 기 압　④ 기 류

해설

감각 온도의 3요소는 기후의 3대 요소(기온, 기습, 기류)와 같다.

쾌적 조건
- 쾌적 기온 : 18±2℃(실내 기준)
- 쾌적 기습 : 40~70%
- 쾌적 기류 : 1.0m/sec(실외), 0.5m/sec(실내)

제2과목 공중보건학

21 다음 중 특별한 장치를 설치하지 아니한 일반적인 경우에 실내의 자연적인 환기에 가장 큰 비중을 차지하는 요소는?

① 실내외 공기 중 CO_2의 함량의 차이
② 실내외 공기의 습도 차이
③ 실내외 공기의 기온 차이 및 기류
④ 실내외 공기의 불쾌지수 차이

해설
③ 자연 환기는 실내외 공기 순환으로 이루어지는데, 기온 차이 및 기류와 연관성이 높다.

22 다음 중 결핍 시 불임, 생식 불능이 나타나며, 노화 예방에 도움을 주는 비타민은?

① 비타민 A ② 비타민 B 복합체
③ 비타민 E ④ 비타민 D

해설
비타민 E
- 호르몬 생성에 도움을 준다.
- 항산화 작용으로 노화 예방에 도움을 준다.
- 결핍 시 불임, 생식 불능이 나타난다.

23 환경 오염의 발생요인인 산성비의 가장 주요한 원인과 산도는?

① 이산화탄소 pH 5.6 이하
② 아황산가스 pH 5.6 이하
③ 염화불화탄소 pH 6.6 이하
④ 탄화수소 pH 6.6 이하

해설
② 산성비의 원인 물질은 질소산화물과 아황산가스이다. pH는 5.6 이하이다.

24 세계보건기구(WHO)에서 규정한 건강의 정의를 가장 적절하게 표현한 것은?

① 육체적으로 완전히 양호한 상태
② 정신적으로 완전히 양호한 상태
③ 질병이 없고 허약하지 않은 상태
④ 육체적 · 정신적 · 사회적으로 안녕한 상태

해설
④ 건강이란 육체나 정신뿐만 아니라 사회적으로도 안녕한 상태를 의미한다.

25 주로 7~9월 사이에 많이 발생되며, 어패류가 원인이 되어 발병 · 유행하는 식중독은?

① 포도상구균 식중독
② 살모넬라 식중독
③ 보툴리누스균 식중독
④ 장염 비브리오 식중독

해설
세균성 식중독

살모넬라균	감염된 사람, 가축의 식육, 가금류의 알 등을 통해 감염된다.
장염 비브리오균	어패류를 생으로 섭취했을 때 감염될 수 있다. 주로 7~9월 사이에 많이 발병된다.
병원성 대장균	육류 등을 덜 익혀 먹었을 때 감염될 수 있다.
포도상구균	육류, 가공식품, 유제품이 원인으로, 음식물을 5℃ 이하로 냉장 보관하면 예방할 수 있다.
보툴리누스균	통조림이나 소시지 등에 존재하며, 감염 시 치명률이 25%로 매우 위험하다.

정답 21 ③ 22 ③ 23 ② 24 ④ 25 ④

26 돼지와 관련이 있는 질환으로 거리가 먼 것은?

① 유구조충
② 살모넬라증
③ 일본뇌염
④ 발진티푸스

> **해설**
> ④ 돼지를 통해 감염될 수 있는 질환으로는 탄저, 일본뇌염, 살모넬라증, 렙토스피라증 등이 있다. 유구조충 또한 돼지를 통해 전파된다. 발진티푸스는 머릿니를 통해 전파된다.

27 국가의 건강 수준을 나타내는 가장 대표적인 지표는?

① 질병이환률
② 영아사망률
③ 신생아사망률
④ 조사망률

> **해설**
> ② 국가의 건강 수준을 나타내는 가장 대표적인 지표는 '영아사망률'이다.

28 위생해충의 구제방법으로 가장 효과이고 근본적인 것은?

① 성충 구제
② 살충제 사용
③ 유충 구제
④ 발생원 제거

> **해설**
> ④ 위생해충을 구제하는 가장 효과적이고 근본적인 방법은 발생원 자체를 제거하는 것이다.

29 파리에 의해 주로 전파될 수 있는 전염병은?

① 페스트
② 장티푸스
③ 사상충증
④ 황 열

> **해설**
> ② 파리에 의해 전파되는 전염병으로는 장티푸스, 콜레라, 이질, 결핵, 파라티푸스, 트라코마 등이 있다.

30 기온 측정 등에 관한 설명 중 틀린 것은?

① 실내에서는 통풍이 잘 되고 직사광선을 받지 않는 곳에 기온 측정기를 매달아 놓고 측정하는 것이 좋다.
② 평균기온은 높이에 비례하여 하강하는데, 고도 11,000m 이하에서는 보통 100m당 0.5~0.7℃ 정도이다.
③ 측정할 때 수은주 높이와 측정자 눈의 높이가 같아야 한다.
④ 정상적인 날의 하루 중 기온이 가장 낮을 때는 밤 12시경이고 가장 높을 때는 오후 2시경이다.

> **해설**
> ④ 정상적인 날의 하루 중 기온이 가장 낮을 때는 해 뜨기 전 새벽 4~5시이고, 가장 높을 때는 오후 2시경이다.

정답 26 ④ 27 ② 28 ④ 29 ② 30 ④

제3과목　소독학

31 고압멸균기를 사용하여 소독하기에 가장 적합하지 않은 것은?

① 유리기구　② 금속기구
③ 약 액　④ 가죽제품

해설
고압증기멸균법은 유리나 금속, 약액 등을 소독하는 데 사용한다.

32 다음 중 소독의 정의를 가장 잘 표현한 것은?

① 미생물의 발육과 생활을 제지 또는 정지시켜 부패 또는 발효를 방지하는 것이다.
② 사람에게 유해한 미생물을 파괴시켜 감염의 위험성을 제거하는 것으로, 세균의 포자까지 제거하지는 못한다.
③ 모든 미생물의 생활력을 파괴 또는 멸살시키는 조작이다.
④ 오염된 미생물을 깨끗이 씻어내는 작업이다.

해설
② 소독은 사람에게 유해한 미생물을 파괴시켜 감염의 위험성을 제거하는 것으로, 세균의 포자까지 제거하지는 못한다.

33 병원성 미생물이 가장 잘 증식되는 일반적인 pH 범위는?

① 3.5~4.5　② 4.5~5.5
③ 5.5~6.5　④ 6.5~7.5

해설
④ 병원성 미생물이 가장 잘 증식되는 일반적인 pH의 범위는 6.5~7.5이다. 5 이하에서는 발육이 저하된다.

34 다음 중 일회용 면도기를 사용함으로써 예방 가능한 질병은? (단, 정상적인 사용의 경우를 말한다.)

① 옴(개선)병
② 일본뇌염
③ B형간염
④ 무 좀

해설
③ 면도기 재사용으로 감염될 수 있는 전염병으로는 AIDS, B형간염 등이 있다.

35 소독약 살균력의 지표로 가장 많이 이용되는 것은?

① 알코올
② 크레졸
③ 석탄산
④ 포름알데히드

해설
석탄산
- 일반적으로 3%를 사용한다.
- 소독제의 살균력을 비교할 때 기준이 되는 소독약의 표준이다.
- 독성이 있다.
- 포자에는 효력이 없다.
- 고무, 의류, 가구 등을 소독할 때 사용한다.

정답 31 ④　32 ②　33 ④　34 ③　35 ③

36 산소가 있어야만 잘 성장할 수 있는 균은?

① 호기성 세균
② 혐기성 세균
③ 통기혐기성 세균
④ 호혐기성 세균

해설

산소 유무에 따른 세균 분류
- 호기성 세균 : 산소가 있는 환경에서 생육·번식하는 세균이다.
- 혐기성 세균 : 산소가 없는 환경에서 생육·번식하는 세균이다.
- 통성혐기성 세균 : 산소 유무에 관계없이 살 수 있는 세균이다.

37 다음 중 화학적 살균법이라고 할 수 없는 것은?

① 자외선 살균법
② 알코올 살균법
③ 염소 살균법
④ 과산화수소 살균법

해설

① 화학적 소독법은 소독약을 이용해서 살균하는 방법이라고 생각하면 된다. 자외선을 이용한 살균법은 물리적 소독법이다.

38 소독약의 구비 조건에 해당하지 않는 것은?

① 높은 살균력을 가질 것
② 인축에 해가 없어야 할 것
③ 저렴하고 구입과 사용이 간편할 것
④ 기름, 알코올 등에 잘 용해되어야 할 것

해설

소독약의 구비 조건
- 살균력이 강하고 무해해야 한다.
- 경제적이고 사용법이 간편해야 한다.
- 부식성·표백성이 없고 안정성이 있어야 한다.
- 불쾌한 냄새를 남기지 않아야 한다.
- 짧은 시간에 소독 효과가 확실해야 한다.
- 미량으로도 효과가 커야 한다.
- 생물학적 작용을 충분히 발휘할 수 있어야 한다.
- 독성이 적으면서 사용자에게 자극성이 없어야 한다.
- 안정성이 있어야 한다.
- 살균하고자 하는 대상물을 손상시키지 않아야 한다.

39 다음 중 세균의 단백질 변성과 응고 작용에 의한 기전을 이용하여 살균하고자 할 때 주로 이용되는 방법은?

① 가 열
② 희 석
③ 냉 각
④ 여 과

해설

① 단백질에 열을 가하면 응고되어 세균의 기능을 상실하게 된다.

40 소독액을 표시할 때 사용하는 단위로, 소독액 100mL에 포함된 소독약의 양을 표시하는 수치는?

① 푼
② 퍼센트
③ 퍼 밀
④ 피피엠

해설

② 퍼센트(%) : 소독액 100mL에 포함된 소독약의 양
③ 퍼밀(‰) : 소독액 1,000mL에 포함된 소독약의 양
④ 피피엠(ppm) : 소독액 1,000,000mL에 포함된 소독약의 양

정답 36 ① 37 ① 38 ④ 39 ① 40 ②

제4과목 피부학

41 피부의 구조 중 진피에 속하는 것은?

① 과립층　　② 유극층
③ 유두층　　④ 기저층

해설

진피의 구성

유두층	• 혈관과 신경이 존재한다. • 모세혈관, 림프관, 신경종말에 의해 표피로의 영양 공급, 산소 운반, 신경 전달이 이루어진다.
망상층	• 유두층 아래에 위치한다. • 진피의 4/5를 차지할 정도로 두껍다. • 옆으로 길고 섬세한 섬유가 그물 모양으로 구성되어 있다. • 혈관, 림프관, 신경관, 피지선, 땀샘, 모발, 입모근이 존재한다.

42 안면의 각질 제거를 용이하게 하는 것은?

① 비타민 C　　② 토코페놀
③ AHA　　④ 비타민 E

해설

알파 하이드록시 애씨드(AHA ; Alpha Hydroxy Acid)
- 화학 성분을 활용한 필링이다.
- 주요 성분으로 글리콜산, 젖산, 주석산, 능금산, 구연산 등이 있다.
- 각질 제거, 피부 탄력, 보습, 피부 톤 정리, 미백 작용 등의 효과가 있어 피부 관리에 널리 사용된다.

43 피부의 산성도가 외부의 충격으로 파괴된 후 자연 재연되는 데에 걸리는 최소한의 시간은?

① 약 1시간 경과 후
② 약 2시간 경과 후
③ 약 3시간 경과 후
④ 약 4시간 경과 후

해설

알칼리 중화능
건강한 피부는 pH 4.5~6.5 정도로 약산성을 띠지만, 세안 등의 외부 자극이 발생하는 경우 일시적으로 알칼리성을 띠게 된다. 이때 피부는 원래의 약산성으로 돌아가는 성질이 있는데, 이를 '알칼리 중화능'이라고 한다. 이로 인해 세안 후 피부의 산성막이 제거되어도, 보통 2시간 정도가 지나면 다시 회복된다.

44 다음 중 결핍 시 피부 표면이 경화되어 거칠어지는 주된 영양물질은?

① 단백질과 비타민 A
② 비타민 D
③ 탄수화물
④ 무기질

해설

① 단백질은 피부를 구성하는 주성분이며, 비타민 A는 결핍 시 피부 건조가 나타나는 특징을 가지고 있다. 따라서 결핍 시 피부 표면이 경화되어 거칠어지는 주된 영양물질은 단백질과 비타민 A이다.

정답 41 ③　42 ③　43 ②　44 ①

45 다음 중 표피와 무관한 것은?

① 각질층 ② 유두층
③ 무핵층 ④ 기저층

해설

② 유두층은 진피에 있다.

표피의 구성

무핵층	각질층	• 표피의 가장 바깥층이다. • 외부의 자극으로부터 피부를 보호한다.
	투명층	• 무색, 무핵의 편평세포층이다. • 손바닥, 발바닥과 같이 두꺼운 부위에 존재한다.
	과립층	무핵층으로, 본격적인 각질화(각화 현상)가 시작된다.
유핵층	유극층	• 유핵층으로, 표피 중 가장 두껍다. • 표피의 대부분을 차지한다. • 면역 기능을 담당하는 랑게르한스세포가 존재한다.
	기저층	• 표피의 가장 아래층이다. • 진피와 경계를 이룬다. • 각질형성세포와 멜라닌형성세포가 존재하며, 활발한 세포 분열이 이루어진다.

46 피부의 음영과 색을 내는 색소인 멜라닌을 만드는 세포는 피부의 어느 층에 위치하는가?

① 과립층 ② 유극층
③ 각질층 ④ 기저층

해설

기저층
• 표피의 가장 아래층이다.
• 진피와 경계를 이룬다.
• 각질형성세포와 멜라닌형성세포가 존재하며 활발한 세포 분열이 이루어진다.

47 땀샘(한선)의 설명으로 틀린 것은?

① 체온을 조절한다.
② 땀은 피부의 피지막과 산성막을 형성한다.
③ 땀을 많이 흘리면 영양분과 미네랄을 잃는다.
④ 땀샘은 손바닥과 발바닥에는 없다.

해설

④ 손바닥과 발바닥에는 소한선(에크린선)이 많이 분포한다. 손바닥과 발바닥에 없는 것은 피지선이다.

48 다음 중 피부의 면역 기능에 관계하는 것은?

① 각질형성세포
② 랑게르한스세포
③ 말피기세포
④ 머켈세포

해설

② 표피의 유극층에 있는 랑게르한스세포는 면역 기능을 담당한다.

49 세포의 분열·증식으로 모발이 만들어지는 곳은?

① 모모세포
② 모유두
③ 모 구
④ 모소피

해설

모모세포
• 세포의 분열·증식으로 모발을 생성하는 세포이다.
• 모유두와 연결되어 있다.
• 케라틴 단백질과 멜라닌세포가 생성되어 모발의 구조와 색이 결정된다.

50 세안용 화장품의 구비 조건으로 부적절한 것은?

① 안정성 – 물이 묻거나 건조해지면 형과 질이 잘 변해야 한다.
② 용해성 – 냉수나 온수에 잘 풀려야 한다.
③ 기포성 – 거품이 잘 나고 세정력이 있어야 한다.
④ 자극성 – 피부를 자극하지 않고 쾌적한 향이 있어야 한다.

해설
① 안정성은 성질이 쉽게 변하지 않는 것이다.

제5과목　공중위생법규

51 이·미용사의 면허를 받을 수 없는 자는?

① 전문대학에서 이용 또는 미용에 관한 학과를 졸업한 자
② 교육부 장관이 인정하는 학교에서 이·미용 학과를 졸업한 자
③ 교육부 장관이 인정하는 고등기술학교에서 6개월 수학한 자
④ 「국가기술자격법」에 의한 이·미용사 자격 취득자

해설

③ 고등학교 또는 이와 같은 수준의 학력이 있다고 교육부 장관이 인정하는 학교에서 이용 또는 미용에 관한 학과를 졸업하여야 한다(「공중위생관리법」 제6조 제1항 제2호).

52 다음 중 변동이 있을 시 이·미용업 영업자가 변경 신고를 해야 하는 사항을 모두 고른 것은?

> ㄱ. 영업소의 주소
> ㄴ. 영업장 면적의 3분의 1 이상 증감
> ㄷ. 종사자의 변동 사항
> ㄹ. 영업자의 재산 변동 사항

① ㄱ
② ㄱ, ㄴ
③ ㄱ, ㄴ, ㄷ
④ ㄱ, ㄴ, ㄷ, ㄹ

해설

변동 발생 시 이·미용업 영업자가 변경 신고를 해야 하는 사항(「공중위생관리법」 시행규칙 제3조의2 제1항)
- 영업소의 명칭 또는 상호
- 영업소의 주소
- 신고한 영업장 면적의 3분의 1 이상 증감
- 대표자의 성명 또는 생년월일
- 미용업 업종 간 변경 또는 업종의 추가

53 영업소 외의 장소에서 이용 및 미용 업무를 할 수 없는 경우는?

① 관할 소재 동지역 내에서 주민에게 이·미용을 하는 경우
② 질병, 기타의 사유로 인하여 영업소에 나올 수 없는 자에 대하여 미용을 하는 경우
③ 혼례나 기타 의식에 참여하는 자에 대하여 그 의식의 직전에 미용을 하는 경우
④ 특별한 사정이 있다고 시장·군수·구청장이 인정하는 경우

해설

영업소 외의 장소에서 이·미용 업무를 행할 수 있는 경우(「공중관리법」 시행규칙 제13조)
- 질병, 고령, 장애나 그 밖의 사유로 영업소에 나올 수 없는 자에 대하여 이용 또는 미용을 하는 경우
- 혼례나 그 밖의 의식에 참여하는 자에 대하여 그 의식 직전에 이용 또는 미용을 하는 경우
- 「사회복지사업법」 제2조 제4호에 따른 사회복지시설에서 봉사활동으로 이용 또는 미용을 하는 경우
- 방송 등의 촬영에 참여하는 사람에 대하여 그 촬영 직전에 이용 또는 미용을 하는 경우
- 이 외에 특별한 사정이 있다고 시장·군수·구청장이 인정하는 경우

54 시장·군수·구청장이 영업 정지가 이용자에게 심한 불편을 주거나 그 밖에 공익을 해할 우려가 있는 경우에 영업 정지 처분에 갈음한 과징금을 부과할 수 있는 금액 기준은?

① 3천만 원 이하
② 5천만 원 이하
③ 1억 원 이하
④ 2억 원 이하

해설

③ 시장·군수·구청장은 영업 정지가 이용자에게 심한 불편을 주거나 그 밖에 공익을 해할 우려가 있는 경우에는 영업 정지 처분에 갈음하여 1억 원 이하의 과징금을 부과할 수 있다. 다만, 제5조, 「성매매알선 등 행위의 처벌에 관한 법률」, 「아동·청소년의 성보호에 관한 법률」, 「풍속영업의 규제에 관한 법률」 제3조 각 호의 어느 하나, 「마약류 관리에 관한 법률」은 이에 상응하는 위반행위로 인하여 처분을 받게 되는 경우를 제외한다(「공중위생관리법」 제11조의2 제1항).

55 이·미용사 면허증을 분실하여 재교부를 받은 자가 분실한 면허증을 찾았을 때 취하여야 할 조치로 옳은 것은?

① 시·도지사에게 찾은 면허증을 반납한다.
② 시장·군수·구청장에게 찾은 면허증을 반납한다.
③ 본인이 모두 소지하여도 무방하다.
④ 재교부 받은 면허증을 반납한다.

해설

③ 이·미용사 면허증을 분실하여 재교부를 받은 자가 분실한 면허증을 찾았을 때는 본인이 그 면허증을 소지하여도 무방하다.

56 영업자의 지위를 승계한 자는 몇 개월 이내에 시장·군수·구청장에게 신고하여야 하는가?

① 1개월
② 2개월
③ 6개월
④ 12개월

해설

① 공중위생영업자의 지위를 승계한 자는 1개월 이내에 보건복지부령이 정하는 바에 따라 시장·군수 또는 구청장에게 신고하여야 한다(「공중위생관리법」 제3조의2 제4항).

57 이용사 또는 미용사의 면허를 받지 아니한 자 중 이용사 또는 미용사 업무에 종사할 수 있는 자는?

① 이·미용 업무에 숙달된 자로 이·미용사 자격증이 없는 자
② 이·미용사로서 업무 정지 처분 중에 있는 자
③ 이·미용업소에서 이·미용사의 감독을 받아 이·미용업무를 보조하고 있는 자
④ 「학원의 설립 운영 및 과외교습에 관한 법률」에 의하여 설립된 학원에서 3개월 이상 이용 또는 미용에 관한 강습을 받은 자

해설

③ 이용사 또는 미용사의 면허를 받은 자가 아니면 이용업 또는 미용업을 개설하거나 그 업무에 종사할 수 없다. 다만, 이용사 또는 미용사의 감독을 받아 이용 또는 미용 업무의 보조를 행하는 경우에는 그러하지 아니하다(「공중위생관리법」 제8조).

58 이·미용소의 조명시설은 얼마 이상이어야 하는가?

① 50럭스(Lux)
② 75럭스(Lux)
③ 100럭스(Lux)
④ 125럭스(Lux)

> **해설**
> ② 영업장 안의 조명도는 75럭스(Lux) 이상이 되도록 유지하여야 한다(「공중위생관리법」 시행규칙 별표 4).

59 다음 위법사항 중 가장 무거운 벌칙기준에 해당하는 자는?

① 신고를 하지 아니하고 영업한 자
② 변경 신고를 하지 아니하고 영업한 자
③ 면허 정지 처분을 받고 그 정지 기간 중 업무를 행한 자
④ 관계 공무원 출입·검사를 거부한 자

> **해설**
> ① 신고를 하지 아니하고 영업한 자 : 1년 이하의 징역 또는 1천만 원 이하의 벌금(「공중위생관리법」 제20조 제2항 제1호)
> ② 변경 신고를 하지 아니하고 영업한 자 : 6개월 이하의 징역 또는 500만 원 이하의 벌금(「공중위생관리법」 제20조 제3항 제1호)
> ③ 면허 정지 처분을 받고 그 정지 기간 중 업무를 행한 자 : 300만 원 이하의 벌금(「공중위생관리법」 제20조 제4항 제5호)
> ④ 관계 공무원의 출입·검사를 거부한 자 : 300만 원 이하의 과태료(「공중위생관리법」 제22조 제1항 제4호)

60 이·미용업 영업자가 위생교육을 받지 아니한 때에 과태료 부과 기준은?

① 500만 원
② 300만 원
③ 200만 원
④ 100만 원

> **해설**
> ③ 위생교육을 받지 아니한 자에게는 200만 원 이하의 과태료에 처한다(「공중위생관리법」 제22조 제2항 제6호).

CHAPTER 05 제5회 실전모의고사

PART 7 실전모의고사

제1과목 미용 이론

01 퍼머넌트 웨이브를 하기 전의 조치사항 중 틀린 것은?

① 필요시 샴푸를 한다.
② 정확한 헤어 디자인을 한다.
③ 린스 또는 오일을 바른다.
④ 모발의 상태를 파악한다.

해설
퍼머넌트 웨이브 전에는 두피와 모발을 진단하고 프레샴푸나 프레 커트를 한다.

02 염모제를 바르기 전에 스트랜드 테스트(Strand Test)를 하는 목적이 아닌 것은?

① 색상 선정이 올바르게 이루어졌는지 알기 위해서
② 원하는 색상을 시술할 수 있는 정확한 염모제의 작용시간을 추정하기 위해서
③ 염모제에 의한 알레르기성 피부염이나 접촉성 피부염 등의 발생 유무를 알아보기 위해서
④ 퍼머넌트 웨이브나 염색, 탈색 등으로 모발이 단모나 변색될 우려가 있는지 여부를 알기 위해서

해설
③ 알레르기성 피부염이나 접촉성 피부염 발생 유무를 알아보기 위해서 하는 테스트는 패치 테스트이다.

03 모발의 다공성에 관한 사항으로 틀린 것은?

① 다공성모란 모발의 간충 물질이 소실되어 보습 작용이 적어져서 모발이 건조해지기 쉬운 손상모를 말한다.
② 다공성은 모발이 얼마나 빨리 유액을 흡수하느냐에 따라 그 정도가 결정된다.
③ 모발의 다공성 정도가 클수록 프로세싱 타임을 짧게 하고, 보다 순한 용액을 사용하도록 해야 한다.
④ 모발의 다공성을 알아보기 위한 진단은 샴푸 후에 해야 하는데, 이것은 물에 의해서 모발의 질이 다소 변화하기 때문이다.

해설
④ 모발의 다공성을 알아보기 위한 진단은 모발이 건조한 상태일 때 실시해야 한다.

04 가위 선택 방법으로 옳은 것은?

① 양날의 견고함이 동일하지 않아도 무방하다.
② 만곡도가 큰 것을 선택한다.
③ 협신에서 날 끝으로 갈수록 내곡선상인 것을 선택한다.
④ 만곡도와 내곡선상을 무시해도 사용상 불편함이 없다.

해설
가위를 선택하는 방법
• 양날의 견고함이 동일해야 한다.
• 가위의 길이나 무게가 미용사의 손에 맞아야 한다.
• 가위의 날은 날렵한 것이 좋다.
• 협신에서 날 끝으로 갈수록 약간 내곡선인 것이 좋다.
• 용도에 따라 다양한 형태의 가위가 존재한다.

정답 01 ③ 02 ③ 03 ④ 04 ③

05 헤어 스타일에 다양한 변화를 줄 수 있는 뱅(Bang)은 주로 두부의 어느 부위에 하게 되는가?

① 앞이마
② 네이프
③ 양 사이드
④ 크라운

해설
① 뱅(Bang)이란 이마를 장식할 목적으로 자른 앞머리, 즉 앞머리 헤어 스타일을 말한다.

06 빗을 선택하는 방법으로 틀린 것은?

① 전체적으로 비뚤어지거나 휘지 않은 것이 좋다.
② 빗살 끝이 가늘고 빗살 전체가 균등하게 똑바로 나열된 것이 좋다.
③ 빗살 끝이 너무 뾰족하지 않고 되도록 무딘 것이 좋다.
④ 빗살 사이의 간격이 일정한 것이 좋다.

해설
③ 빗살 끝이 무딘 것은 좋지 않다.

07 우리나라 고대 여성의 머리 장식품 중 재료의 이름을 붙여서 만든 비녀로만 된 것은?

① 산호잠, 옥잠
② 석류잠, 호도잠
③ 국잠, 금잠
④ 봉잠, 용잠

해설
비녀의 종류
• 재료의 이름을 붙여서 만든 비녀 : 산호잠, 옥잠 등
• 모양에서 이름을 따온 비녀 : 석류잠, 호도잠, 봉잠, 용잠 등

08 다음 중 모발에 볼륨을 주지 않기 위한 컬 기법은?

① 스탠드 업 컬(Stand Up Curl)
② 플랫 컬(Flat Curl)
③ 리프트 컬(Lift Curl)
④ 논 스템 롤러 컬(Non Stem Roller Curl)

해설
② 플랫 컬(Flat Curl) : 루프가 두피에 0°로 평평하고 납작하게 형성하는 컬이다.
① 스탠드 업 컬(Stand Up Curl) : 루프가 두피에 90°로 세워진 컬이다.
③ 리프트 컬(Lift Curl) : 루프가 두피에 45°로 세워진 컬('베럴 컬'이라고도 한다)이다.
④ 논 스템 롤러 컬(Non Stem Roller Curl) : 전방 45°로 마는 컬이다.

09 헤어 컬링(Hair Curling)에서 컬(Curl)의 목적과 관계가 가장 먼 것은?

① 웨이브를 만들기 위해서
② 머리 끝의 변화를 주기 위해서
③ 텐션을 주기 위해서
④ 볼륨을 만들기 위해서

해설
컬의 목적은 웨이브, 볼륨, 플러프 생성이다.

10 스킵 웨이브(Skip Wave)의 특징으로 가장 거리가 먼 것은?

① 웨이브(Wave)와 컬(Curl)이 반복 교차된 스타일이다.
② 폭이 넓고 부드럽게 흐르는 웨이브를 만들 때 쓰이는 기법이다.
③ 너무 가는 모발에는 그 효과가 적으므로 피하는 것이 좋다.
④ 퍼머넌트 웨이브가 너무 지나칠 때 이를 수정·보완하기 위해 많이 쓰인다.

해설
④ 스킵 웨이브(Skip Wave)는 웨이브와 핀컬이 한 단씩 교차되는 웨이브를 말한다. 강한 웨이브의 수정·보완에는 사용하지 않는다.

11 '쿠퍼로즈(Couperose)'라는 용어는 어떠한 피부 상태를 표현하는 데 사용하는가?

① 거친 피부
② 매우 건조한 피부
③ 모세혈관이 확장된 피부
④ 피부의 pH 밸런스가 불균형인 피부

해설
③ '쿠퍼로즈(Couperose)'는 '붉은색을 띠는 피부'로 해석할 수 있는데, 모세혈관이 확장되어 핏줄이 보이게 될 때 나타나는 현상이다.

12 모발이 손상되는 원인이 아닌 것은?

① 헤어 드라이기로의 급속한 건조
② 지나친 브러싱과 백코밍 시술
③ 스캘프 매니플레이션과 브러싱
④ 해수욕 후 모발에 잔류되어 있는 염분이나 풀장의 소독용 표백분

해설
③ 스캘프 매니플레이션과 브러싱은 혈점을 자극하여 혈액순환을 촉진시키는 효과가 있다.

13 다음 중 정상 두피에 사용하는 트리트먼트는?

① 플레인 스캘프 트리트먼트
② 드라이 스캘프 트리트먼트
③ 오일리 스캘프 트리트먼트
④ 댄드러프 스캘프 트리트먼트

해설
두피 유형에 따른 트리트먼트 케어
• 정상 두피 : 플레인 스캘프 트리트먼트
• 건성 두피 : 드라이 스캘프 트리트먼트
• 지성 두피 : 오일리 스캘프 트리트먼트
• 비듬성 두피 : 댄드러프 스캘프 트리트먼트

14 다음 중 그래쥬에이션 커트(Graduation Cut)에 대한 설명으로 옳은 것은?

① 모든 모발이 동일한 선상에 떨어진다.
② 모발의 길이에 변화를 주어 무게감을 더해 줄 수 있는 기법이다.
③ 모든 모발의 길이를 균일하게 잘라주어 모발의 무게감을 덜어 줄 수 있는 기법이다.
④ 전체적인 모발의 길이에는 변화 없이 소수 모발만을 제거하는 기법이다.

해설

그래쥬에이션 커트(Graduation Cut)
- '그라데이션 커트'와 같은 말이다.
- 주로 짧은 스타일의 헤어 커트 시 사용한다.
- 머리의 위로 올라갈수록 모발의 길이가 길어지고 아래로 내려갈수록 짧아지도록 커트함으로써 모발의 길이에 작은 단차가 생기도록 하는 커트이다.
- 모발의 길이에 변화를 주어 무게감을 더해 줄 수 있다.
- 기본 시술 각도는 45°이다.

15 고대 미용의 발상지로 가발을 이용하고 헤나를 진흙에 개어 염모제로 사용한 국가는?

① 그리스   ② 프랑스
③ 이집트   ④ 로 마

해설

이집트 미용의 역사
- 고대 미용의 발상지로, 서양 최초로 화장 및 가발, 나뭇가지를 이용해 펌을 하였으며, B.C.1500년경에는 헤나를 진흙에 개어 모발에 발라 염모제로 처음 사용하였다.
- 화장법 : 흑색과 녹색으로 눈꺼풀에 악센트를 넣었으며, 붉은 찰흙에 샤프란(꽃)을 조금씩 섞어서 볼에 붉게 칠하거나 입술 연지로 활용하였다.

16 레이저(Razor)에 대한 설명 중 가장 거리가 먼 것은?

① 셰이핑 레이저를 사용하여 커팅하면 안정적이다.
② 초보자는 오디너리 레이저를 사용하는 것이 좋다.
③ 솜털 등을 깎을 때는 외곡선상의 날이 좋다.
④ 녹이 슬지 않게 관리를 한다.

해설

② 레이저는 면도날을 사용하는 커트 도구이다. 오디너리 레이저는 일상용 레이저로, 칼날 전체를 사용하기 때문에 잘려 나가는 부분이 많아 숙련자가 사용하기에 적합하다. 초보자가 사용하기에 적합한 것은 셰이핑 레이저이다.

17 헤어 커트 시 크로스 체크 커트(Cross Check Cut)란?

① 최초의 슬라이스 선과 교차되도록 체크 커트하는 것
② 모발의 무게감을 없애주는 것
③ 전체적인 길이를 처음보다 짧게 커트하는 것
④ 세로로 잡아 체크 커트하는 것

해설

① 일상에서 흔히 '크로스 체크한다'라는 말을 많이 사용하는데, 이와 관련하여 암기하면 편하다. 크로스 체크 커트는 커트 과정에서 머리카락 끝을 교차시켜 길이를 체크하면서 커트하는 것을 칭한다. 가로로 슬라이스 하여 커트한 경우, 세로로 들어서 체크 커트한다.

14 ② 15 ③ 16 ② 17 ① **정답**

18 다음의 영아사망률 계산식에서 (A)에 들어갈 말로 적절한 것은?

$$영아사망률 = \frac{(A)}{연간\ 출생아\ 수} \times 1,000$$

① 연간 생후 28일까지의 사망자 수
② 연간 생후 1년 미만 사망자 수
③ 연간 1~4세 사망자 수
④ 연간 임신 28주 이후 사산 + 출생 1주 이내 사망자 수

해설

영아사망률 산출 공식

$$영아사망률 = \frac{연간\ 생후\ 1년\ 미만\ 사망자\ 수}{연간\ 출생아\ 수} \times 1,000$$

19 샴푸의 목적으로 가장 거리가 먼 것은?

① 두피, 모발의 세정
② 모발 시술을 용이하게 하기 위한 작업
③ 모발의 건전한 발육 촉진
④ 두피 질환 치료

해설

샴푸의 목적
- 두피와 모발의 세정
- 두피 강화와 모발 발육 촉진
- 다른 미용 시술을 위한 기초 작업

20 퍼머넌트 직후의 처리로 옳은 것은?

① 플레인 린스
② 샴 푸
③ 테스트 컬
④ 테이퍼링

해설

① 펌 시술 이후에는 미온수로 린스를 한다.

정답 18 ② 19 ④ 20 ①

제2과목 공중보건학

21 토양(흙)이 병원소가 될 수 있는 질환은?

① 디프테리아
② 콜레라
③ 간 염
④ 파상풍

해설
④ 파상풍은 녹슨 못이나 토양(흙)에 의해 감염된다.

22 오염된 주사기, 면도날 등으로 인해 감염되는 만성 전염병은?

① 렙토스피라증
② 트라코마
③ B형간염
④ 파라티푸스

해설
③ 오염된 주사기, 면도기 재사용으로 감염될 수 있는 전염병은 AIDS, B형간염 등이 있다.

23 다음 전염병 중 세균성인 것은?

① 말라리아
② 결 핵
③ 일본뇌염
④ 유행성간염

해설
② 결핵은 세균성 호흡기계 전염병이다.

24 인구 구성형 중 14세 이하 인구가 65세 이상 인구의 2배 정도이며, 출생률과 사망률이 모두 낮은 형은?

① 피라미드형
② 종 형
③ 항아리형
④ 별 형

해설
① 피라미드형 : 14세 이하 인구가 65세 이상 인구의 2배보다 많으며, 출생률이 사망률보다 높다.
③ 항아리형 : 14세 이하 인구가 65세 이상 인구의 2배보다 적으며, 사망률이 출생률보다 높다.
④ 별형 : 15~64세 인구가 전체 인구의 50%보다 많으며, 유입되는 인구가 유출되는 인구보다 많다.

25 인수공통감염병이 아닌 것은?

① 페스트
② 우형 결핵
③ 구제역
④ 야토병

해설
③ 구제역은 소, 돼지 등의 가축에서 발병하는 가축전염병으로, 사람에게는 전염되지 않는 것으로 알려져 있다.

26 공중보건학의 목적으로 적절하지 않은 것은?

① 질병 예방
② 수명 연장
③ 육체석·성신석 건강 및 효율의 증진
④ 물질적 풍요

해설
미국의 윈슬로우(C.E.A. Winslow)는 공중보건학을 "조직적인 지역사회의 노력으로 질병 예방, 생명 연장과 신체적·정신적 효율을 증진시키는 기술과 과학이다"라고 하였다.

21 ④ 22 ③ 23 ② 24 ② 25 ③ 26 ④ **정답**

27 다음 중 전염병 관리에 가장 어려움이 있는 사람은?

① 회복기 보균자
② 잠복기 보균자
③ 건강 보균자
④ 병후 보균자

해설
③ 건강 보균자 : 병원체가 있으나 아무 증상이 없고 외적으로 건강한 사람으로, 증상이 없기 때문에 관리가 가장 어렵다.
① 회복기 보균자 : 질병 치료 후 병원체가 몸에 남아 있는 사람이다.
② 잠복기 보균자 : 병원체가 있으나 아직 질병의 증상이 나타나지 않은 사람이다.

28 다음 중 공기의 자정 작용과 거리가 가장 먼 것은?

① 식물의 이산화탄소 흡수, 산소 배출에 의한 정화 작용
② 태양선에 의한 살균 정화 작용
③ 강우, 강설에 의한 세정 작용
④ 기온 역전 작용

해설
공기의 자정 작용
공기는 끊임없이 오염되고 있으나, 다음 다섯 가지 작용에 의해 스스로 정화하는 능력을 가지고 있다.
• 강력한 희석력
• 강우, 강설에 의한 세정 작용
• 산소, 오존 등에 의한 산화 작용
• 태양선에 의한 살균 정화 작용
• 식물의 이산화탄소 흡수, 산소 배출에 의한 정화 작용

29 환경 오염 방지 대책과 거리가 가장 먼 것은?

① 환경 오염의 실태 파악
② 환경 오염의 원인 규명
③ 행정대책과 법적 규제
④ 경제개발 억제 정책

해설
④ 경제개발 억제가 반드시 환경 오염을 방지하는 결과를 가져오는 것은 아니다.

30 질병 발생의 세 가지 요인으로 연결된 것은?

① 숙주 - 병인 - 환경
② 숙주 - 병인 - 유전
③ 숙주 - 병인 - 병소
④ 숙주 - 병인 - 저항력

해설
① 질병의 3대 요인으로는 병인, 숙주, 환경이 있다.

정답 27 ③ 28 ④ 29 ④ 30 ①

제3과목 소독학

31 병원성 미생물의 발육과 그 작용을 제거하거나 정지시켜 음식물의 부패나 발효를 방지하는 것은?

① 방 부
② 소 독
③ 살 균
④ 살 충

해설
① 방부에 대한 설명이다.

32 승홍수의 설명으로 틀린 것은?

① 금속을 부식시키는 성질이 있다.
② 무색, 무취이다.
③ 염화칼륨을 첨가하면 자극성이 완화된다.
④ 살균력이 일반적으로 약한 편이다.

해설
승홍수
- 살균력과 독성이 강해 0.1%의 수용액을 사용한다(소량으로도 소독이 가능하다).
- 상처 소독에는 사용하지 않는다.
- 금속 부식성이 있다.
- 무색, 무취이다.
- 염화칼륨을 첨가하면 자극성이 완화된다.

33 자비소독 시 금속 제품이 녹스는 것을 방지하기 위하여 첨가하는 물질이 아닌 것은?

① 2% 붕소
② 2% 탄산나트륨
③ 5% 알코올
④ 2~3% 크레졸 비누액

해설
자비소독법
- 100℃의 끓는 물에서 15~20분 가열하여 소독한다.
- 탄산나트륨(1~2%), 붕소(2%), 크레졸 비누액(2~3%)을 넣으면 살균력이 강해지고 녹을 방지하는 효과가 생긴다.

34 음용수 소독에 사용할 수 있는 소독제는?

① 요오드
② 페 놀
③ 염 소
④ 승홍수

해설
염 소
- 살균력이 강하다.
- 자극성과 부식성이 강하다.
- 상수도 및 하수도를 소독할 때 사용한다.
- 표백분과 함께 음용수의 소독에 사용한다.

35 EO 가스의 폭발 위험성을 감소시키기 위해 혼합하여 사용하게 되는 물질은?

① 질 소
② 산 소
③ 아르곤
④ 이산화탄소

해설
에틸렌옥사이드(EO ; Ethylene Oxide) 가스 소독
- 38~60℃의 저온에서 멸균한다.
- 가격이 저렴하다는 장점이 있으나, 멸균 후 잔류 가스가 허용치 이하가 될 때까지 사용하지 못 한다는 단점이 있다.
- 폭발 위험성이 있어 프레온가스나 이산화탄소를 혼합하여 사용한다.

36 다음 중 배설물의 소독에 가장 적당한 것은?

① 크레졸
② 오 존
③ 염 소
④ 승 홍

해설
크레졸
- 일반적으로 3%를 사용한다.
- 석탄산보다 살균력이 2배 강하다.
- 강한 냄새가 난다.
- 바이러스에는 효력이 없다.
- 실내 바닥이나 오물, 배설물을 소독할 때 사용한다.
- 손 소독 시의 적절한 농도는 1~2%, 실내 바닥 소독 시의 적절한 농도는 3%이다.

정답 31 ① 32 ④ 33 ③ 34 ③ 35 ④ 36 ①

37 다음 계면활성제 중 살균보다는 세정의 효과가 더 큰 것은?

① 양성 계면활성제
② 비이온 계면활성제
③ 양이온 계면활성제
④ 음이온 계면활성제

해설

계면활성제
- 양이온 계면활성제 : 살균·소독 작용을 하며 정전기를 방지하는 효과가 있다.
- 음이온 계면활성제 : 세정 작용과 기포 형성 작용을 한다.

38 소독약의 이상적인 구비 조건에 해당하지 않는 것은?

① 가격이 저렴해야 한다.
② 독성이 적고 사용자에게 자극이 없어야 한다.
③ 소독 효과가 서서히 증대되어야 한다.
④ 희석된 상태에서 화학적으로 안정되어야 한다.

해설

소독약의 구비 조건
- 살균력이 강하고 무해해야 한다.
- 경제적이고 사용법이 간편해야 한다.
- 부식성·표백성이 없고 안정성이 있어야 한다.
- 불쾌한 냄새를 남기지 않아야 한다.
- 짧은 시간에 소독 효과가 확실해야 한다.
- 미량으로도 효과가 커야 한다.
- 생물학적 작용을 충분히 발휘할 수 있어야 한다.
- 독성이 적으면서 사용자에게 자극성이 없어야 한다.
- 안정성이 있어야 한다.
- 살균하고자 하는 대상물을 손상시키지 않아야 한다.

39 다음 중 가장 강한 힘을 가진 자외선 파장의 길이는?

① 200~220nm
② 260~280nm
③ 300~320nm
④ 360~380nm

해설

자외선의 파장

장파장 (UVA)	• 파장 길이 : 320~400nm • 색소 침착의 원인이 된다. • 인공 선탠에 활용된다.
중파장 (UVB)	• 파장 길이 : 290~320nm • 홍반, 수포 등 일광 화상 및 색소 침착을 유발한다. • 비타민 D를 합성한다.
단파장 (UVC)	• 파장 길이 : 200~290nm • 살균 작용을 한다. • 파장 길이가 짧아 가장 강한 힘을 가졌으나, 오존층에 흡수되어 인체에 미치는 영향력이 작다. • 인체에 영향을 미칠 시 피부암의 원인이 된다.

40 다음 중 습열멸균법에 속하는 것은?

① 자비소독법
② 화염멸균법
③ 여과멸균법
④ 소각소독법

해설

②·④ 건열멸균법이다.
③ 무가열멸균법이다.

정답 37 ④ 38 ③ 39 ② 40 ①

제4과목 피부학

41 백반증에 관한 내용 중 틀린 것은?

① 멜라닌세포의 과다한 증식으로 일어난다.
② 피부에 백색 반점이 나타난다.
③ 후천적 탈색소 질환이다.
④ 원형, 타원형 또는 부정형의 흰색 반점이 나타난다.

해설
① 백반증은 피부에 원형, 타원형 또는 부정형의 백색 반점이 나타나는 후천적 탈색소 질환이다. 멜라닌세포의 과다 증식이 아닌 파괴로 인해 일어난다.

42 모발을 태우면 노린내가 나는데, 이는 어떤 성분 때문인가?

① 나트륨
② 이산화탄소
③ 유 황
④ 탄 소

해설
③ 모발을 태웠을 때 노린내가 나는 것은 모발의 유황 성분 때문이다.

43 표피에서 자외선에 의해 합성되며, 칼슘과 인의 대사를 도와주고 발육을 촉진시키는 비타민은?

① 비타민 A
② 비타민 C
③ 비타민 E
④ 비타민 D

해설
비타민 D
- 뼈의 형성에 관여한다.
- 자외선을 받아 피부에서 합성한다.
- 칼슘과 인의 대사를 도와주며, 발육을 촉진시킨다.
- 결핍 시 구루병, 골다공증, 피부염, 면역력 저하가 나타난다.

44 무기질의 설명으로 틀린 것은?

① 조절 작용을 한다.
② 평형 작용을 한다.
③ 뼈와 치아를 구성한다.
④ 에너지 공급원으로 이용된다.

해설
무기질
- 혈액, 뼈, 치아 등의 구성 성분으로, 직접적인 에너지원이 되지는 않는다.
- 칼륨, 칼슘, 나트륨, 마그네슘, 인, 아연, 구리, 철분, 아이오딘(요오드) 등이 있다.
- 평형 작용을 한다.
- 조절 작용을 한다.
- 신경 자극을 전달한다.

45 피부 본래의 표면에 알칼리성의 용액을 pH 환원시키는 표피의 능력을 무엇이라 하는가?

① 환원 작용
② 알칼리 중화능
③ 산화 작용
④ 산성 중화능

해설
알칼리 중화능
건강한 피부는 pH 4.5~6.5 정도로 약산성을 띠지만, 세안 등의 외부 자극이 발생하는 경우 일시적으로 알칼리성을 띠게 된다. 이때 피부는 원래의 약산성으로 돌아가는 성질이 있는데, 이를 '알칼리 중화능'이라고 한다. 이로 인해 세안 후 피부의 산성막이 제거되어도, 보통 2시간 정도가 지나면 다시 회복된다.

41 ① 42 ③ 43 ④ 44 ④ 45 ②

46 진피의 4/5를 차지할 정도로 두꺼우며, 옆으로 길고 섬세한 섬유가 그물 모양으로 구성되어 있는 층은?

① 망상층
② 유두층
③ 유두하층
④ 과립층

해설

망상층
- 유두층 아래에 위치한다.
- 진피의 4/5를 차지할 정도로 두껍다.
- 옆으로 길고 섬세한 섬유가 그물 모양으로 구성되어 있다.
- 혈관, 림프관, 신경관, 피지선, 땀샘, 모발, 입모근이 존재한다.

47 다음 중 태선화에 대한 설명으로 옳은 것은?

① 표피가 얇아지는 증상으로, 표피세포 수의 감소와 관련이 있으며 종종 진피의 변화와 동반된다.
② 둥글거나 불규칙한 모양의 굴착으로 점진적인 괴사에 의해서 표피와 함께 진피의 소실이 오는 것이다.
③ 질병이나 손상에 의해 진피와 심부에 생긴 결손을 메우는 새로운 결체조직의 생성으로 생기며, 정상 치유 과정의 하나이다.
④ 표피의 전체와 진피의 일부가 가죽처럼 두꺼워지는 현상이다.

해설

태선화
표피의 전체와 진피의 일부가 가죽처럼 두꺼워지고 딱딱해지는 증상으로, 아토피 피부에 동반되기도 한다.

48 액취증의 원인이 되는 아포크린선이 분포되어 있지 않은 곳은?

① 배꼽 주변 ② 겨드랑이
③ 사타구니 ④ 발바닥

해설

④ 손바닥, 발바닥에는 소한선인 에크린선이 분포한다.

소한선과 대한선

소한선 (에크린선)	• '작은 땀샘'이라고도 한다. • 전신에 분포한다(입술과 생식기 제외). • 손바닥, 발바닥 등에 많이 분포한다.
대한선 (아포크린선)	• '큰 땀샘'이라고도 한다. • 겨드랑이, 서혜부, 유두, 배꼽 등에 분포한다. • 액취증의 원인이 된다.

49 다음 중 2도 화상에 속하는 것은?

① 햇볕에 탄 피부
② 진피까지 손상되어 수포가 발생한 피부
③ 피하 지방층까지 손상된 피부
④ 피하 지방층 아래의 근육까지 손상된 피부

해설

2도 화상
- 표피뿐만 아니라 진피까지 손상된 화상이다.
- 수포가 생성되고 부종 및 통증이 발생한다.

50 다음 중 공기의 접촉 및 산화와 관계있는 것은?

① 흰 면포 ② 검은 면포
③ 구 진 ④ 팽 진

해설

② 면포는 피지가 모공에 갇혀서 발생하는 것으로, 각질이 덮혀 있으면 흰 면포(화이트헤드), 공기와 접촉하여 산화되면 검은 면포(블랙헤드)가 된다.

정답 46 ① 47 ④ 48 ④ 49 ② 50 ②

제5과목 공중위생법규

51 이·미용업소에서 미용업 신고증 및 면허증 원본을 게시하지 않거나 업소 내 조명도를 준수하지 않은 경우의 1차 위반 행정처분 기준은?

① 경고 또는 개선 명령
② 영업 정지 5일
③ 영업 허가 취소
④ 영업장 폐쇄 명령

해설

이·미용업소에서 미용업 신고증 및 면허증 원본을 게시하지 않거나 업소 내 조명도를 준수하지 않은 경우의 행정처분 기준(「공중위생관리법」 시행규칙 별표 7)
- 1차 위반 : 경고 또는 개선 명령
- 2차 위반 : 영업 정지 5일
- 3차 위반 : 영업 정지 10일
- 4차 이상 위반 : 영업장 폐쇄 명령

52 면허증을 다른 사람에게 대여한 때의 2차 위반 행정처분 기준은?

① 면허 정지 6개월
② 면허 정지 3개월
③ 영업 정지 3개월
④ 영업 정지 6개월

해설

면허증을 다른 사람에게 대여한 경우의 행정처분 기준(「공중위생관리법」 시행규칙 별표 7)
- 1차 위반 : 면허 정지 3개월
- 2차 위반 : 면허 정지 6개월
- 3차 위반 : 면허 취소

53 공중위생영업에 해당하지 않는 것은?

① 세탁업
② 위생관리업
③ 미용업
④ 목욕장업

해설

공중위생영업이란 다수인을 대상으로 위생관리서비스를 제공하는 영업으로서 숙박업, 목욕장업, 이용업, 미용업, 세탁업, 건물위생관리업(위생관리용역업)을 말한다(「공중위생관리법」 제2조 제1항 제1호).

54 면허의 정지 명령을 받은 자는 그 면허증을 누구에게 반납해야 하는가?

① 보건복지부 장관
② 시·도지사
③ 시장·군수·구청장
④ 이·미용사 중앙회장

해설

③ 면허가 취소되거나 면허의 정지 명령을 받은 자는 지체 없이 관할 시장·군수·구청장에게 면허증을 반납하여야 한다(「공중위생관리법」 시행규칙 제12조).

51 ① 52 ① 53 ② 54 ③ **정답**

55 행정처분 기준 중 1차 위반 시의 처분이 경고에 해당하는 것은?

① 귓불 뚫기 시술을 한 때
② 시설 및 설비 기준을 위반한 때
③ 신고를 하지 않고 영업소의 명칭을 변경한 때
④ 위생교육을 받지 아니한 때

해설
③ 신고를 하지 않고 영업소의 명칭을 변경한 때 : 1차 위반 시 경고 또는 개선 명령
① 귓불 뚫기 시술을 한 때 : 1차 위반 시 영업 정지 2개월
② 시설 및 설비 기준을 위반한 때 : 1차 위반 시 개선 명령
④ 위생교육을 받지 아니한 때 : 200만 원 이하 과태료 부과

56 다음 중 이·미용업을 개설할 수 있는 사람은?

① 이·미용사 면허를 받은 자
② 이·미용사의 감독을 받아 이·미용을 행하는 자
③ 이·미용사의 자문을 받아서 이·미용을 행하는 자
④ 위생관리용역업 허가를 받은 자로서 이·미용에 관심이 있는 자

해설
① 이용사 또는 미용사의 면허를 받은 자가 아니면 이용업 또는 미용업을 개설하거나 그 업무에 종사할 수 없다. 다만, 이용사 또는 미용사의 감독을 받아 이용 또는 미용 업무의 보조를 행하는 경우에는 그러하지 아니하다(「공중위생관리법」 제8조).

57 영업소 외의 장소에서 이용 및 미용의 업무를 할 수 있는 경우가 아닌 것은?

① 질병으로 영업소에 나올 수 없는 경우
② 혼례 직전에 이용 또는 미용을 하는 경우
③ 야외에서 단체로 이용 또는 미용을 하는 경우
④ 사회복지시설에서 봉사활동으로 이용 또는 미용을 하는 경우

해설
영업소 외의 장소에서 이·미용 업무를 행할 수 있는 경우(「공중관리법」 시행규칙 제13조)
• 질병, 고령, 장애나 그 밖의 사유로 영업소에 나올 수 없는 자에 대하여 이용 또는 미용을 하는 경우
• 혼례나 그 밖의 의식에 참여하는 자에 대하여 그 의식 직전에 이용 또는 미용을 하는 경우
• 「사회복지사업법」 제2조 제4호에 따른 사회복지시설에서 봉사활동으로 이용 또는 미용을 하는 경우
• 방송 등의 촬영에 참여하는 사람에 대하여 그 촬영 직전에 이용 또는 미용을 하는 경우
• 이 외에 특별한 사정이 있다고 시장·군수·구청장이 인정하는 경우

58 이·미용업소의 시설 및 설비 기준으로 적합한 것은?

① 소독을 한 기구와 소독을 하지 아니한 기구를 구분하여 보관할 수 있는 용기를 비치하여야 한다.
② 소독기, 적외선 살균기 등 기구를 소독하는 장비를 갖추어야 한다.
③ 밀폐된 별실을 24개 이상 둘 수 있다.
④ 작업장소와 응접장소, 상담실, 탈의실 등을 분리하여 칸막이를 설치하려는 때에는 각각 전체 벽 면적의 2분의 1 이상은 투명하게 하여야 한다.

해설
① 이용기구 또는 미용기구는 소독을 한 기구와 소독을 하지 아니한 기구를 구분하여 보관할 수 있는 용기를 비치하여야 한다(「공중위생관리법 시행규칙」 별표 1).

59 위생서비스 평가의 결과에 따른 조치에 해당되지 않는 것은?

① 이·미용업자는 위생관리 등급 표지를 영업소 출입구에 부착할 수 있다.
② 시·도지사는 위생서비스의 수준이 우수하다고 인정되는 영업소에 대한 포상을 실시할 수 있다.
③ 시·도지사 또는 시장·군수·구청장은 위생관리 등급별로 영업소에 대한 위생 감시를 실시해야 한다.
④ 구청장은 위생관리 등급의 결과를 세무서장에게 통보할 수 있다.

해설
① 공중위생영업자는 제1항의 규정에 의하여 시장·군수·구청장으로부터 통보받은 위생관리 등급의 표지를 영업소의 명칭과 함께 영업소의 출입구에 부착할 수 있다(「공중위생관리법」 제14조 제2항).
② 시·도지사 또는 시장·군수·구청장은 위생서비스 평가의 결과 위생서비스의 수준이 우수하다고 인정되는 영업소에 대하여 포상을 실시할 수 있다(「공중위생관리법」 제14조 제3항).
③ 시·도지사 또는 시장·군수·구청장은 위생서비스 평가의 결과에 따른 위생관리 등급별로 영업소에 대한 위생감시를 실시하여야 한다(「공중위생관리법」 제14조 제4항).

60 영업소 외의 장소에서 이·미용 업무를 행하였을 때, 이에 대한 처벌은?

① 3년 이하의 징역 또는 1천만 원 이하의 벌금
② 500만 원 이하의 과태료
③ 200만 원 이하의 과태료
④ 100만 원 이하의 벌금

해설
③ 영업소 외의 장소에서 이용 또는 미용 업무를 행한 자에게는 200만 원 이하의 과태료에 처한다(「공중위생관리법」 제22조 제2항 제5호).

30%
*2024년 미용사(일반) 필기시험 합격률

CBT 모의고사, 이제 선택이 아닌 필수!

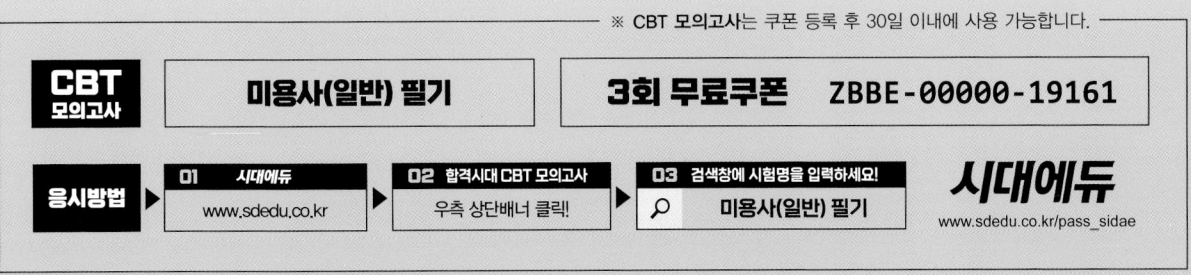

유튜브 선생님에게 배우는
유선배 미용사(일반)
|필기+실기| 합격노트

자격증 취득하려고 유튜브 검색하여 보다가 한쌤 영상이 제일 이해가 잘 되고 좋아서 학원 등록하고 3주 만에 원패스 했습니다. 수강생 한 사람 한 사람을 신경 써주시는 것이 합격률 100%의 비결이 아닐까 싶습니다.

TO헤어 원흥점 디자이너 김진아(수강생)

초보 수험생인 제가 원패스 할 수 있었던 건 한쌤 덕분이에요. 가위 잡는 법, 로드 마는 법 등은 초보자 입장에선 어떻게 시작할지 막막한데, 한쌤께 지도 받고 연습을 반복한 것이 큰 도움이 되었습니다.

문나혜(수강생)

한쌤의 체계적인 수업 방식과 꼼꼼한 지도로 시험에 빠르게 합격할 수 있었습니다. 한쌤의 열정적인 강의, 긍정적 마인드, 책임감, 밝은 모습에 저 또한 열심히 시험을 준비할 수 있었어요. 한쌤께 지도 받은 것은 정말 행운이에요.

박지호(수강생)

과정이 아닌 결과만 봐주는 대형 학원의 수업 방식이 맞지 않아 그만두었습니다. 그러던 와중에 뵙게 된 한쌤의 포인트만 쏙쏙, 이해하기 쉽게 알려주시는 수업이 저를 금손으로 만들어 주었습니다. 저의 천사 스승님 한쌤, 감사합니다!

진혜어샵 부원장 윤지향(수강생)

타 학원에서 수업을 들을 땐 이해가 안 되고 어려워 포기하려고 했는데, 한쌤을 만나 수업받고 연습하다 보니 실력이 쑥쑥 늘어 미용에 재미가 붙었습니다. 이해하기 쉽고 재밌게 알려주신 한쌤 덕분에 한 번에 합격했어요.

지명훈(수강생)

주관 및 시행처 한국산업인력공단

2025

CBT 모의고사
3회 무료쿠폰 제공

유튜브 선생님에게 배우는

유선배

무료 동영상
강의 제공
한쌤TV 검색!

NCS 기반
최신 출제기준
완벽 반영

저자 — 한지희

저자직강 무료강의!

Hair Dresser

미용사(일반)
|필기+실기| 합격노트

2권 실기

- 전면 컬러 이미지와 상세한 설명으로 실기 완벽 대비
- 주요 준비물을 한눈에, 실기 재료·도구 접지물 제공
- 저자 직강 유튜브 무료 동영상 강의 제공

시대에듀

본 도서는 항균잉크로 인쇄하였습니다.

PROFILE

저자_한지희

[경력사항]

現 블리스유미용학원 대표 원장
前 국제미용경진대회 심사위원
　　소상공인 기능경진대회 심사위원
　　박승철헤어스튜디오 Top Designer
　　HairStory 대표 원장
　　하이틴잡앤조이 1618 '특별한 동행-행진콘서트' 헤어 멘토

[수상내역]

- 사단법인 한국분장예술인협회 고교 메이크업 경진대회 패션 메이크업 부문 우수상
- 서경대학교 헤어 페스티벌 작품상
- CMC-CAT 세계미용대회 헤어 퍼머넌트 부문 창작상
- CMC-CAT 세계미용대회 헤어 커트 부문 창작상

[자격사항]

교원자격증, 미용사(일반), 미용사(피부), 미용사(네일), 미용사(메이크업), 직업능력개발훈련교사, 트로콜리지스트(두피정보관리사) 2급 등

[학력사항]

- 서경대학교 미용예술학과 학사
- 남부대학교 교육대학원 교육학(미용 교육) 석사

▶ 유튜브 : 한쌤TV
blog 네이버 블로그 : 블리스유미용학원
◎ 인스타그램 : @blissu_academy

편 집 진 행 ｜ 노윤재 · 장다원
표지디자인 ｜ 김도연
본문디자인 ｜ 장성복 · 김혜지

미용사(일반) 실기시험 주요 재료·도구 한눈에 보기

산성 염모제

헤어 피스

마네킹

고무 밴드(고무줄)

커트빗

염색 브러시

가위

대핀(핀셋)

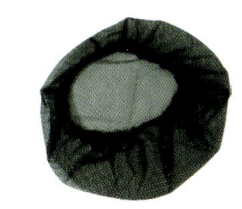
헤어망

탈지면

엔드 페이퍼(파지)

퍼머넌트 로드

롤브러시

홀더

분무기

롤러(벨크로 타입)

S브러시

쿠션(덴맨)브러시(우드브러시)

꼬리빗

물통

샴푸, 린스

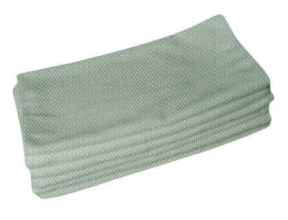
타월

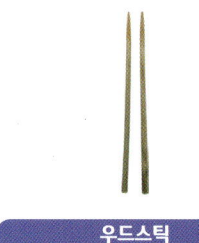
우드스틱

스케일링제

굵은 빗

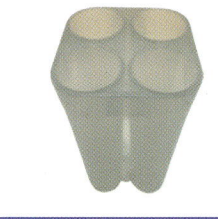
스케일링 볼

염색 볼

일회용 장갑

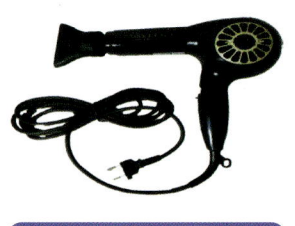
헤어 드라이기

아크릴판

시험안내

※ 다음 사항은 시행처인 한국산업인력공단에 게시된 시험정보를 바탕으로 작성되었습니다. 시험 전 최신 공고사항을 반드시 확인하시기 바랍니다.

미용사(일반)란?

고객의 미적 요구와 정서적 만족을 위해 미용기기와 제품을 활용하여 샴푸, 두피·모발 관리, 헤어 커트, 헤어 펌, 헤어 컬러링, 헤어 스타일 연출 등의 서비스를 제공하는 직무이다.

응시 절차

필기시험 원서 접수 → 필기시험 → 필기시험 합격자 발표 → 실기시험 원서 접수 → 실기시험 → 최종 합격자 발표

시험구성

구분	과목명	세부항목	
필기시험	헤어 스타일 연출 및 두피·모발 관리	1. 미용업 안전위생관리 2. 고객 응대 서비스 3. 헤어 샴푸 4. 두피·모발 관리 5. 원랭스 헤어 커트 6. 그래쥬에이션 헤어 커트 7. 레이어드 헤어 커트 8. 쇼트 헤어 커트	9. 베이직 헤어 펌 10. 매직 스트레이트 헤어 펌 11. 기초 드라이 12. 베이직 헤어 컬러 13. 헤어 미용 전문 제품 사용 14. 베이직 업 스타일 15. 가발 헤어 스타일 연출 16. 공중위생관리
실기시험	미용 실무	1. 미용업 안전위생관리 2. 두피·모발 관리 3. 헤어 샴푸 4. 베이직 헤어 펌 5. 매직 스트레이트 헤어 펌	6. 기초 드라이 7. 베이직 헤어 컬러 8. 원랭스 헤어 커트 9. 그래쥬에이션 헤어 커트 10. 레이어드 헤어 커트

실기시험 재료·도구

번호	재료명	규격	수량	단위
1	가위	커트용, 미용가위	1	SET
2	고무 밴드(고무줄)	와인딩용	60	EA
3	굵은 빗	미용 시술용	1	SET
4	꼬리빗	퍼머넌트용	1	SET
5	대핀(핀셋)	대형, 모발 고정용	5	EA
6	롤러(벨크로 타입)	대, 중, 소	1	EA
7	롤브러시	블로 드라이용	1	EA
8	린스제	미용용, 본품 형태	1	EA
9	마네킹(16인치 이상, 중량 160g 이상)	16인치 이상, 또는 덧가발(민두 포함)	1	SET
10	모델	모델 조건 참조	1	인(人)
11	물통	시중 판매용	1	기타
12	민두, 홀더	MID	1	SET
13	분무기	미용용	1	EA
14	브러시	미용 시술용	1	SET
15	산성 염모제(빨강, 노랑, 파랑)	색상별 각 1개	1	EA
16	샴푸제	미용용, 본품 형태	1	EA
17	스케일링 볼	미용 시술용	1	EA
18	스케일링제	두피용	1	EA
19	신문지	미용 시술용	1	장
20	아크릴판	미용 시술용	1	EA
21	엔드 페이퍼(파지)	와인딩용	60	장
22	염색 볼	이·미용 작업용	1	EA
23	염색 브러시	이·미용 작업용	1	EA
24	우드스틱	미용 시술용	2	EA
25	위생복	소매가 긴 백색(반소매 가능)	1	벌
26	위생봉지	투명 비닐	1	EA
27	일회용 장갑	미용 시술용	1	EA
28	커트빗	미용 시술용	1	SET
29	쿠션(덴맨)브러시	두피용	1	EA
30	타월	흰색	6	장
31	탈지면	7×10cm 이상, 두피 스케일링용	2	EA
32	투명 테이프	폭 2.0cm 이상	1	EA
33	티슈	미용용	1	EA
34	퍼머넌트 로드	6~10호	1	SET
35	헤어 드라이기	중형 220V	1	EA
36	헤어망	롤 세팅용	1	EA
37	헤어 피스(시험용 웨프트)	7×15cm 이상	1	EA
38	호일	염색용	1	EA

이 책의 차례

2권 실기

| 부 록 | 실기시험 재료·도구 접지물 |

PART 1 | 두피 스케일링 및 백 샴푸

CHAPTER 01 두피 스케일링 및 백 샴푸 … 2

PART 2 | 헤어 커트

CHAPTER 01 스파니엘 커트 … 24
CHAPTER 02 이사도라 커트 … 38
CHAPTER 03 그래쥬에이션 커트 … 56
CHAPTER 04 레이어드 커트 … 74
CHAPTER 05 재커트 … 89

PART 3 | 블로 드라이 및 롤 세팅

CHAPTER 01 스파니엘 인컬 드라이 … 100
CHAPTER 02 이사도라 아웃컬 드라이 … 116
CHAPTER 03 그래쥬에이션 인컬 드라이 … 132
CHAPTER 04 레이어드 롤컬 드라이 … 147

PART 4 | 헤어 퍼머넌트 웨이브

CHAPTER 01 기본형 와인딩 … 172
CHAPTER 02 혼합형 와인딩 … 188

PART 5 | 헤어 컬러링

CHAPTER 01 헤어 컬러링 … 206

PART 1
두피 스케일링 및 백 샴푸

CHAPTER 01 두피 스케일링 및 백 샴푸

CHAPTER 01

두피 스케일링 및 백 샴푸

01 알아 두기

1. 요구사항

▶ 전체적인 순서는 도구 및 재료 준비 → 두피 스케일링(브러싱 포함) → 샴푸(테크닉 4종 : 굴려주기, 지그재그, 양손교차, 팅기기 X 2번씩) → 린스(헤어 트리트먼트) → 마무리 등의 순으로 작업하시오.

❶ 시간 : 25분(마무리까지 포함한 시간이 25분이므로, 그 안에 정리까지 마쳐야 합니다.)

❷ 배점 : 20점(준비 상태, 브러싱, 스케일링 방법 및 순서, 백 샴푸 테크닉, 린스, 타월 드라이 및 감싸기, 정리 및 마무리까지 채점 영역에 포함됩니다.)

2. 도구 및 재료 준비

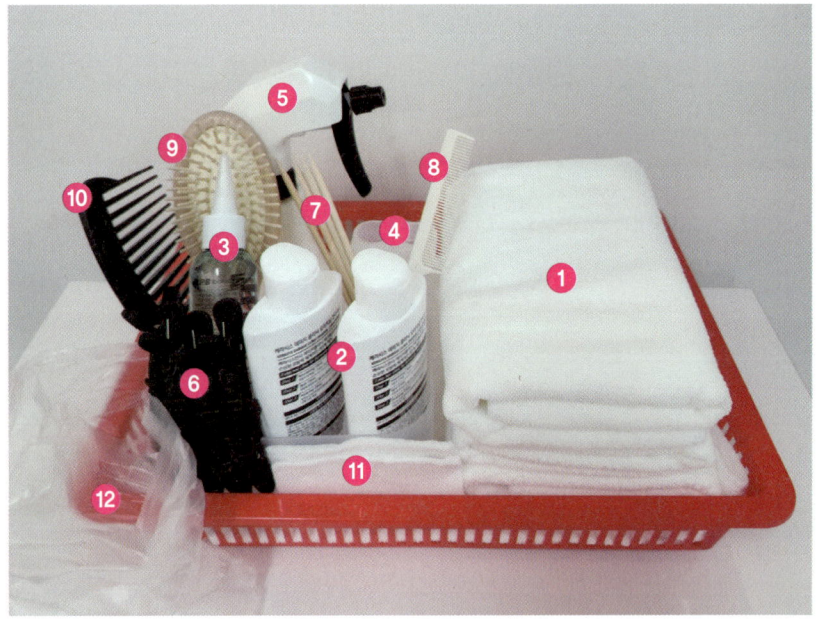

❶ 수건(5장 이상 : 모델에게만 사용될 수건은 5장)
❷ 샴푸, 린스(트리트먼트제)
❸ 스케일링제
❹ 스케일링 볼
❺ 분무기
❻ 핀셋(4개 이상)
❼ 우드스틱(2개 이상)
❽ 꼬리빗
❾ 우드브러시
❿ 도끼빗
⓫ 탈지면
⓬ 위생봉지(바구니에 별도로 부착)

02 시술 개요

1. 수험자 및 모델 유의사항

❶ 수험자 및 모델은 눈에 보이는 표식이 없어야 하며, 표식이 될 수 있는 액세서리(예 반지, 시계, 팔찌, 발찌, 목걸이, 귀걸이 등)를 착용할 수 없습니다(단, 수험자는 눈에 보이는 어떠한 표식도 불허하나, 모델은 네일 컬러링, 디자인 등 일부는 허용함).

❷ '두피 스케일링 및 백 샴푸' 과제 시 모든 수험자는 대동한 모델에 작업해야 하며 모델을 대동하지 않을 시에는 '두피 스케일링 및 백 샴푸' 과제를 응시할 수 없습니다.

> **C**omment
> - 모델 기준은 만 14세 이상의 신체가 건강한 남, 여(연도 기준)로, 모발 길이가 귀 및 5cm 이상, 네이프 라인 5cm 이상인 자를 말합니다.
> - 수험자가 동반한 모델도 신분증을 지참하여야 하며, 공단에서 지정한 신분증을 지참하지 않은 경우, 모델로 시험에 참여가 불가능합니다.

❸ 매 작업 과정 전에는 준비 작업 시간을 부여하므로 시험위원의 지시에 따라 행동해야 하며, 각종 도구를 정리정돈 후 작업에 임하여야 합니다.

❹ 시험 종료 후 헤어 피스 이외에 지참한 모든 재료는 수험자가 가지고 가며, 작업대 및 주변을 깨끗이 정리하고 퇴실 하도록 합니다.

❺ **시험응시 제외 사항** : 모델을 데려오지 않은 경우

❻ **득점 외 별도 감점 사항** : 백 샴푸 및 린스(헤어 트리트먼트) 작업을 고객의 옆(사이드)에서 진행하는 경우

❼ 고객의 뒤에서 이루어지는 백 샴푸 및 린스(헤어 트리트먼트)로 시술되어야 하며, 옆(사이드)에서 진행될 시 감점 처리됩니다.

❽ 샴푸 시 두상 전체에 각각의 샴푸 테크닉(굴려주기, 지그재그, 양손교차, 튕기기)을 반드시 골고루 적용해야 합니다.

❾ 채점이 종료된 후 시험위원의 지시에 따라 다음 시술 준비를 해야 합니다.

2. 세부 요구사항

작업명	세부 요구사항
두피 스케일링	① 모델의 어깨, 무릎, 얼굴을 덮을 수 있는 타월을 준비하시오. ② 탈지면(가로 길이 : 7cm, 세로 길이 : 10cm 이상)을 우드스틱에 말아서 스케일링 면봉을 만드시오. ③ 두상을 좌우로 나눈 후 두피용 쿠션 브러시를 이용하여 G.P를 향하여 두상 전체를 브러싱 하시오. ④ 두상을 4등분으로 블로킹 한 후 두상 상단에서 하단을 향해 1~1.5cm 간격으로 스케일링 면봉을 사용하여 두상 전체를 스케일링 하시오.
샴 푸	① 모델의 목덜미를 한 손으로 받치고 다른 한 손으로는 이마 윗부분을 받쳐서 샴푸대에 눕힌 후 타월을 삼각형으로 접어 얼굴을 가려주시오. ② 손등 또는 손목 안쪽으로 물의 온도가 적당한지 확인하시오. ③ 모델의 뒤에서 두피와 모발에 물을 충분히 적신 후 적당량의 샴푸제를 사용하여 샴푸 하시오. ④ 두상 전체에 각각의 샴푸 테크닉(굴려주기, 지그재그, 양손교차, 튕기기)을 반드시 골고루 적용하시오. ⑤ 모델의 두피와 모발에 샴푸제가 남아 있지 않도록 깨끗하게 헹구시오. ⑥ 모델의 페이스 라인과 목 뒤, 귀 등에 샴푸제가 남아 있지 않도록 깨끗하게 헹구시오.
린스 (트리트먼트)	① 모델의 뒤에서 적당량의 린스(헤어 트리트먼트)제를 사용하여 작업하시오. ② 모델의 두피와 모발에 도포된 제품이 남아 있지 않도록 깨끗하게 헹구시오. ③ 모델의 페이스 라인과 목 뒤, 귀 등에 트리트먼트제가 남아 있지 않도록 깨끗하게 헹구어 내시오.
마무리	① 타월을 사용하여 페이스 라인, 목 뒤, 귀 등의 물기를 깨끗하게 닦으시오. ② 두피, 모발의 물기를 제거하기 위해 타월 드라이하시오. ③ 타월을 사용하여 모델의 모발을 감싸는 작업을 하시오. ④ 타월 감싸기 작업 이후 모델의 모발을 빗질하여 마무리하시오. ⑤ 샴푸·린스 작업을 마친 후 샴푸대 주변을 깨끗하게 정리하시오.

03 시술하기

1. 두피 스케일링

❶ 모델 타월 준비

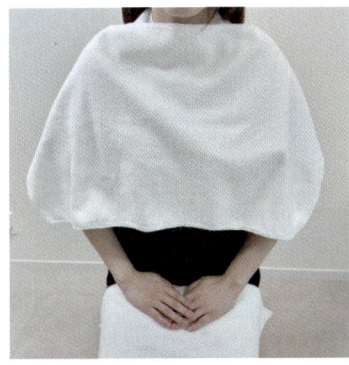  

모델의 무릎 → 어깨(뒤) → 어깨(앞) 순으로 타월을 각 1장씩 덮어 준다.

볼에 스케일링제 1/3을 넣어 준다.

POINT

타월의 양 끝을 모델의 다리 안으로 단정하게 접는다.

❷ 스케일링 우드스틱 면봉 만들기(4개)

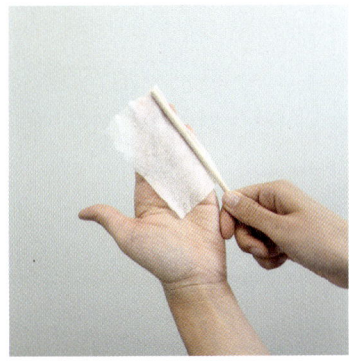

가로 7cm, 세로 10cm의 탈지면을 손바닥 위에 올려 돌돌 말아 준다.

POINT

탈지면 10cm 면에 총 4개의 스케일링 면봉을 만든다.

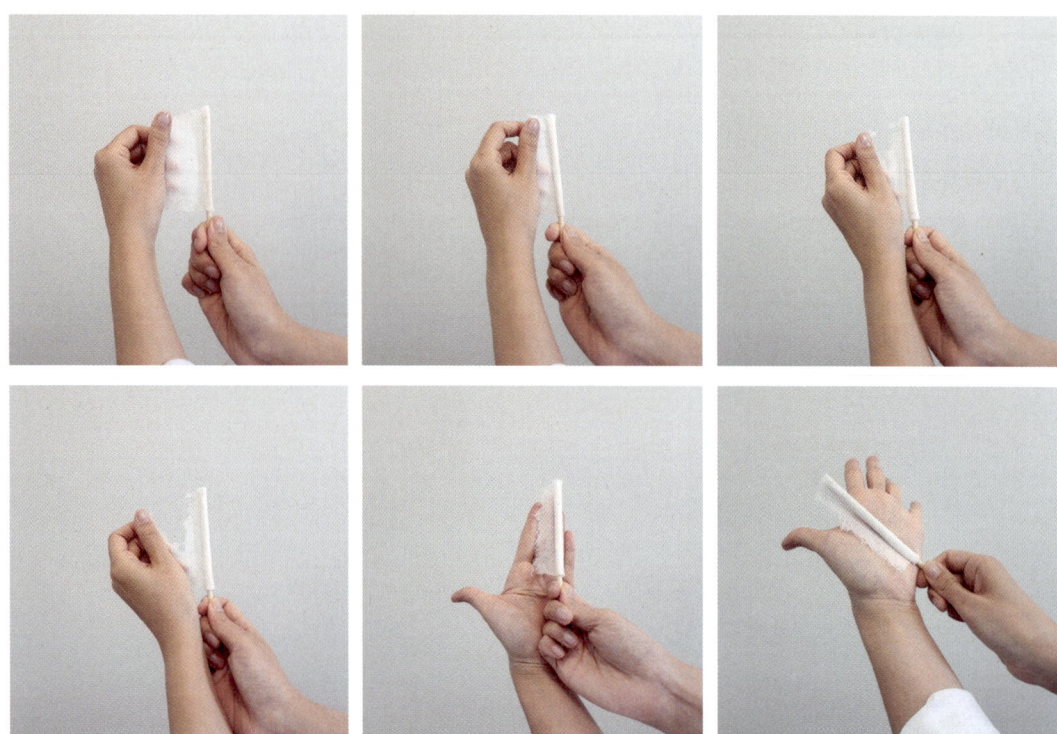

돌돌 만 탈지면 끝부분을 찢어서 우드스틱에 빠지지 않도록 텐션 있게 감아 준다.

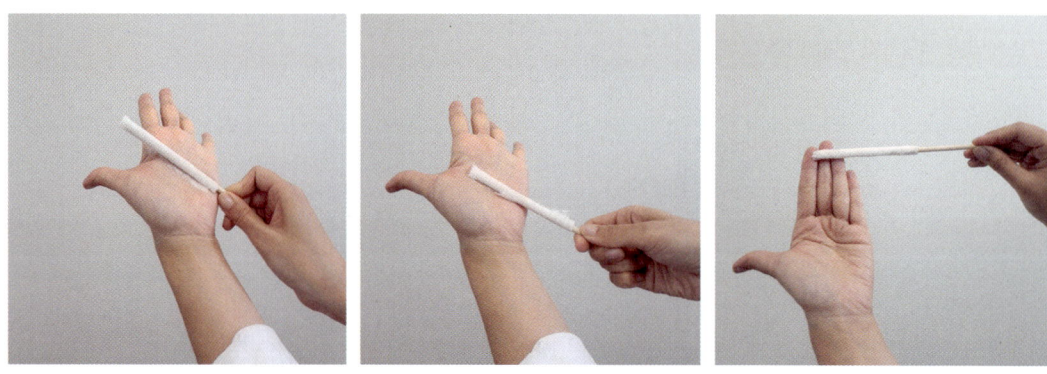

같은 방법으로 총 4개를 만들어 준비한다.

POINT

텐션 없이 돌돌 감을 경우 스케일링을 할 때 우드스틱에서 탈지면이 빠질 수 있으므로 숙련될 수 있게 사전에 충분히 연습한다.

❸ 두피 브러싱

반드시 오른쪽을 기준으로 하여 두상의 방사선 모양으로 C.P → E.P → N.P 순으로 G.P를 향해 모발을 모으며 왼쪽까지 브러싱 한다.

POINT

두부 포인트

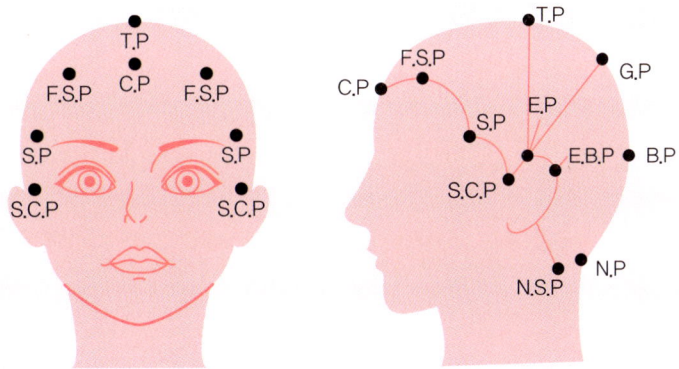

POINT

브러시의 빗살 부분이 모발이 아닌 두피에 닿도록 하여 두상의 G.P 부분까지 방사선 모양으로 골고루 브러싱 한다. 이는 두피의 혈액순환을 돕는다.

❹ 블로킹(4등분)

4등분 블로킹을 C.P 기준 한쪽 방향으로 나눠 핀셋으로 고정한다.

POINT

- 4등분 블로킹 시 모발을 돌돌 감지 않고 깔끔히 빗질하여 아래에서 위로 고정한다. 이는 핀셋을 고정할 때 모발이 흘러내리지 않게 하기 위함이다.
- 블로킹은 마지막 핀셋을 고정한 부분부터 시작한다(반대쪽부터 시작해도 무방하다).

❺ 두피 스케일링제 도포

스케일링제 용액이 모델의 얼굴에 흐르지 않도록 적당량을 사용해 라인 전체를 가볍게 터치한다.

POINT

스케일링제 용액이 모델의 얼굴이 흐르지 않도록 사용량을 적당하게 조절하여 도포하여야 한다.

1cm 간격을 유지하며 상단에서 하단으로 3~4번, 좌우로 왔다 갔다 하며 스케일링을 한다.

한 파팅에 사용한 우드스틱은 위생봉지에 버린다.

POINT

한 블록당 사용한 우드스틱은 준비한 위생봉지에 버리고, 다른 블록은 새것으로 도포하여야 한다.

네 번째 단까지 쭉 같은 방법으로 스케일링제를 도포한다.

> **POINT**
> - 두피 스케일링제 도포 시 약 1~1.5cm가 넘지 않도록 주의한다.
> - 두피 스케일링이 끝나면 모발을 정돈하여 샴푸를 할 준비를 한다.

2. 샴푸 및 린스

❶ 백 샴푸

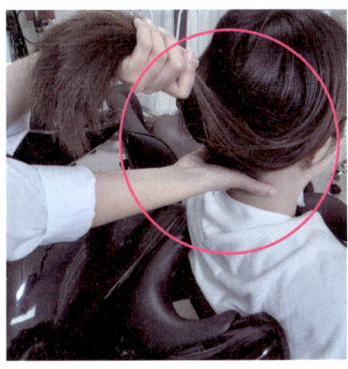  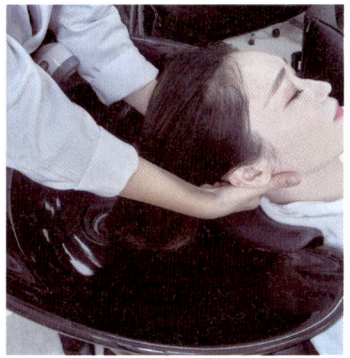

샴푸를 시작하기 위해 모델의 목덜미를 받치고 다른 한 손으로 페이스 라인을 터치해 샴푸대에 모델을 눕힌다.

POINT
- 모델을 샴푸대에 눕힐 때 반드시 모델의 뒤에서 진행해야 한다.
- 모델이 샴푸대의 편한 위치를 찾아 누울 수 있도록 사전에 모델과 함께 이 과정을 많이 연습하는 것을 추천한다.

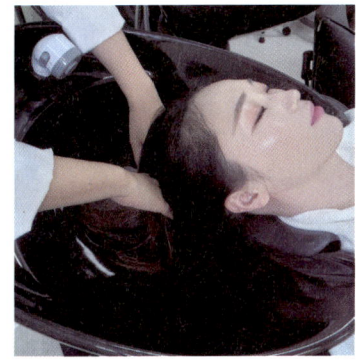 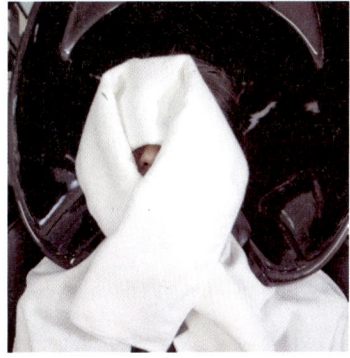 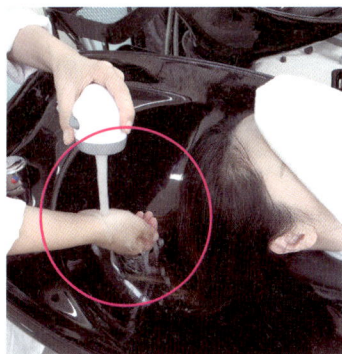

| 모델을 눕힌 후 네이프 부분 모발이 끼지 않도록 정돈한다. | 페이스 타월로 모델의 얼굴을 가려 준다. | 물 온도가 적당한지 손목으로 체크한다. |

POINT

페이스 타월로 모델의 얼굴을 가릴 시 코 부분을 제외하고 모두 가린다.

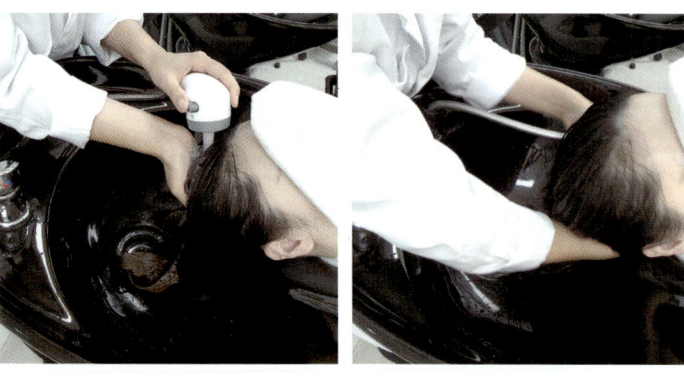

모델의 얼굴과 옷이 젖지 않도록 주의하며 두피를 충분히 적셔 준다.

> **POINT**
>
> 헤어 라인, 귀 부분에 물을 적실 때에는 귀에 물이 들어가지 않도록 손을 두피에 밀착해서 막는다.

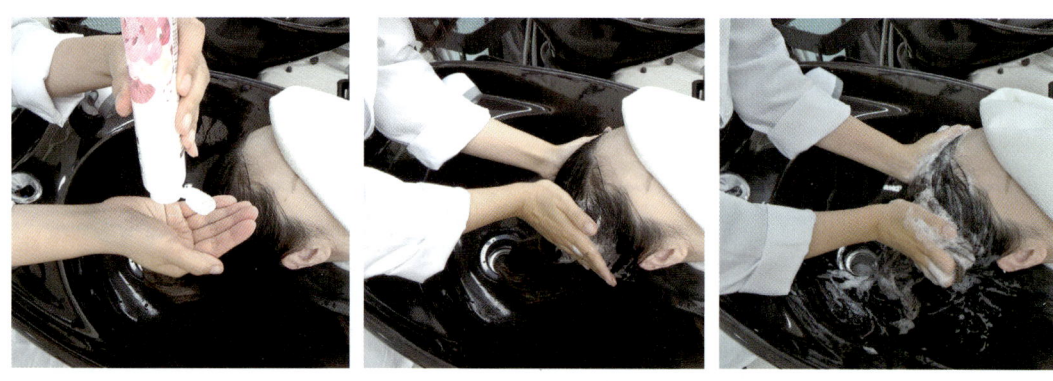

손바닥에 샴푸 적당량을 덜어 준 후 양손에 적정하게 나눠 두피에 거품을 낸다. 거품을 낼 때는 안 묻은 부분이 없도록 충분히 풍성하게 낸다.

> **POINT**
>
> 물을 두피에 충분히 적셔서 거품이 잘 나오도록 작업해야 한다. 이때 구레나룻, 네이프 부분에 거품이 묻었는지 확인해 주어야 한다.

❷ **백 샴푸 테크닉**(굴려주기, 지그재그, 양손교차, 튕기기 X 2번)

POINT

테크닉

  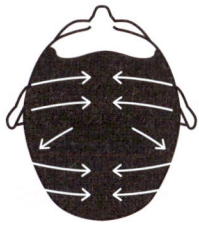 

굴려주기　　　지그재그　　　양손교차　　　튕기기

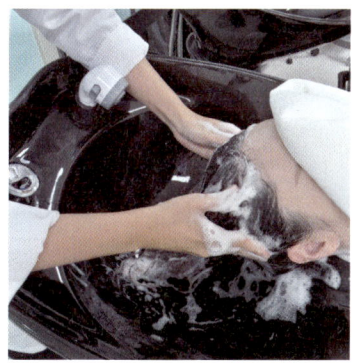

양손 엄지손가락 지문을 이용해 G.P를 향해 방사선 모양으로 테크닉을 시작한다.

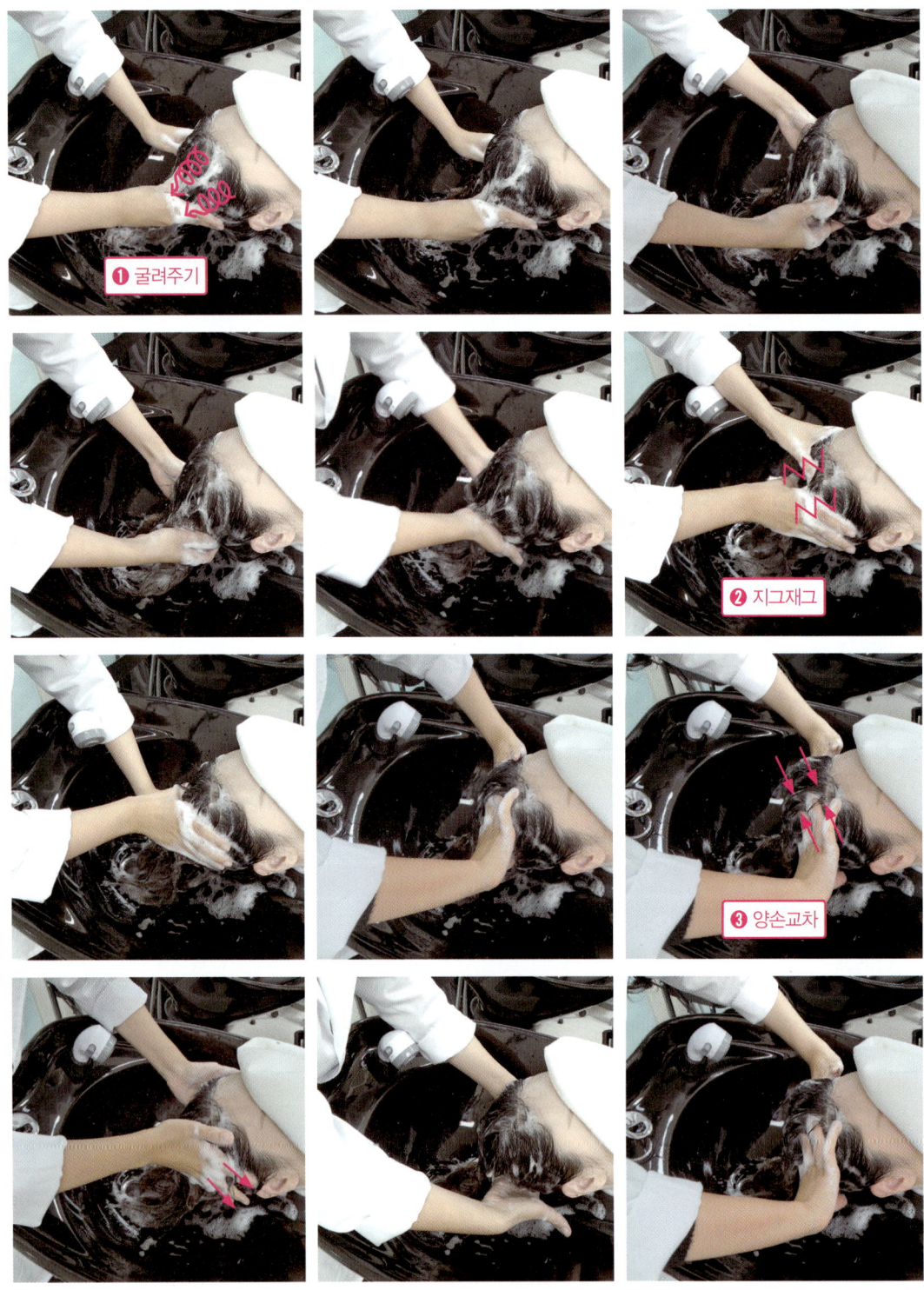

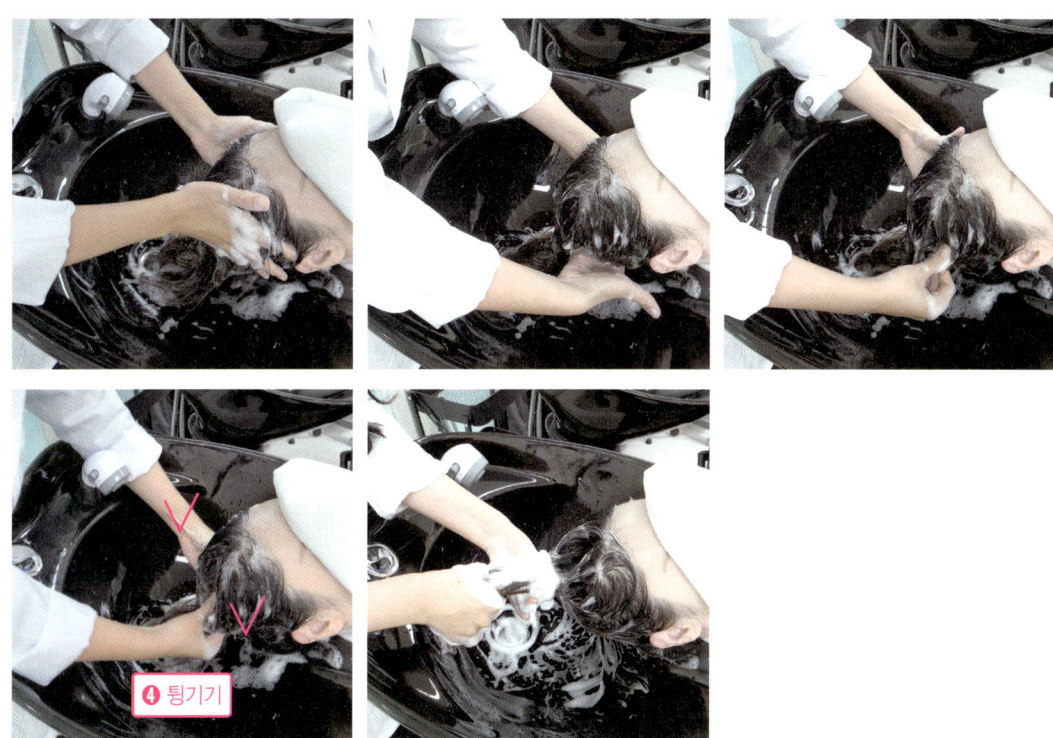

굴려주기, 지그재그, 양손교차, 튕기기를 순서에 상관없이 2번 한다.

POINT

테크닉 4종은 순서와 상관없이 골고루 2번씩 작업한다.

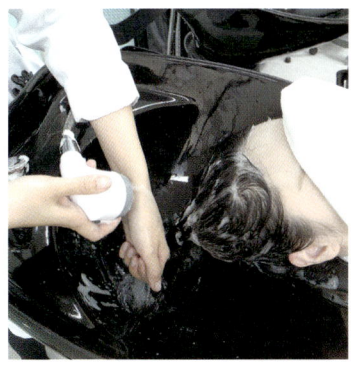

거품을 쭉 짜서 흘려버리고 손에 있는
거품 먼저 깨끗이 씻는다.

POINT

샴푸 거품이 수험생의 손과 샴푸도기 등에 남아 있지 않도록 깨끗이 흘려보낸다.

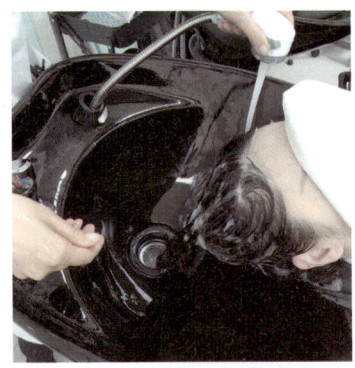 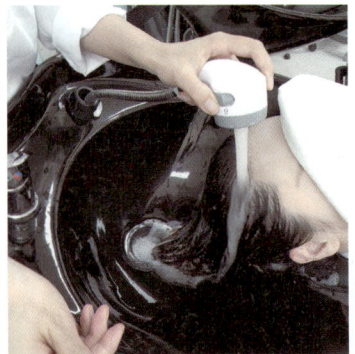 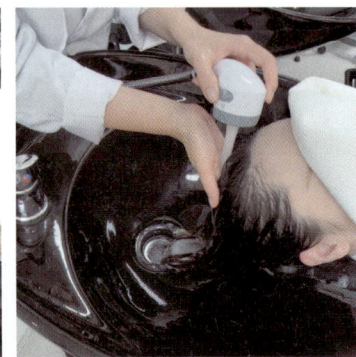
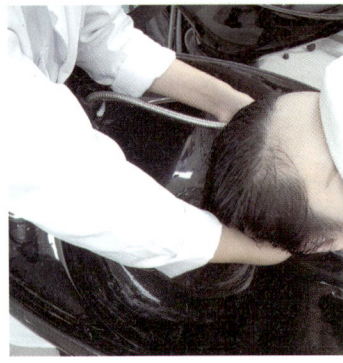

샴푸도기에 있는 거품을 흘려버리고 모델의 모발과 두피에 샴푸제가 남아 있지 않도록 거품을 깨끗이 헹궈 준다.

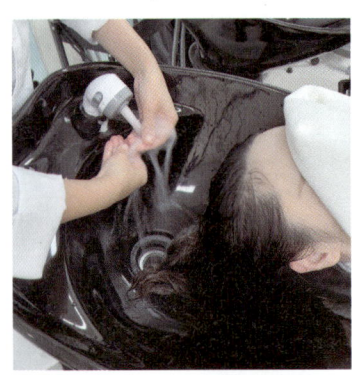 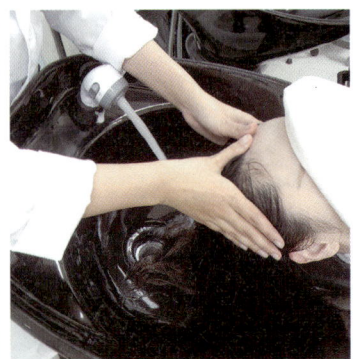 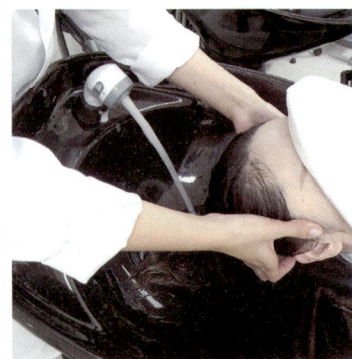
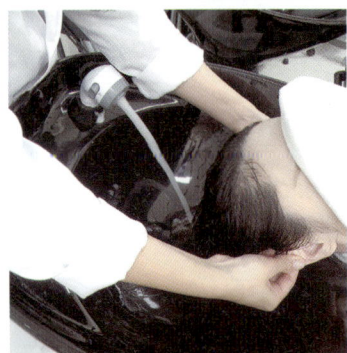

잔여 거품이 남지 않도록 모델의 이마 → 귀 → 목덜미를 깨끗이 닦아 준다.

❸ 린 스

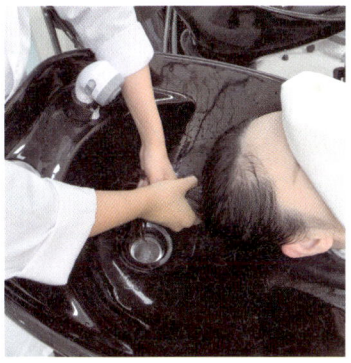 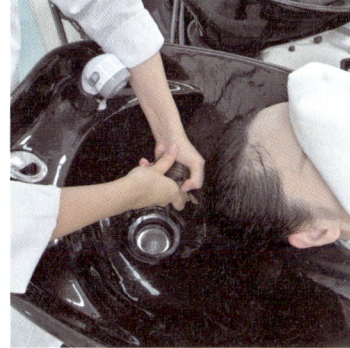 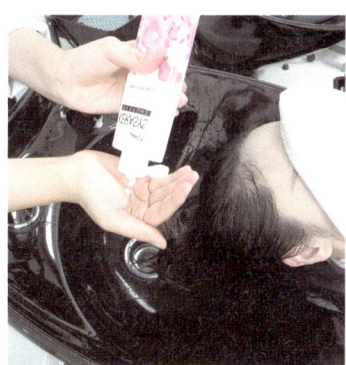

손으로 물기를 쭉 짜서 제거 후 손에 린스 적당량을 덜어 준다.

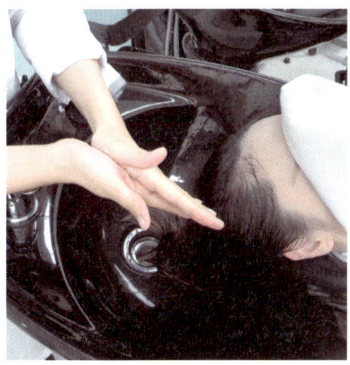 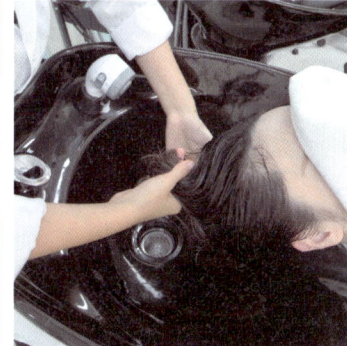 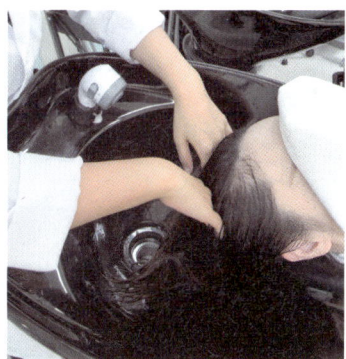

린스를 모발 끝부분에 먼저 도포 후 린스 소량이 남은 손을 갈고리 모양으로 하여 전체 모발을 빗질하듯 아래로 쓸어 준다.

POINT

린스는 테크닉을 하지 않아도 무방하다.

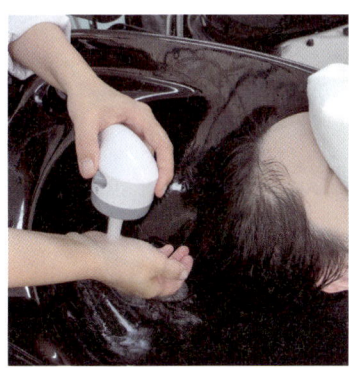 

물을 틀어 수험생의 손에 있는 린스를 먼저 헹구고 손목으로 물 온도 체크 후 모델의 두피와 모발을 깨끗이 헹군다.

3. 드라이

❶ 타월 드라이

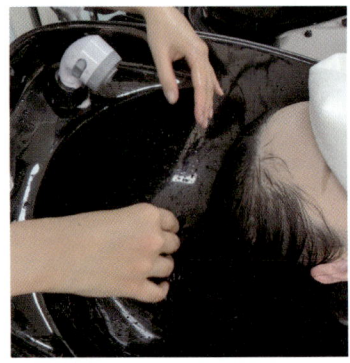

모발의 물기를 쭉 짜준다.

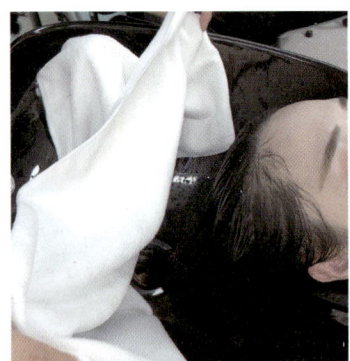 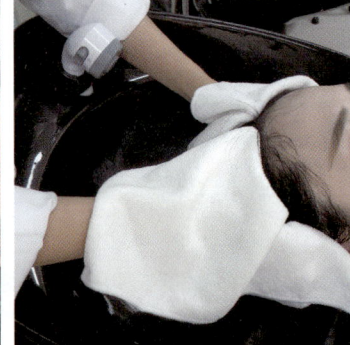 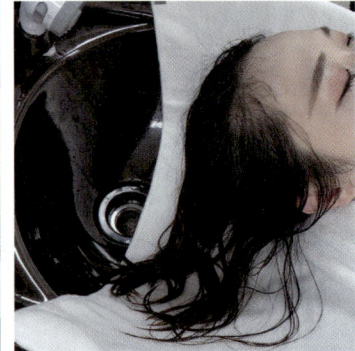

페이스 타월을 이용하여 이마 라인 → 귀 → 네이프 순으로 닦아 낸다.

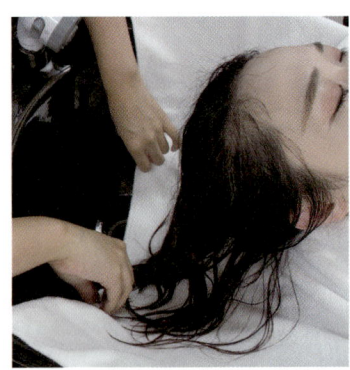 

오른손을 이용해 타월로 모델의 뒤통수를 받친 후, 타월의 양쪽 끝부분을 샴푸도기에 균형 있고 깔끔하게 펼쳐 준다.

❷ **모발 타월 쌓기**

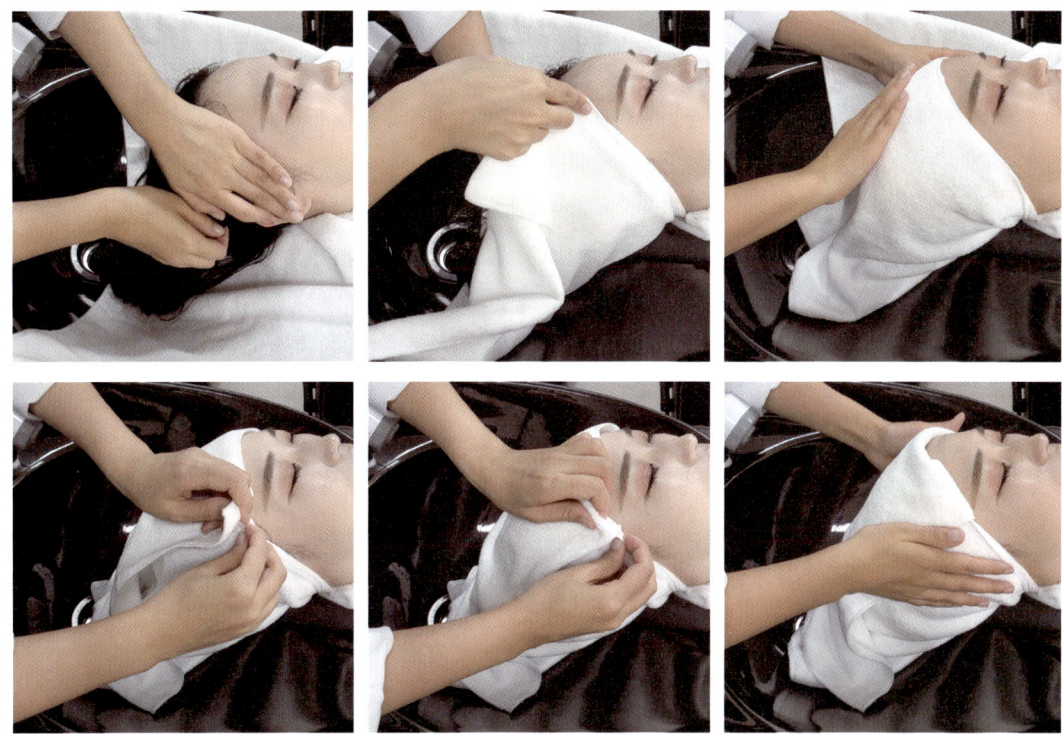

모델의 왼쪽 관자놀이에 수건을 감싼 후, 반대편도 동일하게 감싸 끝부분을 말아 넣어 고정해 준다.

POINT

타월 네이프 쪽에 모발이 끼지 않도록 잘 정돈하여 타월 처리를 한다.

4. 마무리

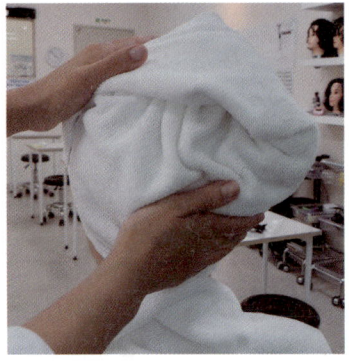

타월 만두 쌓기 후 모델을 일으키고 샴푸도기와 머리카락망 청소를 시작한다.

POINT

모델을 일으킨 후 모델의 무릎, 어깨 수건을 깔끔히 정돈 후 뒷정리를 한다.

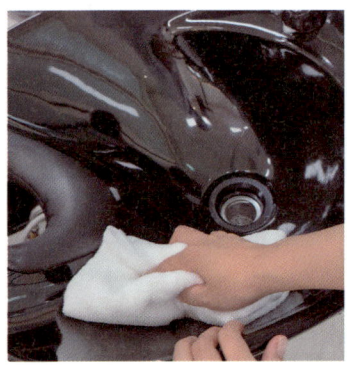  

사용했던 페이스 타월을 바구니에서 다시 꺼내 샴푸도기를 물기 없이 깨끗이 닦는다. 사용했던 우드스틱으로는 머리카락망을 청소한다.

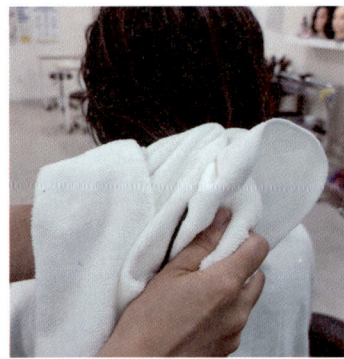 

모델의 만두 쌓은 수건을 제거해 깔끔하게 접어 바구니에 넣고 도끼빗을 활용하여 올백으로 모발을 빗질한다.

POINT

모발 빗질 시 긴 머리일수록 아래에서부터 위로 올라가며 빗질해야 모발이 엉키지 않는다.

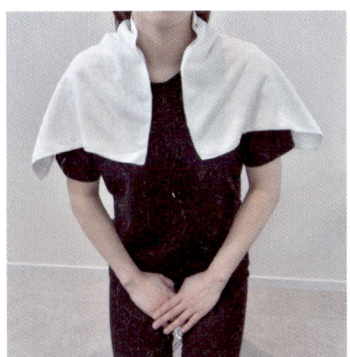

모델의 무릎, 어깨(앞) 수건을 제거해 깔끔하게 접어 바구니에 넣고 준비물 함을 깨끗하게 정리한다.

POINT

작업이 끝나면 심사위원의 지시에 따라 이동한다.

PART 2
헤어 커트

CHAPTER 01 스파니엘 커트

CHAPTER 02 이사도라 커트

CHAPTER 03 그래쥬에이션 커트

CHAPTER 04 레이어드 커트

CHAPTER 05 재커트

CHAPTER 01 스파니엘 커트

도면

01 알아 두기

1. 요구사항

▶ 전체적인 순서는 도구 및 재료 준비 → 블로킹 → 헤어 커트 → 마무리 등의 순으로 작업하시오.

❶ **시간** : 30분(마무리까지 포함한 시간이 30분이므로, 그 안에 정리까지 마쳐야 합니다.)

❷ **배점** : 20점(준비 상태, 블로킹 및 섹션, 빗질 및 시술 각도, 가위 테크닉, 커트의 완성도, 정리 및 마무리까지 채점 영역에 포함됩니다.)

2. 도구 및 재료 준비

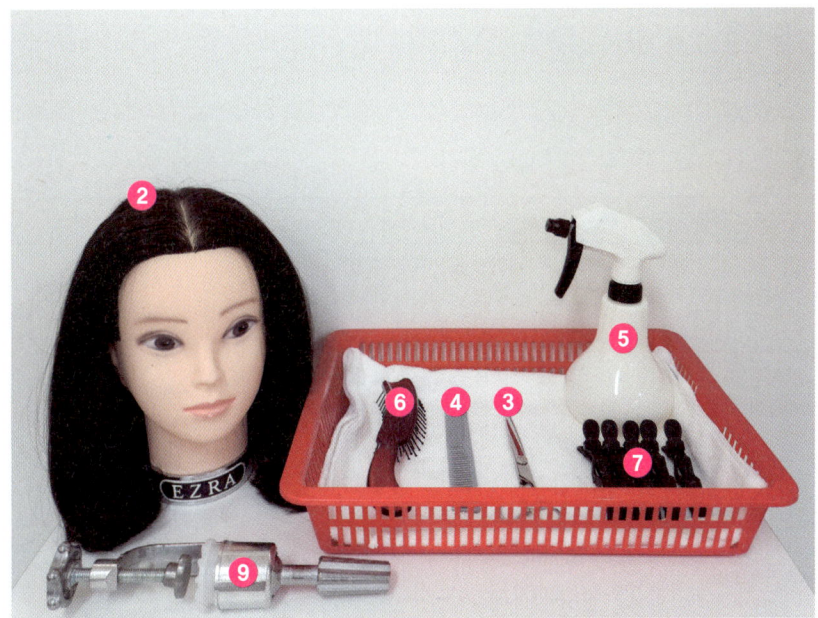

※ 위 이미지에 수건, 위생봉지는 나와 있지 않지만, 지참해야 합니다.

❶ 수건(2장 : 바구니 세팅용, 모발 닦을 수건)   ❷ 마네킹

❸ 커트 가위   ❹ 커트빗(1개 이상)

❺ 분무기   ❻ S브러시

❼ 핀셋(4개 이상)   ❽ 위생봉지

❾ 홀 더

02 시술 개요

1. 수험자 유의사항

① 블로킹은 반드시 4~5등분(헤어 커트 스타일에 따라 구분) 하고 블로킹 부위에 따라 시술 순서를 정확히 지켜야 합니다.

② 바른 자세로 시술하여야 하며, 요구 작품 내용별 기본기법 및 작업 순서를 정확히 지켜야 합니다. 도구 사용의 기법상 한 번 커트한 모발에 재차 커트하는 것은 허용되나, 요구된 각도와 단차가 없거나 조화가 잘 맞지 아니하여 재커트하는 경우에는 감점됩니다.

③ 원랭스 커트일 경우에는 형태(외각)선의 흐름, 각도에 따른 단차 등이 정확하여야 합니다.

④ 시험시간 종료 후 가위질이나 빗질 등을 하면서 작품 및 도구를 만져서는 안 됩니다.

⑤ 채점이 종료된 후 시험위원의 지시에 따라 다음 시술 준비를 해야 합니다.

2. 세부 요구사항

	헤어 커트의 종류	세부 요구 작업 내용	비 고
1	스파니엘 커트	가이드라인은 네이프 포인트에서 10~11cm로 하고, 앞뒤의 수평상 단차는 4~5cm로 하시오.	• 다음 과제에 지장이 없도록 작업하시오. • 블로킹 4등분
2	이사도라 커트	가이드라인은 네이프 포인트에서 10~11cm로 하고, 앞뒤의 수평상 단차는 4~5cm로 하시오.	• 다음 과제에 지장이 없도록 작업하시오. • 블로킹 4등분
3	그래쥬에이션 커트	가이드라인은 네이프 포인트에서 10~11cm로 하시오.	• 다음 과제에 지장이 없도록 작업하시오. • 블로킹 5등분
4	레이어드 커트	유니폼 레이어드 커트로 하고 가이드라인은 네이프 포인트에서 12~14cm로 하시오.	• 다음 과제에 지장이 없도록 작업하시오. • 블로킹 5등분

3. 준비 요령

❶ 시험위원의 지시에 따라 작업에 편리하도록 마네킹을 홀더에 고정시킵니다.

❷ 마네킹의 모발에 물을 적당히 분무하여 곱게 빗질한 다음 시험 시작과 함께 작업을 시작합니다(건조한 모발 상태로 작업한 경우 감점됩니다).

4. 특징

내용	가위와 커트빗을 사용하여 시험 규정에 맞게 스파니엘 스타일을 작업하시오.
블로킹	4등분
형태선	사선(전대각) A 라인
파팅	1~2cm 간격
단차	앞뒤의 수평상 단차 4~5cm
빗질 방향 및 각도	섹션과 평행 자연시술각 0°
가이드라인	네이프 포인트에서 10~11cm
완성 상태	전대각 쪽으로 길어지는 스타일
마무리	센터 파트 후 콤아웃(안마름 빗질)

03 시술하기

1. 4등분 블로킹

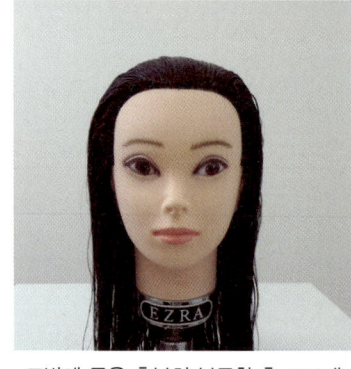
모발에 물을 충분히 분무한 후 고르게 전체 빗질을 한다.

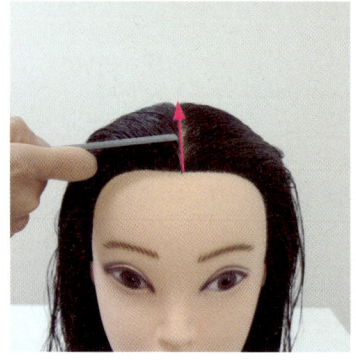
C.P에서 T.P까지 정중선으로 나눈다 (p.7 두부 포인트 참고).

POINT
슬라이스를 나눌 때는 얼레살로 나누고 고운살로 빗질한다.

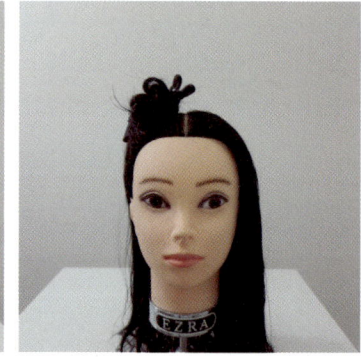
오른쪽 사이드부터 T.P에서 E.B.P까지 모발을 나누어 정돈 후 돌돌 말아 핀셋으로 고정한다.

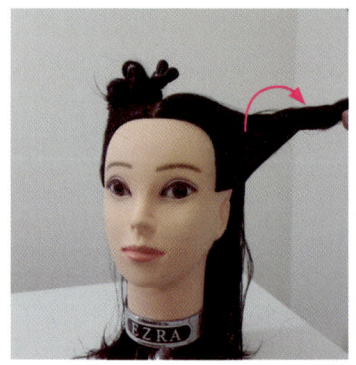

왼쪽도 오른쪽과 동일한 방법으로 핀셋으로 고정한다.

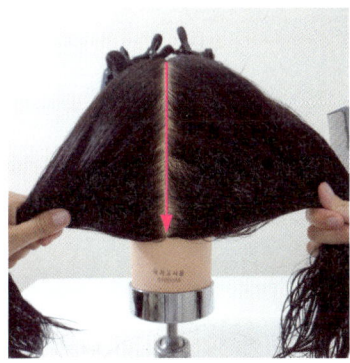

백(뒤) 모발은 T.P 센터 기준으로 정중앙을 나눠 네이프까지 내려 좌우 대칭을 확인한다.

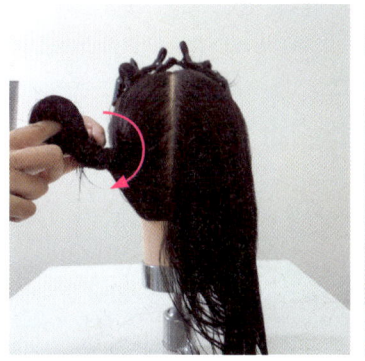  

왼쪽 먼저 고르게 빗질 후 돌돌 말아 핀셋으로 고정한다.

오른쪽도 왼쪽과 동일하게 핀셋으로 고정한다.

4등분 블로킹을 마친 후 양쪽의 크기와 형태 및 대칭이 맞는지 확인한다.

2. 백(뒤) 커트

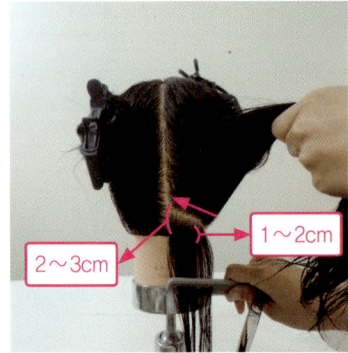  

네이프 첫 번째 단을 오른쪽 1~2cm 지점에서 왼쪽 2~3cm 지점까지 얼레살을 이용하여 대각선으로 슬라이스 한다. 이후 빗질하여 핀셋으로 돌돌 말아 고정한다.	왼쪽도 오른쪽과 동일하게 모발을 대각선으로 나눈 후 양쪽 형태가 비대칭으로 보이지 않도록 확인 후 빗질한다.	가이드라인으로 모발의 가운데 부분을 네이프 포인트에서 약 10~11cm 잡는다.

POINT

사선(전대각)으로 완만하게 사선 슬라이스를 탄다(가이드라인은 10~11cm).

오른쪽 모발부터 A 라인 슬라이스 선에 고운살을 대고 빗어 내려 가이드라인 길이에 맞춰 커트한다. 이때 앞쪽으로 길어지도록, 사선(전대각) 모양으로 커트해야 한다.

POINT

슬라이스 선, 모발을 잡은 손가락, 빗이 평행이 되도록 빗질한다.

왼쪽 모발도 마찬가지로 A 라인 슬라이스 선에 고운살을 대고 빗어 내려 가이드 라인 길이에 맞춰 커트한다. 이때 앞쪽으로 길어지도록, 사선(전대각) 모양으로 커트해야 한다.

양쪽 모발을 그대로 내려 기장이 동일한지 확인한다.

첫 번째 단 기준으로 두 번째 단을 1.5~2cm 섹션 나눠서 핀셋으로 고정한다(왼쪽도 마찬가지).

센터를 기준으로 나누고 오른쪽 모발 먼저 왼손 검지와 중지로 잡아 준다. 이후 첫 번째 단의 커트된 모발 기준으로 가이드 라인을 확인하여 0°로 사선 커트한다.

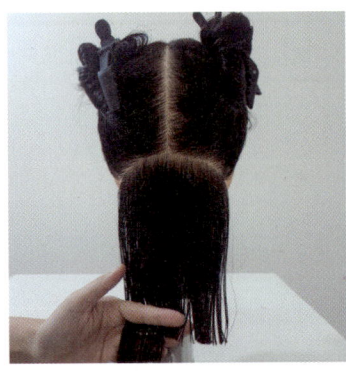

왼쪽도 오른쪽과 같은 방법으로 0° 사선 커트한다.

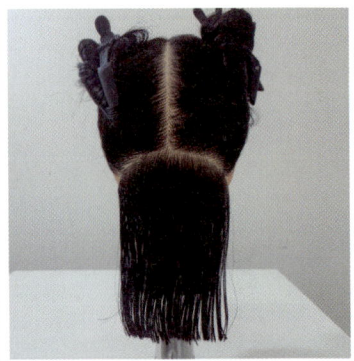

두 번째 단 커트를 완성한 모습

2cm씩 완만한 사선

세 번째 단도 두 번째 단의 섹션과 같은 간격으로 나눠 핀셋으로 고정한다.

센터를 기준으로 양쪽으로 나누고 오른쪽 모발 먼저 왼손 검지, 중지로 잡아 준다.

POINT

두 번째 단도 첫 번째 단과 마찬가지로 사선(전대각)으로 각도 들지 않고 커트한다.

0° 슬라이스와 평행이 되게 고운살로 빗질하여 커트한다.

왼쪽도 오른쪽과 동일하게 커트한다.

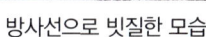

마지막 단의 경우 모든 모발을 내려서 충분히 분무한다. 이후 두상 형태에 따라 고운살을 이용해 방사선으로 빗질한다.

방사선으로 빗질한 모습

 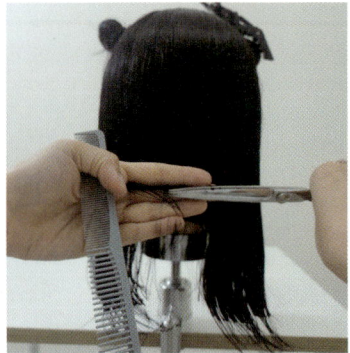 

정중선 기준 오른쪽 → 왼쪽 순으로 아래 단 가이드라인에 맞춰서 커트한다.

 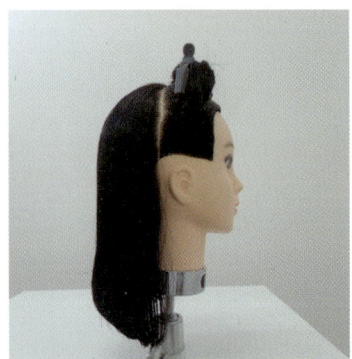

백(뒤) 커트를 완성한 모습

3. 오른쪽 사이드 커트

오른쪽 사이드 첫 번째 단은 섹션 S.C.P 1.5cm 지점에서 E.B.P 2~3cm 지점까지 연결하여 사선(전대각)으로 슬라이스를 나눈다(p.7 두부 포인트 참고).

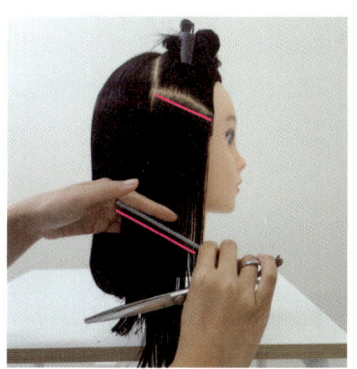

4~5cm 단차

슬라이스 선과 평행이 되도록 고운살로 고르게 빗질한다. 이후 0° 내려 후두부 1cm 가이드라인 기장을 가져온 뒤 사선으로 연결하여 커트한다.

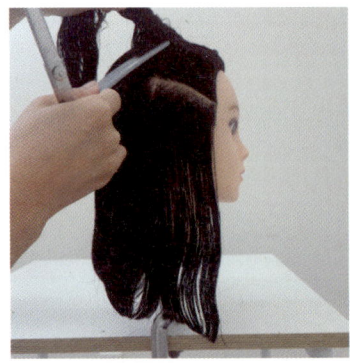  

두 번째 단도 동일하게 슬라이스를 내려 첫 번째 단에서 설정한 가이드라인 길이에 맞춰 사선(전대각)으로 빗질하고 자연시술각 0°로 커트한다.

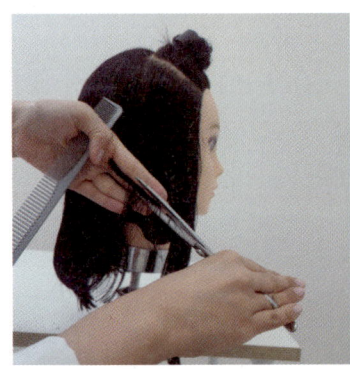 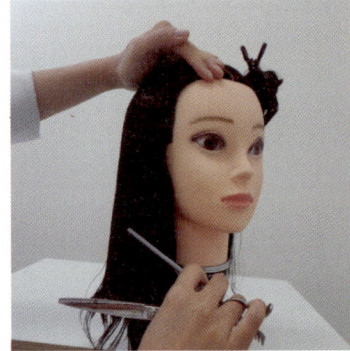 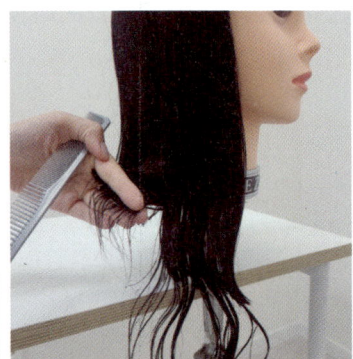

세 번째 단도 동일하게 슬라이스를 내려 사선(전대각) 라인으로 가이드라인 길이에 맞춰 커트한다.

POINT

모발이 얼굴 쪽으로 쏟아지지 않도록 페이스 라인을 따라 빗질하여 정돈하며 커트한다.

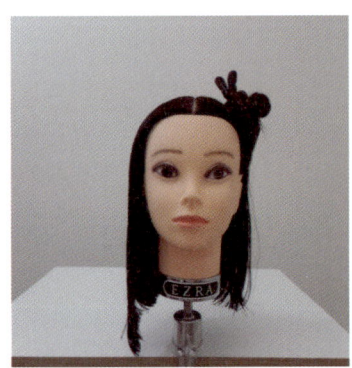

오른쪽 사이드 커트를 완성한 모습

4. 왼쪽 사이드 커트

왼쪽 사이드도 오른쪽 사이드와 동일한 방법을 적용한다.

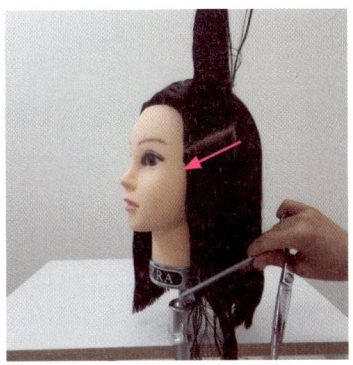

첫 번째 단 섹션을 나누고 핀셋으로 고정한다.

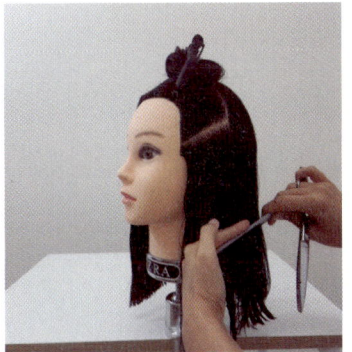

슬라이스 선과 평행이 되도록 고운살로 고르게 빗질한다. 이후 모발은 왼손 검지, 중지로 잡아 오른쪽과 대칭이 맞도록 커트한다.

첫 번째 단을 완성한 모습

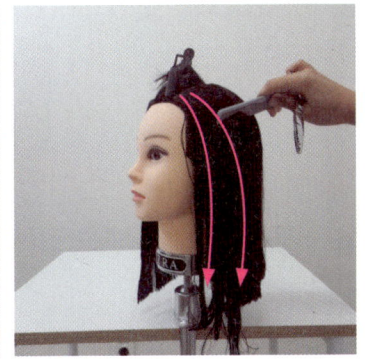

모발이 얼굴 쪽으로 쏟아지지 않도록 T.O.P까지 빗질하여 사선(전대각)으로 길어지게 커트한다.

5. 마무리

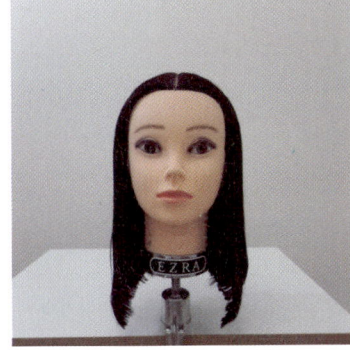

커트가 끝나고 모발에 분무 후 고운살을 이용해 방사선으로 잘 빗질한다. 스파니엘 형태로 콤아웃을 넣어 마무리한다.

CHAPTER 02 이사도라 커트

도면

01 알아 두기

1. 요구사항

▶ 전체적인 순서는 도구 및 재료 준비 → 블로킹 → 헤어 커트 → 마무리 등의 순으로 작업하시오.

❶ **시간** : 30분(마무리까지 포함한 시간이 30분이므로, 그 안에 정리까지 마쳐야 합니다.)

❷ **배점** : 20점(준비 상태, 블로킹 및 섹션, 빗질 및 시술 각도, 가위 테크닉, 커트의 완성도, 정리 및 마무리까지 채점 영역에 포함됩니다.)

2. 도구 및 재료 준비

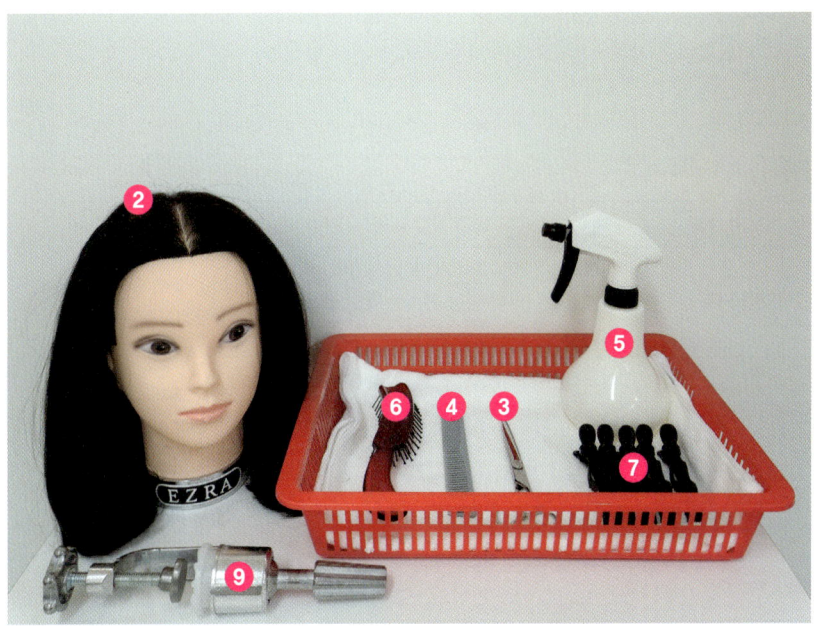

※ 위 이미지에 수건, 위생봉지는 나와 있지 않지만, 지참해야 합니다.

❶ 수건(2장 : 바구니 세팅용, 모발 닦을 수건)　　❷ 마네킹

❸ 커트 가위　　❹ 커트빗(1개 이상)

❺ 분무기　　❻ S브러시

❼ 핀셋(4개 이상)　　❽ 위생봉지

❾ 홀 더

02 시술 개요

1. 수험자 유의사항

① 블로킹은 반드시 4~5등분(헤어 커트 스타일에 따라 구분) 하고 블로킹 부위에 따라 시술 순서를 정확히 지켜야 합니다.

② 바른 자세로 시술하여야 하며, 요구 작품 내용별 기본기법 및 작업 순서를 정확히 지켜야 합니다. 도구 사용의 기법상 한 번 커트한 모발에 재차 커트하는 것은 허용되나, 요구된 각도와 단차가 없거나 조화가 잘 맞지 아니하여 재커트하는 경우에는 감점됩니다.

③ 원랭스 커트일 경우에는 형태(외각)선의 흐름, 각도에 따른 단차 등이 정확하여야 합니다.

④ 시험시간 종료 후 가위질이나 빗질 등을 하면서 작품 및 도구를 만져서는 안 됩니다.

⑤ 채점이 종료된 후 시험위원의 지시에 따라 다음 시술 준비를 해야 합니다.

2. 세부 요구사항

	헤어 커트의 종류	세부 요구 작업 내용	비 고
1	스파니엘 커트	가이드라인은 네이프 포인트에서 10~11cm로 하고, 앞뒤의 수평상 단차는 4~5cm로 하시오.	• 다음 과제에 지장이 없도록 작업하시오. • 블로킹 4등분
2	이사도라 커트	가이드라인은 네이프 포인트에서 10~11cm로 하고, 앞뒤의 수평상 단차는 4~5cm로 하시오.	• 다음 과제에 지장이 없도록 작업하시오. • 블로킹 4등분
3	그래쥬에이션 커트	가이드라인은 네이프 포인트에서 10~11cm로 하시오.	• 다음 과제에 지장이 없도록 작업하시오. • 블로킹 5등분
4	레이어드 커트	유니폼 레이어드 커트로 하고 가이드라인은 네이프 포인트에서 12~14cm로 하시오.	• 다음 과제에 지장이 없도록 작업하시오. • 블로킹 5등분

3. 준비 요령

❶ 시험위원의 지시에 따라 작업에 편리하도록 마네킹을 홀더에 고정시킵니다.

❷ 마네킹의 모발에 물을 적당히 분무하여 곱게 빗질한 다음 시험 시작과 함께 작업을 시작합니다(건조한 모발 상태로 작업한 경우 감점됩니다).

4. 특 징

내 용	가위와 커트빗을 사용하여 시험 규정에 맞게 이사도라 스타일을 작업하시오.
블로킹	4등분
형태선	사선(후대각) V 라인
파 팅	1~2cm 간격
단 차	앞뒤의 수평상 단차 4~5cm
빗질 방향 및 각도	섹션과 평행 자연시술각 0°
가이드라인	네이프 포인트에서 10~11cm
완성 상태	후대각 쪽으로 짧아지는 스타일
마무리	센터 파트 후 콤아웃(안마름 빗질)

03 **시술하기**

1. 4등분 블로킹

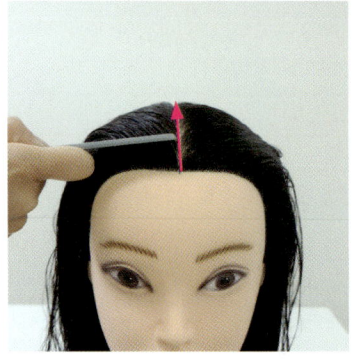

모발에 물을 충분히 분무한 후 고르게 전체 빗질을 한다. | C.P에서 T.P까지 정중선으로 나눈다 (p.7 두부 포인트 참고).

POINT
슬라이스를 나눌 때는 얼레살로 나누고 고운살로 빗질한다.

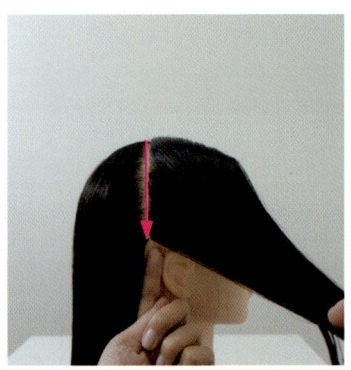

오른쪽 사이드부터 T.P에서 E.B.P까지 모발을 나누어 정돈 후 돌돌 말아 핀셋으로 고정한다.

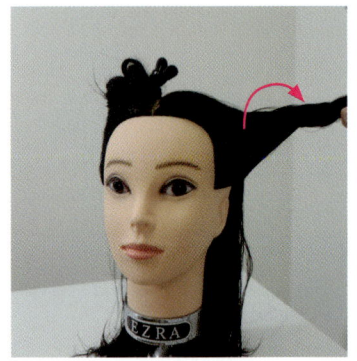

왼쪽도 오른쪽과 동일한 방법으로 핀셋으로 고정한다.

백(뒤) 모발은 T.P 센터 기준으로 정중앙을 나눠 네이프까지 내려 좌우 대칭을 확인한다.

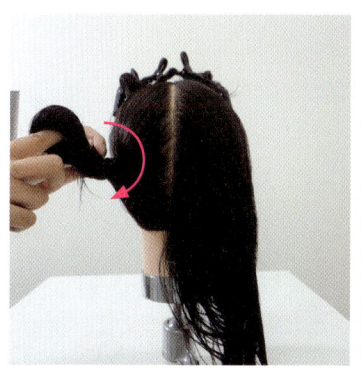

왼쪽 먼저 고르게 빗질 후 돌돌 말아 핀셋으로 고정한다.

오른쪽도 왼쪽과 동일하게 핀셋으로 고정한다.

4등분 블로킹을 마친 후 양쪽 크기와 형태 및 대칭이 맞는지 확인한다.

2. 백(뒤) 커트

 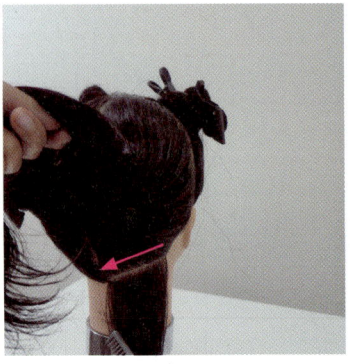 

오른쪽 첫 번째 단을 N.P에서 1cm, N.S.P에서는 약 2cm로 (얼굴 쪽이 올라가도록) 사선(후대각) 슬라이스 하여 빗질 후 핀셋으로 고정한다. | 왼쪽도 동일하게 핀셋으로 고정한다.

> **POINT**
> 핀셋이 흐르지 않도록 반듯하게 고정한다.

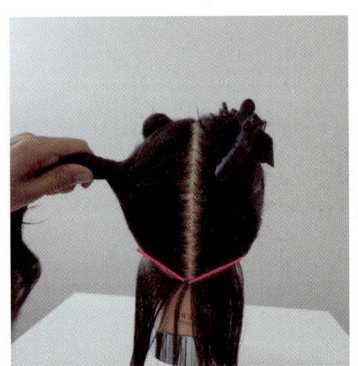 

왼쪽 모발을 핀셋으로 고정 후 고르게 빗질한다. | 가이드라인으로 모발의 가운데 부분을 네이프 포인트에서 약 10~11cm 잡는다. 이후 자연시술각 0°로 커트한다.

> **POINT**
> 첫 번째 단 양쪽 대칭이 잘 맞는지 체크하며 정확하게 커트한다.

가운데 가이드라인을 오른쪽으로 1cm 가져와 슬라이스 선과 사선으로 평행이 되게 고운살로 빗질하여 0° 사선(후대각)으로 커트한다.

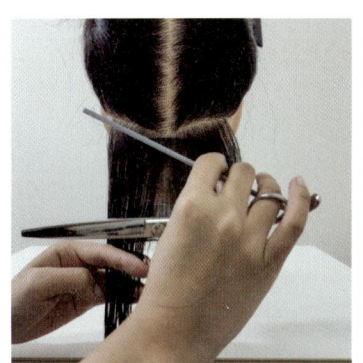  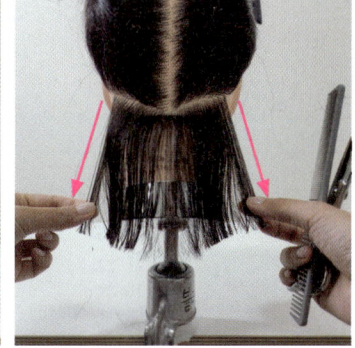

가운데 가이드라인을 기준으로 왼쪽도 동일하게 커트한다. 양쪽 길이가 맞는지 체크한다.

두 번째 파팅도 반드시 얼레살로 모근에서부터 1~2cm 사선(후대각)으로 나눠 빗질한다.

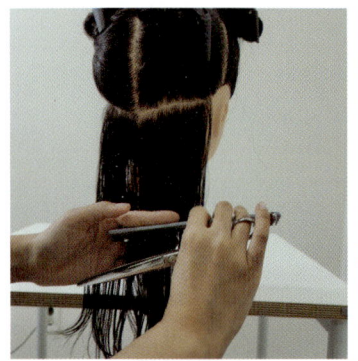  

오른쪽 모발을 왼손 검지와 중지로 잡아 준 후 중앙의 가이드라인과 첫 번째 단에 맞춰 0°로 사선 커트한다.

POINT

사선(후대각) 슬라이스에 빗을 대어 손가락과 평행이 되게 빗질 후 커트한다.

 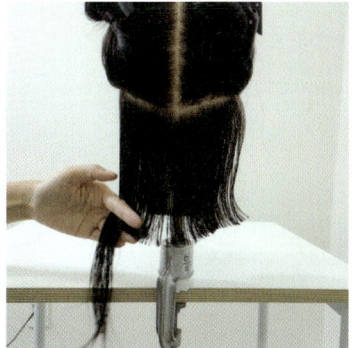 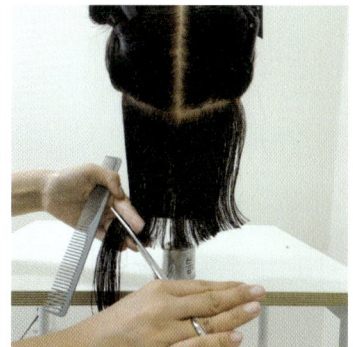

왼쪽도 같은 방법으로 동일하게 사선 커트한다.

양쪽 길이가 대칭인지 체크하며 커트한다.

같은 방법으로 나머지 (백) 모발도 1~2cm 간격으로 사선(후대각) 슬라이스 하면서 0°로 커트를 완성한다.

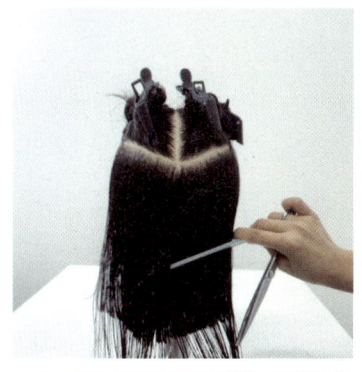  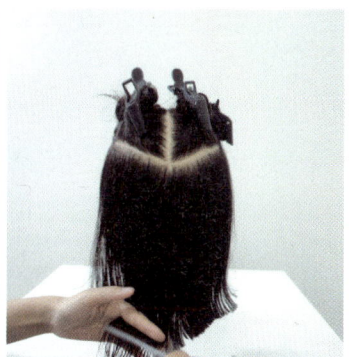
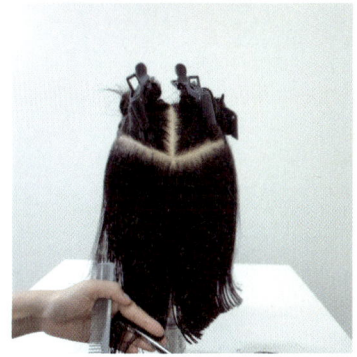

백(뒤) 중앙을 넘은 후부터는 모발 양이 많아지므로 모발을 나눠 정확히 커트한다.

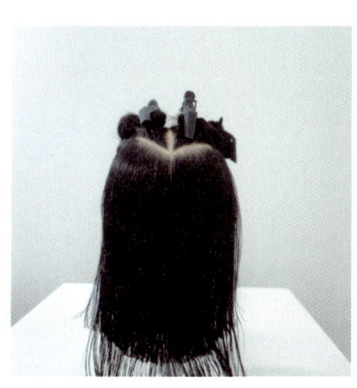  
  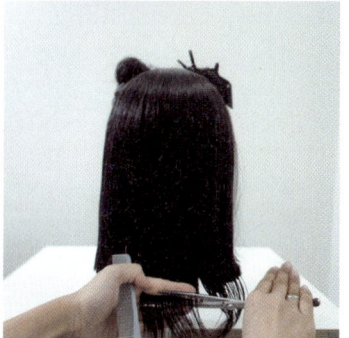

T.O.P까지 두상에 따라 방사선으로 잘 빗질하여 오른쪽 → 왼쪽 순으로 사선(후대각) 0° 커트한다.

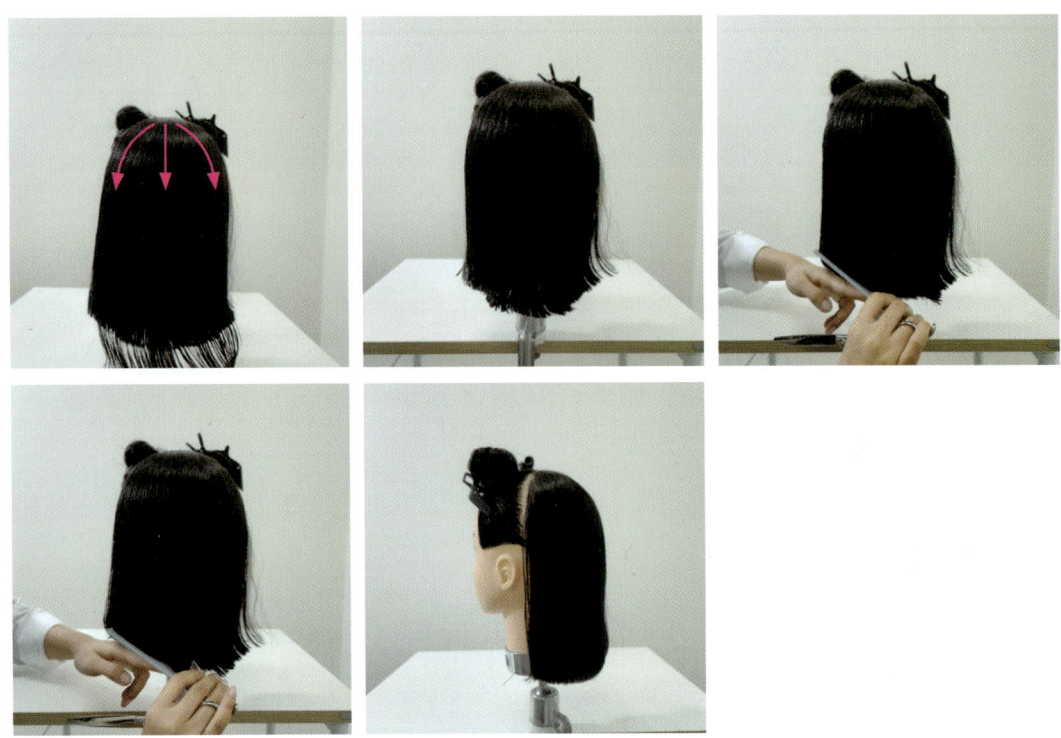

백(뒤) 부분 커트를 완성한 후 고운살로 고르게 빗질하고 콤아웃을 넣어 이사도라 형태를 만들어 준다.

3. 왼쪽 사이드 커트

첫 번째 섹션은 얼굴 쪽(S.C.P) 위로 2cm, 백(뒤) 쪽(E.P) 위로 1cm 지점을 연결하여 사선(후대각) 슬라이스 한다.

사선(후대각) 슬라이스로 고운살을 이용해 평행이 되게 빗질하여 0°로 커트한다.

같은 방법으로 커트한 첫 번째 단 가이드라인을 가져와 커트한다.

F.S.P에서부터는 헤어 라인 곡면을 따라 고운살로 빗질한 후 이어서 마지막 단까지 커트한다.

POINT

마네킹 얼굴 쪽으로 모발이 흘러내리지 않도록 빗질하여 커트한다.

 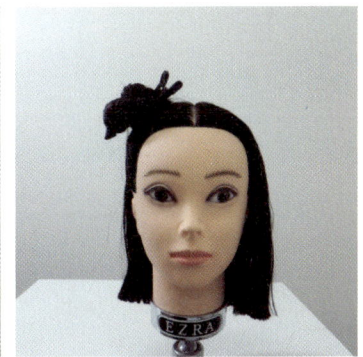

왼쪽 사이드 커트를 완성한 모습

4. 오른쪽 사이드 커트

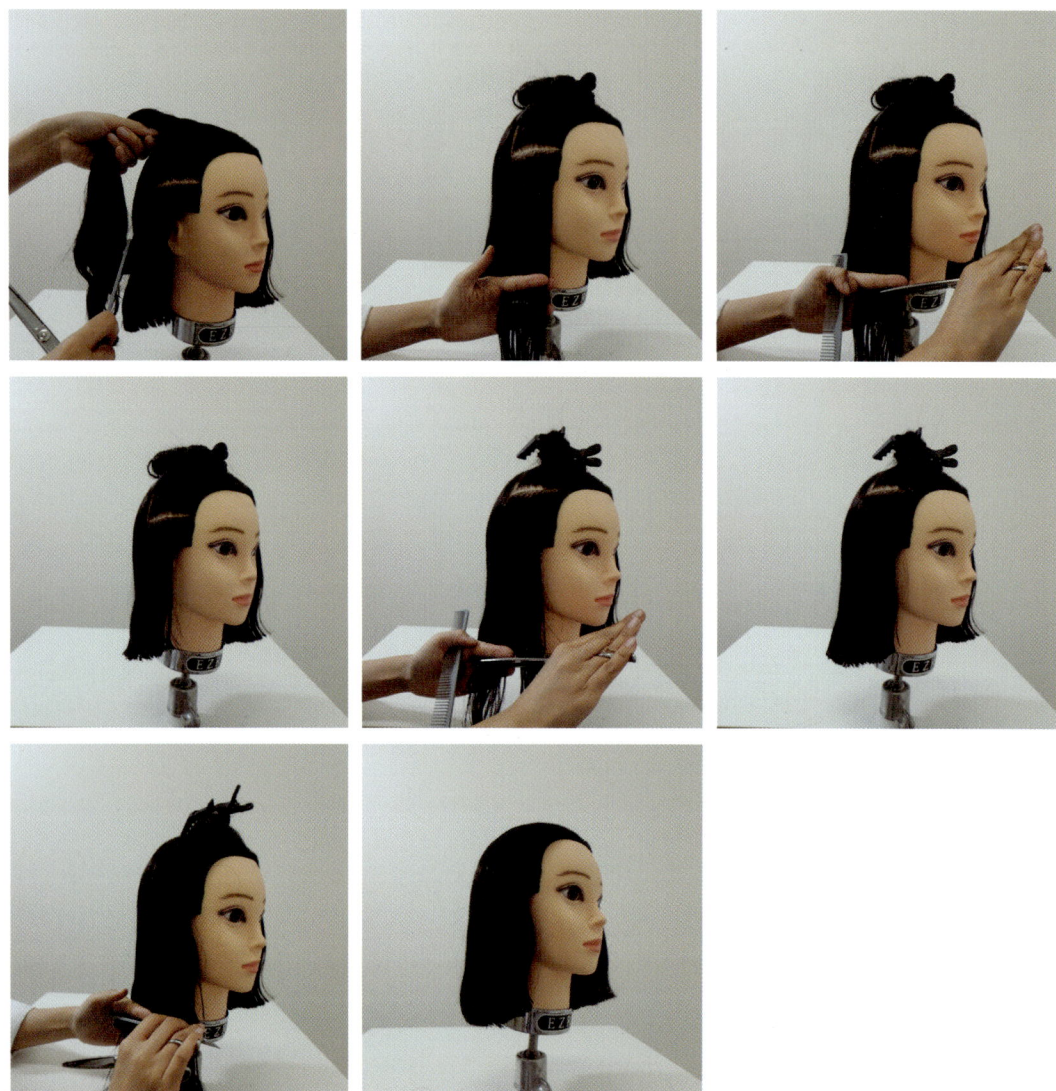

오른쪽 사이드도 왼쪽 사이드와 동일한 방법으로 커트한다.

5. 마무리

커트가 끝나고 모발에 분무 후 고운살을 이용해 고르게 빗질한다. 이사도라 형태로 콤아웃을 넣어 마무리한다.

CHAPTER 03 그래쥬에이션 커트

도면

01 알아 두기

1. 요구사항

▶ 전체적인 순서는 도구 및 재료 준비 → 블로킹 → 헤어 커트 → 마무리 등의 순으로 작업하시오.

❶ **시간** : 30분(마무리까지 포함한 시간이 30분이므로, 그 안에 정리까지 마쳐야 합니다.)

❷ **배점** : 20점(준비 상태, 블로킹 및 섹션, 빗질 및 시술 각도, 가위 테크닉, 커트의 완성도, 정리 및 마무리까지 채점 영역에 포함됩니다.)

2. 도구 및 재료 준비

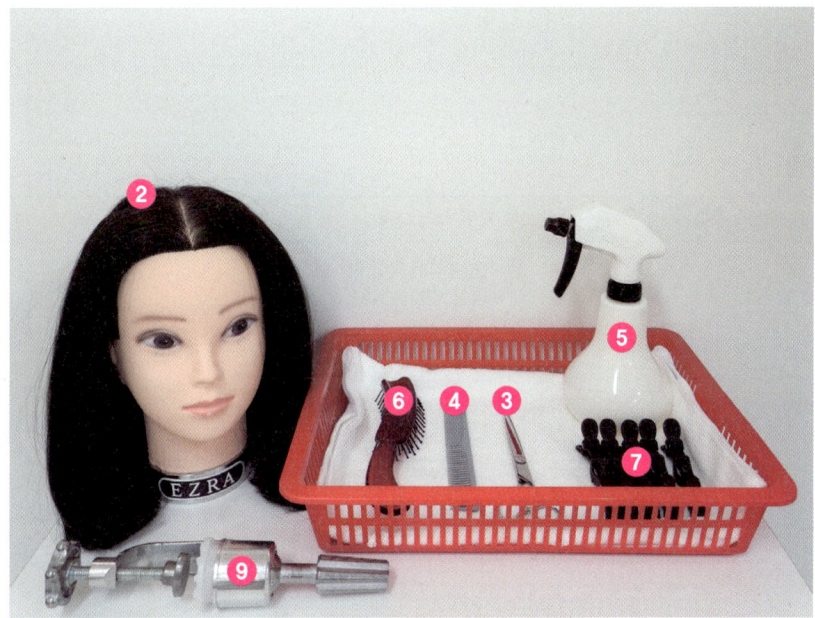

※ 위 이미지에 수건, 위생봉지는 나와 있지 않지만, 지참해야 합니다.

❶ 수건(2장 : 바구니 세팅용, 모발 닦을 수건)　　❷ 마네킹

❸ 커트 가위　　❹ 커트빗(1개 이상)

❺ 분무기　　❻ S브러시

❼ 핀셋(4개 이상)　　❽ 위생봉지

❾ 홀 더

02 시술 개요

1. 수험자 유의사항

① 블로킹은 반드시 4~5등분(헤어 커트 스타일에 따라 구분) 하고 블로킹 부위에 따라 시술 순서를 정확히 지켜야 합니다.

② 바른 자세로 시술하여야 하며, 요구 작품 내용별 기본기법 및 작업 순서를 정확히 지켜야 합니다. 도구 사용의 기법상 한 번 커트한 모발에 재차 커트하는 것은 허용되나, 요구된 각도와 단차가 없거나 조화가 잘 맞지 아니하여 재커트하는 경우에는 감점됩니다.

③ 원랭스 커트일 경우에는 형태(외각)선의 흐름, 각도에 따른 단차 등이 정확하여야 합니다.

④ 시험시간 종료 후 가위질이나 빗질 등을 하면서 작품 및 도구를 만져서는 안 됩니다.

⑤ 채점이 종료된 후 시험위원의 지시에 따라 다음 시술 준비를 해야 합니다.

2. 세부 요구사항

	헤어 커트의 종류	세부 요구 작업 내용	비 고
1	스파니엘 커트	가이드라인은 네이프 포인트에서 10~11cm로 하고, 앞뒤의 수평상 단차는 4~5cm로 하시오.	• 다음 과제에 지장이 없도록 작업하시오. • 블로킹 4등분
2	이사도라 커트	가이드라인은 네이프 포인트에서 10~11cm로 하고, 앞뒤의 수평상 단차는 4~5cm로 하시오.	• 다음 과제에 지장이 없도록 작업하시오. • 블로킹 4등분
3	그래쥬에이션 커트	가이드라인은 네이프 포인트에서 10~11cm로 하시오.	• 다음 과제에 지장이 없도록 작업하시오. • 블로킹 5등분
4	레이어드 커트	유니폼 레이어드 커트로 하고 가이드라인은 네이프 포인트에서 12~14cm로 하시오.	• 다음 과제에 지장이 없도록 작업하시오. • 블로킹 5등분

3. 준비 요령

❶ 시험위원의 지시에 따라 작업에 편리하도록 마네킹을 홀더에 고정시킵니다.

❷ 마네킹의 모발에 물을 적당히 분무하여 곱게 빗질한 다음 시험 시작과 함께 작업을 시작합니다(건조한 모발 상태로 작업한 경우 감점됩니다).

4. 특 징

내 용	가위와 커트빗을 사용하여 시험 규정에 맞게 그래쥬에이션 스타일을 작업하시오.
블로킹	5등분
형태선	사선(후대각) 완만한 섹션 U 라인
파 팅	1~2cm 간격
단 차	B.P 기준으로 아래 단과 위 단 단차가 4~5cm
빗질 방향 및 각도	자연시술각 45°
가이드라인	네이프 포인트에서 10~11cm
완성 상태	컨백스 형태로 후대각 쪽으로 길어지는 스타일
마무리	센터 파트 후 콤아웃(안마름 빗질)

03 시술하기

1. 5등분 블로킹

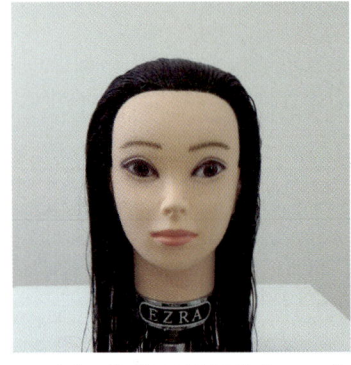
모발에 물을 충분히 분무한 후 고르게 전체 빗질을 한다.

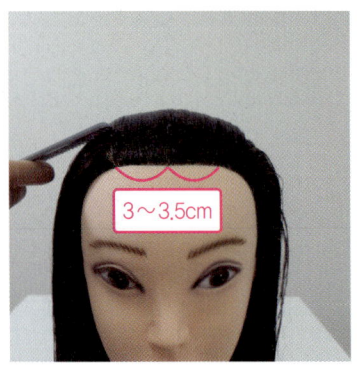
C.P에서 좌우 3~3.5cm 간격으로 모발을 나눈다(p.7 두부 포인트 참고).

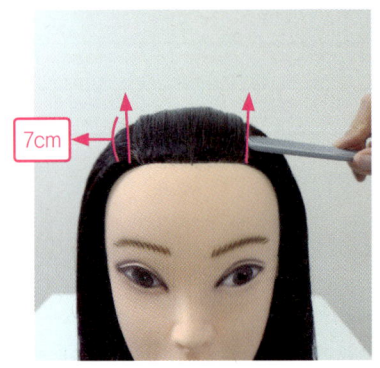
백(뒤)으로 약 7cm의 탑 블로킹을 완성한다.

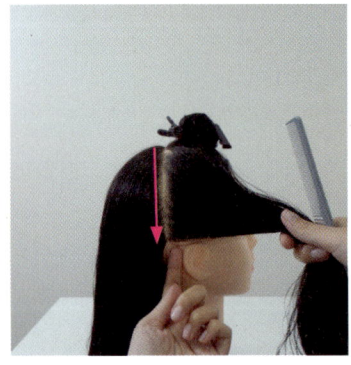
모발을 오른쪽 사이드 T.P에서 E.B.P까지 나눠 돌돌 말아 핀셋으로 고정한다.

왼쪽도 동일하게 핀셋을 고정하면 양 사이드가 완성된다.

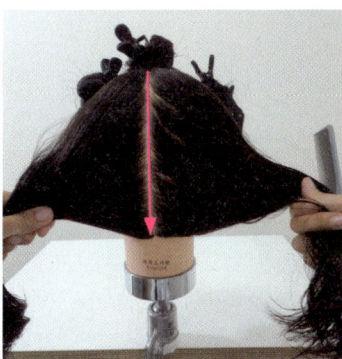

백(뒤) 후두면의 모발은 T.P 중심으로 N.P까지 중앙으로 나누어 왼쪽 먼저 돌돌 말아 핀셋으로 고정한다.

남은 오른쪽 모발도 고르게 빗질하여 돌돌 말아 핀셋으로 고정한다.

5등분 블로킹 완성 형태

2. 백(뒤) 커트

	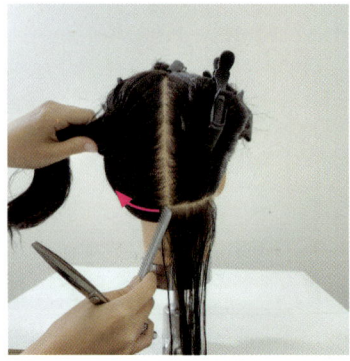	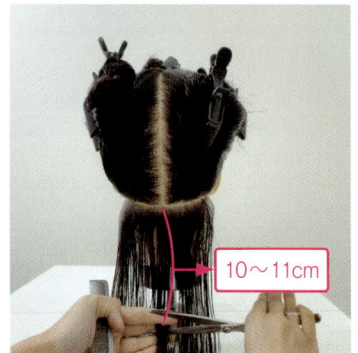
오른쪽 핀셋을 제거 후 첫 번째 단 섹션을 뜬다.	N.P 센터를 중심으로 하여 오른쪽 → 왼쪽 순으로 사이드 먼저 1~2cm 폭으로 완만한 U 형태의 슬라이스를 한다.	가이드라인으로 모발의 가운데 부분을 네이프 포인트에서 약 10~11cm 잡는다.

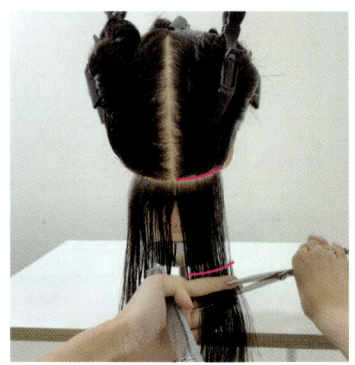	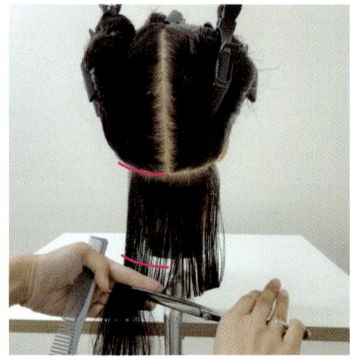
오른쪽부터 가이드라인 1cm를 가져와 곡선 슬라이스 중심선으로 바디포지션을 잡고 0° 커트한다.	왼쪽도 동일하게 커트 후 양쪽 길이 대칭이 맞는지 확인한다.

POINT

양쪽 길이가 대칭이 되는 동시에 슬라이스 U 형태, 곡선 디자인이 되는지 확인한다.

두 번째 단 커트는 45°로 진행하는데, B.P 기준으로 하단은 총 5~6단으로 커트한다.

두 번째 단도 2cm 간격으로 곡선 슬라이스 후 가운데부터 커트한다.

모발에 분무하여 빗질 후 첫 번째 섹션 가이드라인에 맞춰 두상시술각 45°로 중앙부터 커트한다.

POINT
- 시술 각도를 두상시술각 45°로 적용하여 직각 분배 후 가운데부터 커트한다.
- 센터 라인 중심에서 모발을 고운살로 곱게 빗질하고 손가락 위치는 U 슬라이스와 평행이 되도록 둔다.

오른쪽 커트 후 왼쪽 모발도 동일하게 직각 분배하고, 가이드라인 기준 두상시술 각 45°로 커트한다.

B.P 단까지 총 5~6단으로 두상시술각 45° 커트한다(중앙 → 오른쪽 → 왼쪽 순으로).

B.P 기준으로 아래 단 잔층이 난 부분이 잘 보일 수 있도록 분무하여 빗질한다.

B.P 기준으로 상단 고정각을 45°로 하여 상단 전체를 총 4~5단까지 커트한다.

> **POINT**
>
> 백(뒤) 중앙 B.P 위 상단 부분부터 고정각으로 아래 가이드라인과 시술각을 연결하여 모발에 장단이 생기지 않도록 커트한다.

  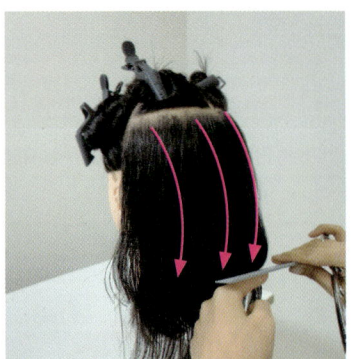

곡선 슬라이스를 기준으로 중앙부터 오른쪽 → 왼쪽 순으로 커트한다.

> **POINT**
>
> B.P 아래 단과 상단 부분에 4~5cm의 단차가 났는지 확인하면서 커트한다.

 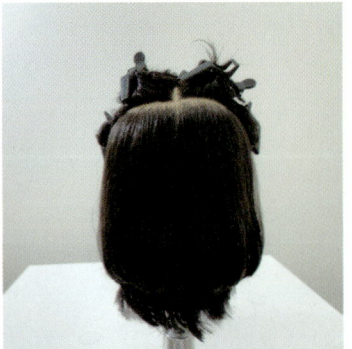 

아래 단 가이드라인에 맞춰 자연시술각 45°를 유지하며 중앙 → 오른쪽 → 왼쪽 순으로 이동하며 커트한다.

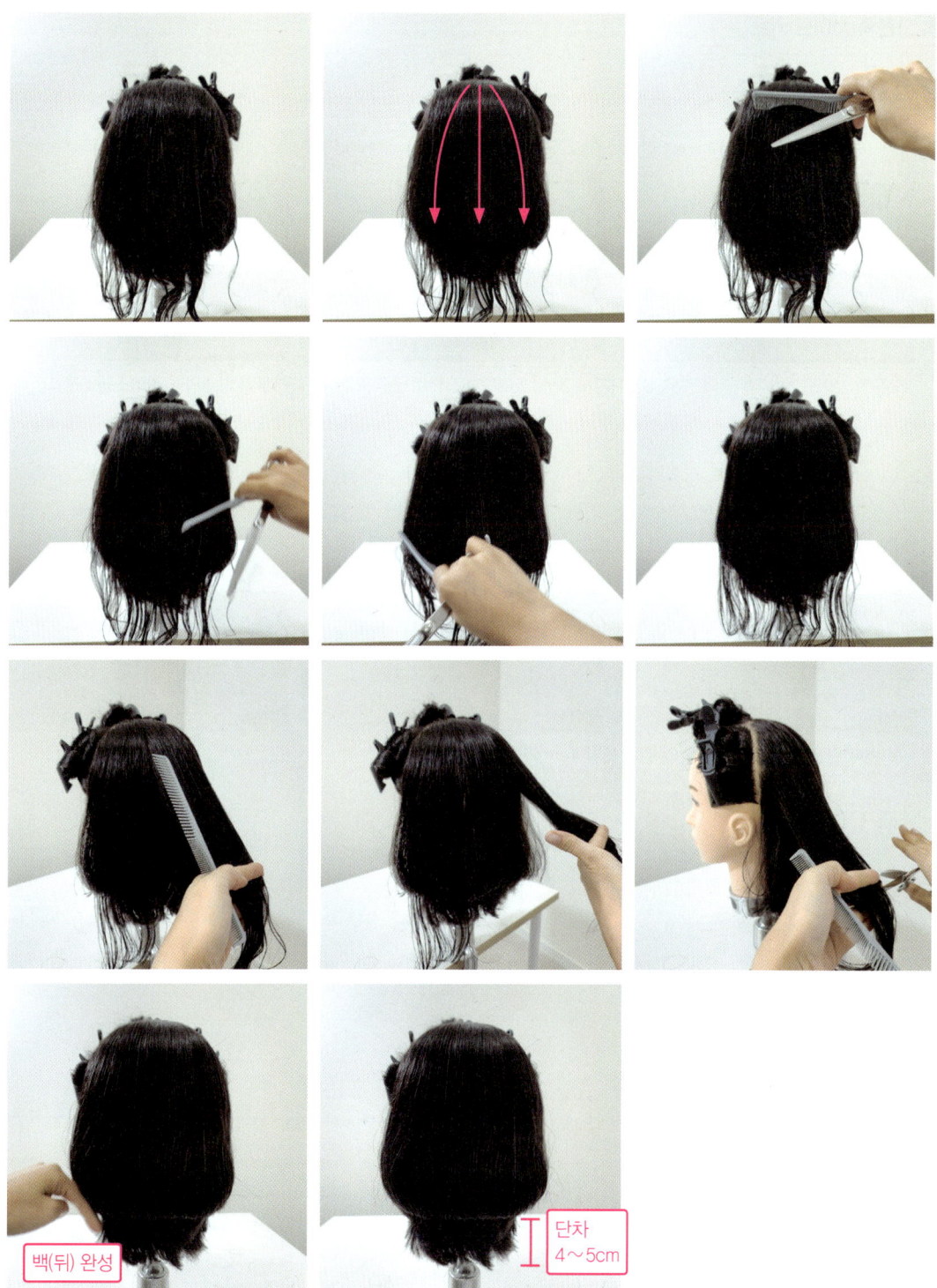

마지막 단은 고운살을 이용해 방사선으로 고르게 빗질하여 B.P 라인에서 자연시술각 45°로 커트한다.

3. 오른쪽 사이드 커트

 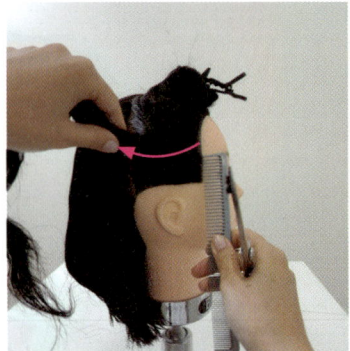 

오른쪽 사이드 첫 번째 단의 경우, S.C.P에서 2cm, E.B.P에서 1cm 간격으로 사선(후대각) 형태의 슬라이스를 내린다.

첫 번째 단 곡선 슬라이스 라인의 위에 모발 1cm 가이드라인을 가져온다.

사선(후대각) 0°로 모발을 잡아 커트를 한다.

POINT

뒤쪽보다 앞쪽이 살짝 짧아지도록 슬라이스에 빗을 대고 손과 평행이 되게 빗질하여 커트한다.

두 번째 단부터 마지막 단까지 동일한 방법으로 자연시술각 45°를 유지하며 커트한다.

세 번째, 네 번째 단도 두 번째 단과 동일한 방법으로 자연시술각 45°를 유지하여 커트를 한다.

POINT

F.S.P 지점부터는 모발이 앞으로 쏟아지지 않게 뒤로 빗질하여 커트한다.

 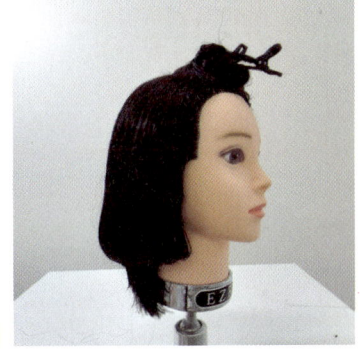

모발이 마르지 않게 분무 후 고운살로 고르게 빗질하여 콤아웃 넣어 오른쪽 사이드 커트를 마무리한다.

4. 왼쪽 사이드 커트

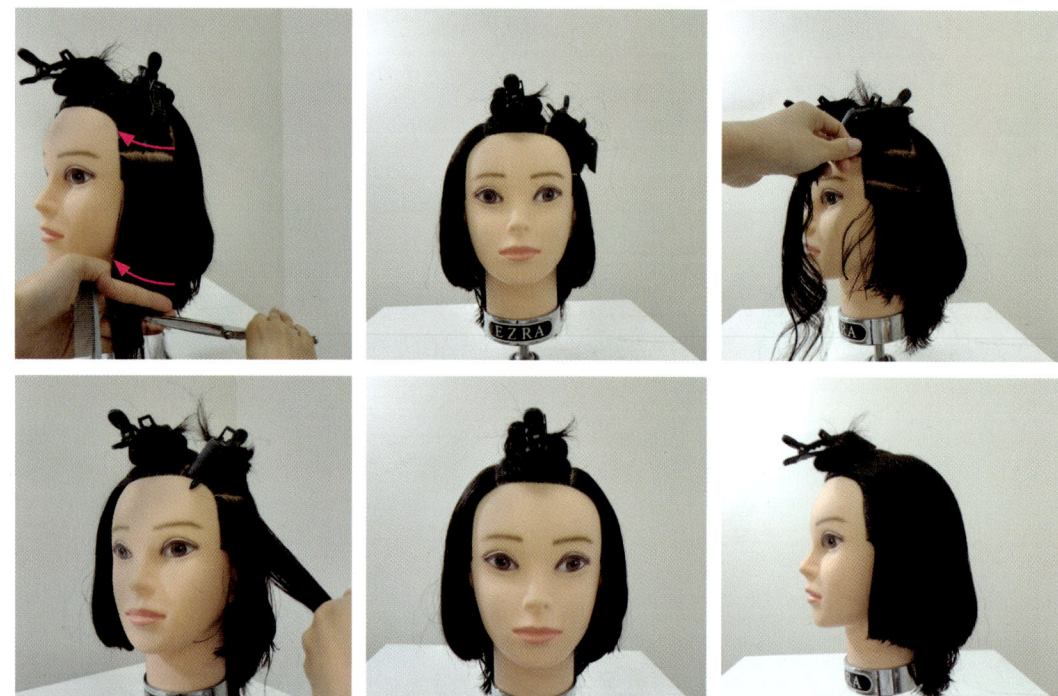

왼쪽 사이드도 오른쪽 사이드와 동일한 방법으로 커트한다.

POINT

오른쪽, 왼쪽 커트 시 손 모양이 헷갈리지 않도록 슬라이스 라인에 맞춰 검지, 중지를 잡아 빗질 후 커트한다.

5. 탑 커트

탑 첫 번째 단은 앞쪽에서 1/3만큼 가로 일자로 슬라이스를 나눈 후 뒤의 모발을 핀셋으로 고정한다.

 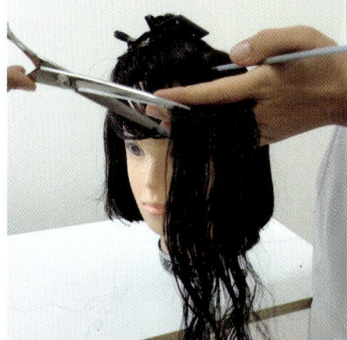 

양쪽 사이드의 커트했던 모발을 1cm 가이드라인으로 가져와 마네킹 얼굴 쪽으로 0° 내려 수평 형태로 커트한다.

POINT

양쪽 사이드 가이드라인을 1cm 가져와 커트한다.

두 번째 단부터는 모발을 5:5로 나누어 두상에 맞춰 방사선으로 빗질을 한다.

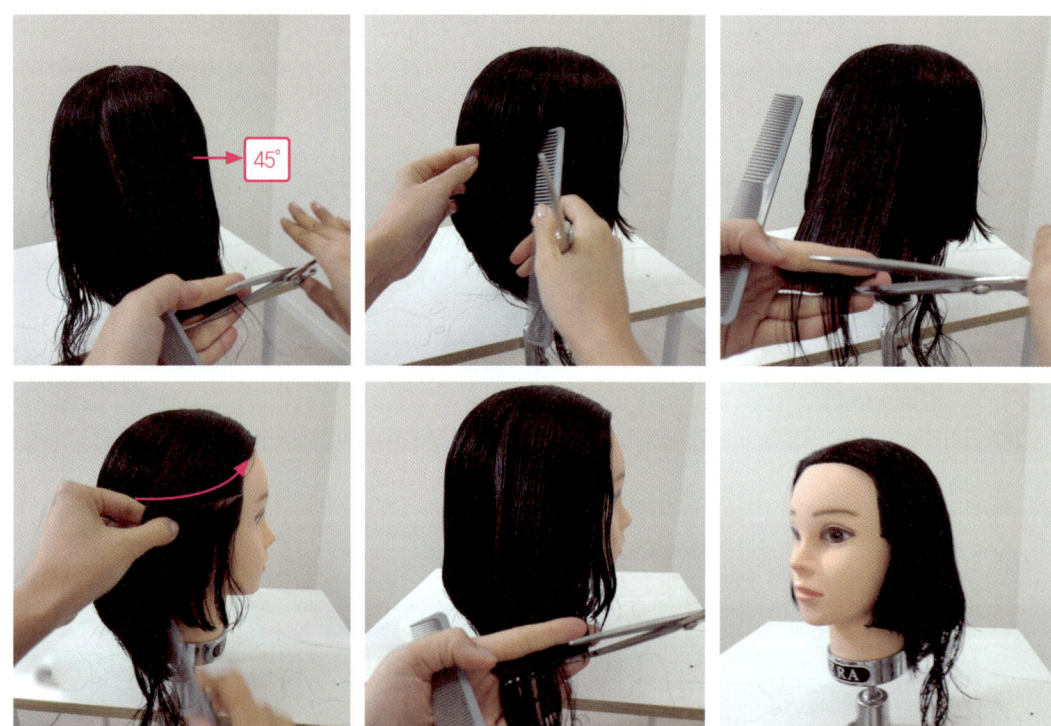

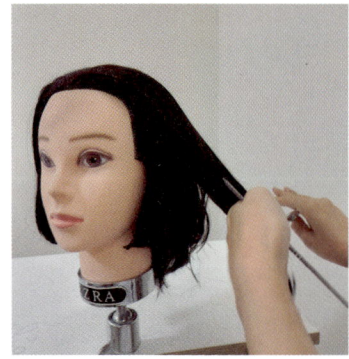

B.P 기준 백(뒤) 중앙 → 오른쪽 → 왼쪽 순으로 사선(후대각) 45° 커트를 한다.

B.P 기준 상단 부분의 모발을 방사선으로 빗질하여 정돈한다.

POINT

두상의 라인 따라 방사선으로 빗질하여 커트한다.

6. 마무리

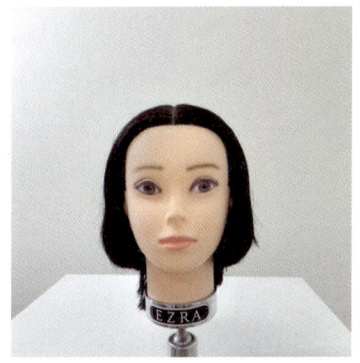 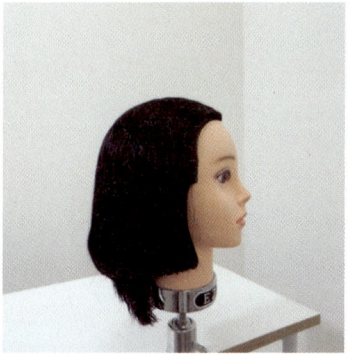 

커트가 끝나고 모발에 분무 후 고운살을 이용해 고르게 빗질한다. 그래쥬에이션 형태로 콤아웃을 넣어 마무리한다.

CHAPTER 04 레이어드 커트

도면

01 알아 두기

1. 요구사항

▶ 전체적인 순서는 도구 및 재료 준비 → 블로킹 → 헤어 커트 → 마무리 등의 순으로 작업하시오.

❶ **시간** : 30분(마무리까지 포함한 시간이 30분이므로, 그 안에 정리까지 마쳐야 합니다.)

❷ **배점** : 20점(준비 상태, 블로킹 및 섹션, 빗질 및 시술 각도, 가위 테크닉, 커트의 완성도, 정리 및 마무리까지 채점 영역에 포함됩니다.)

2. 도구 및 재료 준비

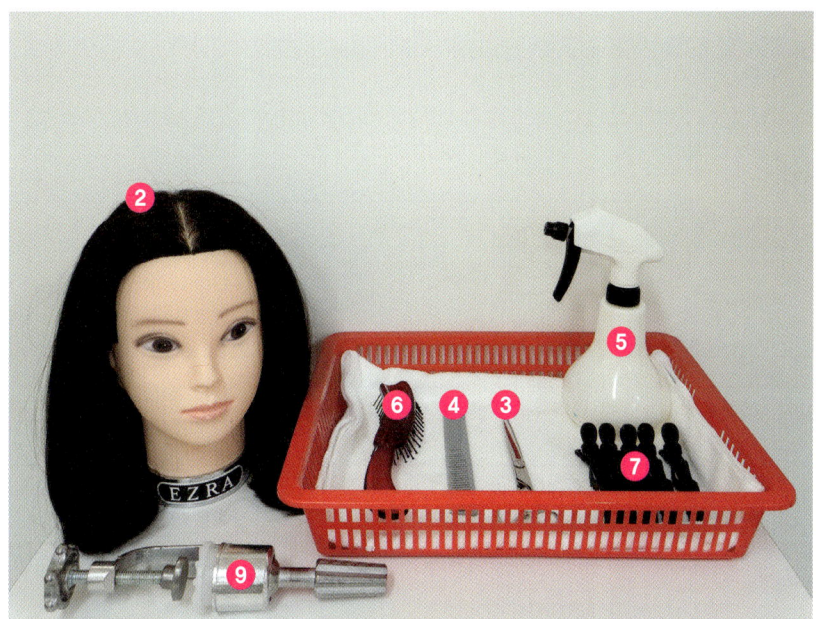

※ 위 이미지에 수건, 위생봉지는 나와 있지 않지만, 지참해야 합니다.

❶ 수건(2장 : 바구니 세팅용, 모발 닦을 수건)

❷ 마네킹

❸ 커트 가위

❹ 커트빗(1개 이상)

❺ 분무기

❻ S브러시

❼ 핀셋(4개 이상)

❽ 위생봉지

❾ 홀 더

02 시술 개요

1. 수험자 유의사항

❶ 블로킹은 반드시 4~5등분(헤어 커트 스타일에 따라 구분) 하고 블로킹 부위에 따라 시술 순서를 정확히 지켜야 합니다.

❷ 바른 자세로 시술하여야 하며, 요구 작품 내용별 기본기법 및 작업 순서를 정확히 지켜야 합니다. 도구 사용의 기법상 한 번 커트한 모발에 재차 커트하는 것은 허용되나, 요구된 각도와 단차가 없거나 조화가 잘 맞지 아니하여 재커트하는 경우에는 감점됩니다.

❸ 원랭스 커트일 경우에는 형태(외각)선의 흐름, 각도에 따른 단차 등이 정확하여야 합니다.

❹ 시험시간 종료 후 가위질이나 빗질 등을 하면서 작품 및 도구를 만져서는 안 됩니다.

❺ 채점이 종료된 후 시험위원의 지시에 따라 다음 시술 준비를 해야 합니다.

2. 세부 요구사항

	헤어 커트의 종류	세부 요구 작업 내용	비 고
1	스파니엘 커트	가이드라인은 네이프 포인트에서 10~11cm로 하고, 앞뒤의 수평상 단차는 4~5cm로 하시오.	• 다음 과제에 지장이 없도록 작업하시오. • 블로킹 4등분
2	이사도라 커트	가이드라인은 네이프 포인트에서 10~11cm로 하고, 앞뒤의 수평상 단차는 4~5cm로 하시오.	• 다음 과제에 지장이 없도록 작업하시오. • 블로킹 4등분
3	그래쥬에이션 커트	가이드라인은 네이프 포인트에서 10~11cm로 하시오.	• 다음 과제에 지장이 없도록 작업하시오. • 블로킹 5등분
4	레이어드 커트	유니폼 레이어드 커트로 하고 가이드라인은 네이프 포인트에서 12~14cm로 하시오.	• 다음 과제에 지장이 없도록 작업하시오. • 블로킹 5등분

3. 준비 요령

❶ 시험위원의 지시에 따라 작업에 편리하도록 마네킹을 홀더에 고정시킵니다.

❷ 마네킹의 모발에 물을 적당히 분무하여 곱게 빗질한 다음 시험 시작과 함께 작업을 시작합니다(건조한 모발 상태로 작업한 경우 감점됩니다).

4. 특 징

내 용	가위와 커트빗을 사용하여 시험 규정에 맞게 레이어드 스타일을 작업하시오.
블로킹	5등분
형태선	사선(후대각) 완만한 섹션 U 라인
파 팅	1~2cm 간격
단 차	모발에 전체적인 단차를 주어 층을 내야 하며, 유니폼 레이어드로 길이가 같아야 함
빗질 방향 및 각도	두상시술각 90°
가이드라인	네이프 포인트에서 12~14cm
완성 상태	유니폼 레이어드 형태로 길이가 동일한 스타일
마무리	별도의 콤아웃은 하지 않고, 레이어드 층이 잘 보이도록 손이나 빗으로 빗질하여 마무리

03 시술하기

1. 5등분 블로킹

모발에 물을 충분히 분무한 후 고르게 전체 빗질을 한다.

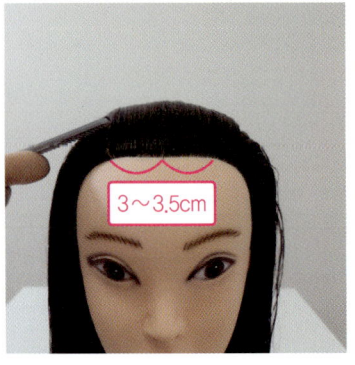

C.P에서 좌우 3~3.5cm 간격으로 모발을 나눈다(p.7 두부 포인트 참고).

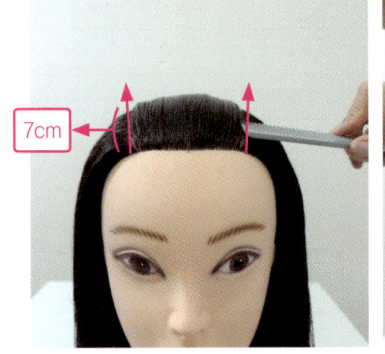  

백(뒤)으로 약 7cm의 탑 블로킹을 완성한다.

 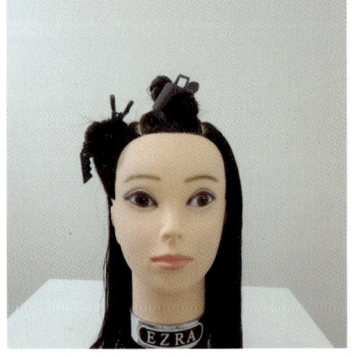 

모발을 오른쪽 사이드 T.P에서 E.B.P까지 나눠 돌돌 말아 핀셋으로 고정한다.

왼쪽도 동일하게 핀셋을 고정하면 양 사이드가 완성된다.

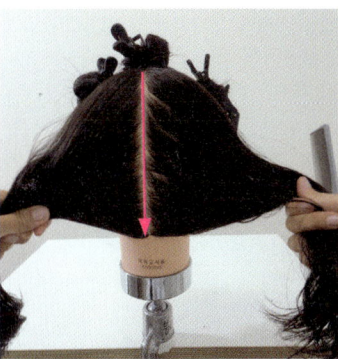

백(뒤) 후두면의 모발은 T.P 중심으로 N.P까지 중앙으로 나누어 왼쪽 먼저 돌돌 말아 핀셋으로 고정한다.

남은 오른쪽 모발도 고르게 빗질하여 돌돌 말아 핀셋으로 고정한다.

5등분 블로킹 완성 형태

2. 백(뒤) 커트

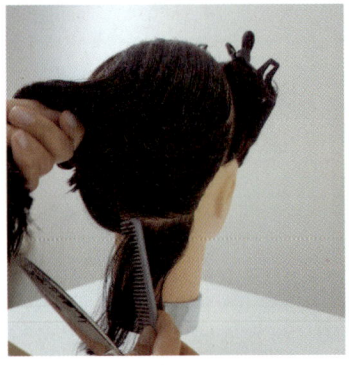

첫 번째 단 오른쪽 모발 먼저 N.S.P 지점에서 2cm 폭으로 곡선 슬라이스를 나눈다. 이후 모발을 돌돌 말아서 핀셋으로 고정한다.

왼쪽도 동일하게 슬라이스를 나누고 모발을 돌돌 말아 핀셋으로 고정한다.

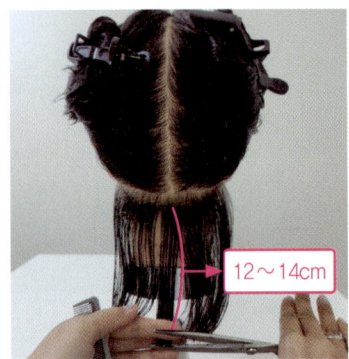

가이드라인으로 모발의 가운데 부분을 네이프 포인트에서 약 12~14cm 잡는다. 이후 자연시술각 0°로 커트한다.

POINT

두상시술각은 90°로 직각 분배하여 중앙 → 오른쪽 → 왼쪽 순으로 커트한다.

  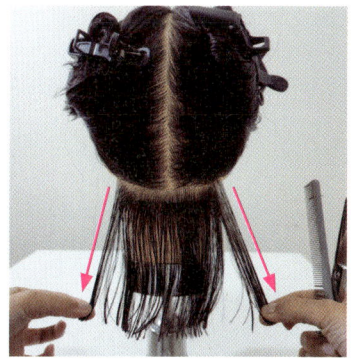

중앙 커트한 가이드라인을 나눠 오른쪽부터 고운살로 완만하게 U 라인 슬라이스를 낸다. 이후 손가락과 평행이 되게 후대각 형태로 커트한다.

두 번째 단도 동일한 형태로 U 라인 슬라이스를 내린다.

첫 번째 단 가이드라인에 맞춰 중앙부터 직각 분배 섹션으로 90°로 커트한다.

  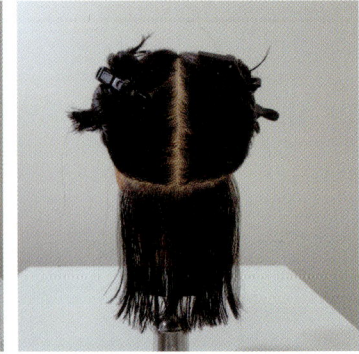

커트한 모발 아래 단 1cm를 가져와서 오른쪽 → 왼쪽 순으로 이동하며 두상 곡면의 90°로 들어 커트한다.

세 번째 단도 1.5~2cm 폭으로 슬라이스를 낸다. 이후 중앙 → 오른쪽 → 왼쪽 순으로 아래 가이드라인에 맞춰 두상 곡면의 90°로 들어 커트한다.

네 번째 단도 젖은 모발 상태를 유지하면서 동일하게 커트한다. 이때 좌우 길이가 맞는지 체크하며 커트해야 한다.

  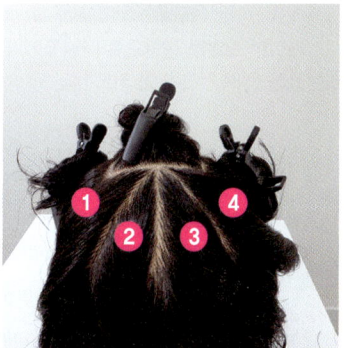

백(뒤) T.O.P 부분의 모발에 물을 적시고 두상 형태에 맞춰 고운살을 이용해 방사선으로 빗질한다. 이후 구별하기 쉽게 모발을 삼각존 형태의 4등분으로 나눠 꼬아 그대로 내려놓는다(핀셋 고정은 하지 않는다).

POINT

T.O.P 부분은 방사선으로 빗질 후 피벗 섹션으로 4등분 하여 두상각 90° 커트한다.

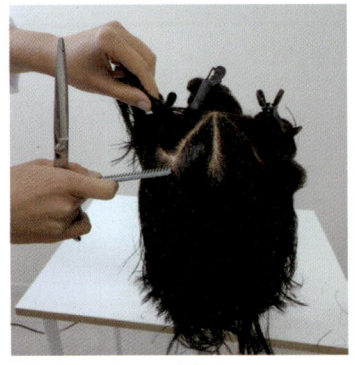
왼쪽부터 오른쪽까지 차례대로 두상 곡면의 90°로 들어 커트한다.

왼쪽 첫 번째 아래 단 가이드라인 1cm를 가져와서 버티컬 형태로 빗질한 후 두상 곡면의 90°로 연결하여 커트한다.

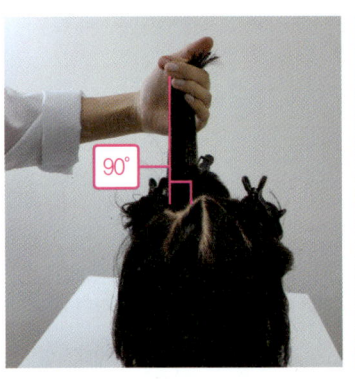
커트한 모발을 절반으로 나눠 아랫부분을 버리고, 윗부분은 T.O.P까지 직선으로 끌어 올려 긴 부분을 커트한다.

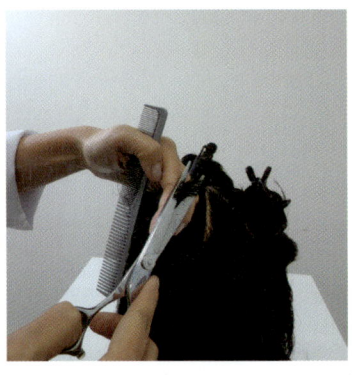
두 번째도 동일하게 커트한다.

네 번째까지 동일하게 커트한다.

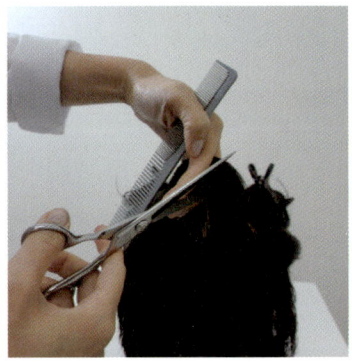
백(뒤) 커트를 완성한 모습

3. 오른쪽 사이드 커트

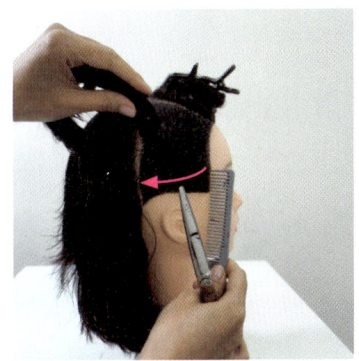  

오른쪽 사이드 첫 번째 단은 1~2cm 폭의 곡선으로 슬라이스를 내린다.

가이드라인으로 E.B.P와 연결된 모발을 1cm 가져온다.

POINT

완만한 사선(후대각) 섹션으로 내린 후 슬라이스 선에 맞춰 빗질하여 커트한다.

고운살을 이용해 슬라이스를 평행으로 내려 수평으로 커트한다.

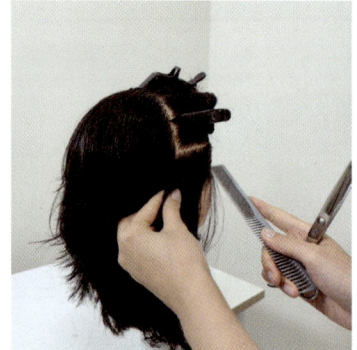

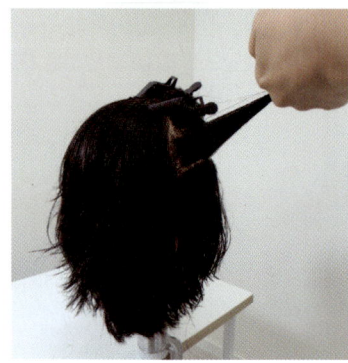

두 번째 단부터 마지막 단까지 동일한 방법으로 두상 곡면을 90°로 유지하며 1~2cm 간격으로 커트한다.

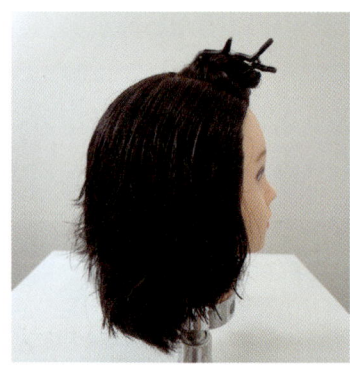

오른쪽 사이드 커트를 완성한 모습

4. 왼쪽 사이드 커트

  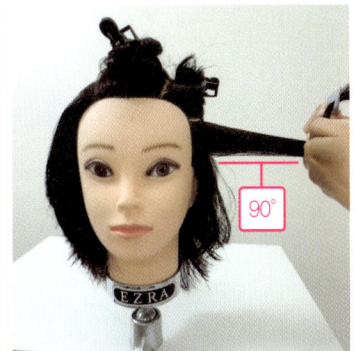

왼쪽 사이드도 오른쪽과 동일한 방법으로 커트한다.

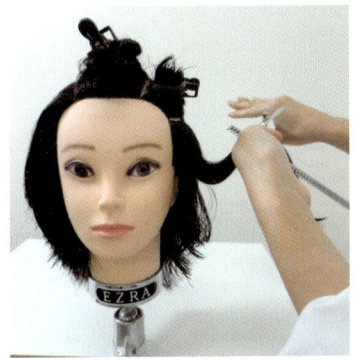  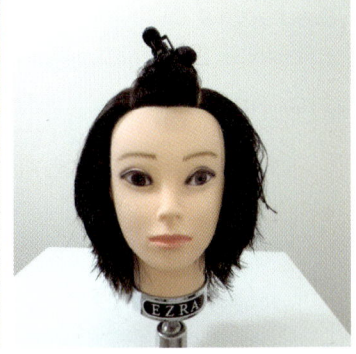

오른쪽과 비대칭이 되지 않도록 위치를 체크하며 커트한다. | 양쪽 사이드 커트를 완성한 모습

5. 탑 커트

탑 첫 번째 단은 백(뒤)부터 3등분 간격으로 가로 일자 슬라이스를 나누고, 앞에 남은 모발은 핀셋으로 고정한다. | 백(뒤)부터 3등분 간격으로 양쪽 사이드 모발 1cm를 가져와 두상 곡면의 90° 올려 커트한다.

6. 마무리

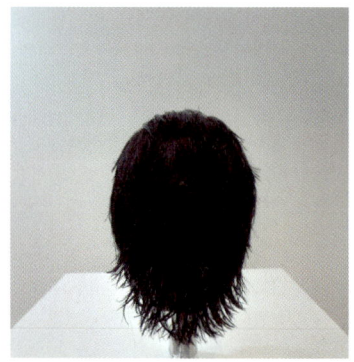

모발 전체에 충분히 분무한다. 이후 층이 자연스럽게 보이도록 올백을 하거나 가르마를 나눠 가볍게 빗질하고 마무리한다.

POINT

특별히 반듯하게 콤아웃을 넣을 필요는 없다.

CHAPTER 05 재커트

도면

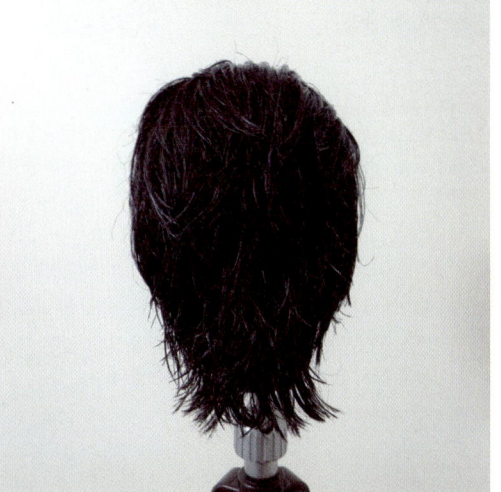

Comment

재커트는 이사도라 커트, 그래쥬에이션 커트, 레이어드 커트가 출제될 경우 제4과제인 퍼머넌트 과제를 수행하기 위해 심사 없이 15분 안에 레이어드 형태를 만드는 과제이다. 심사 대상이 아니기 때문에 별도의 요구사항이나 도구 및 재료 이미지, 시술 개요를 첨부하지 않았다.

01 시술하기

1. 5등분 블로킹

모발에 물을 충분히 분무한 후 고르게 전체 빗질을 한다.

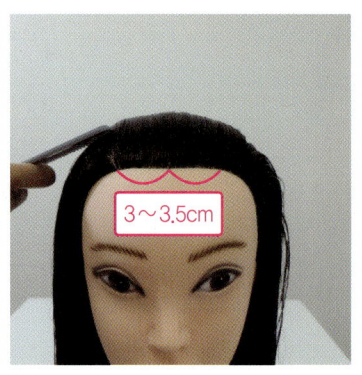

C.P에서 좌우 3~3.5cm 간격으로 모발을 나눈다(p.7 두부 포인트 참고).

Comment

와인딩을 위한 과제로 15분 안에 레이어드 형태를 완성하면 된다. 심사 대상이 아니므로 자유롭게 수행하도록 한다.

POINT

- 모발을 핀셋으로 예쁘게 돌돌 말아 감을 필요 없이 자유롭게 고정한다.
- 심사를 하지 않기 때문에 순서는 상관없다.

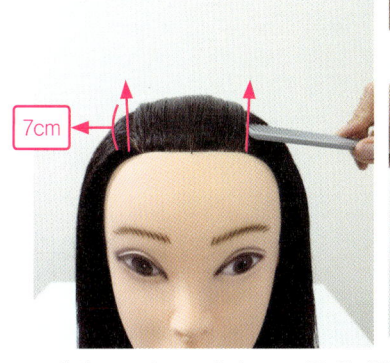  

백(뒤)으로 약 7cm의 탑 블로킹을 완성한다.

모발을 오른쪽 사이드 T.P에서 E.B.P까지 나눠 돌돌 말아 핀셋으로 고정한다.

왼쪽도 동일하게 핀셋을 고정하면 양 사이드가 완성된다.

백(뒤) 후두면의 모발은 T.P 중심으로 N.P까지 중앙으로 나누어 왼쪽 먼저 돌돌 말아 핀셋으로 고정한다.

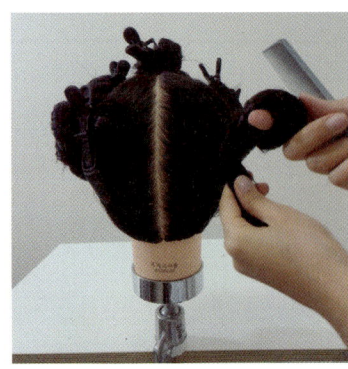  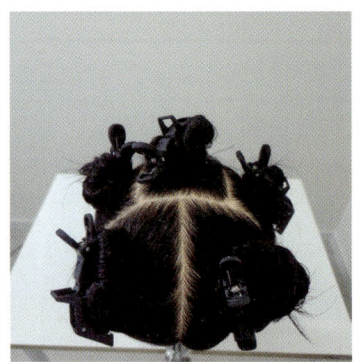

| 남은 오른쪽 모발도 고르게 빗질하여 돌돌 말아 핀셋으로 고정한다. | 5등분 블로킹 완성 형태 |

2. 백(뒤) 커트

슬라이스 라인에 상관없이 백(뒤) 피벗 섹션 밑으로 모발을 3등분 하여 첫 번째 단을 나눈다.

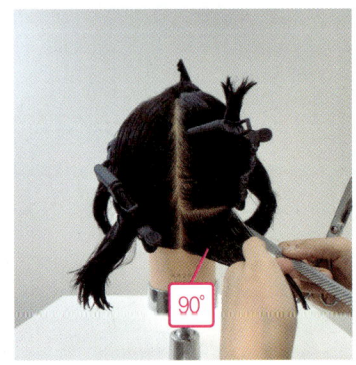  

첫 번째 단의 오른쪽 모발 먼저 두상 곡면의 90°로 들어서 레이어드 길이로 커트한다.

두 번째, 세 번째 단까지 동일하게 레이어드 길이로 두상 곡면의 90°로 들어 커트한다.

 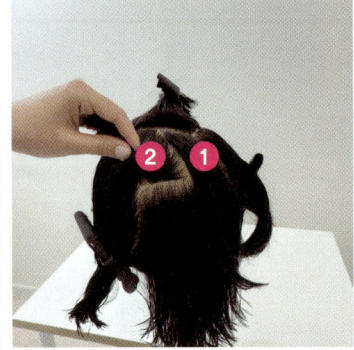 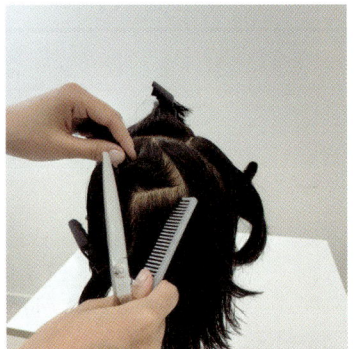

T.O.P 부분 모발을 피벗 섹션으로 반 나눠서 레이어드 길이만큼 두 번에 걸쳐 커트한다.

| 오른쪽 백(뒤) 커트를 완성한 모습 | 백(뒤) 왼쪽도 오른쪽과 같은 방법으로 동일하게 커트한다. | 백(뒤) 전체 커트를 완성한 모습 |

3. 사이드 커트

오른쪽 사이드 모발을 1/2로 나눈다.

 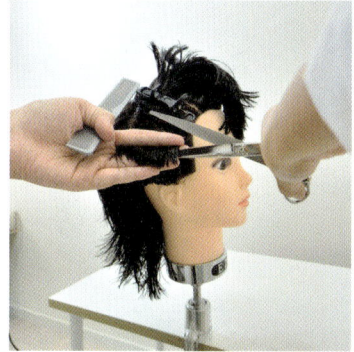 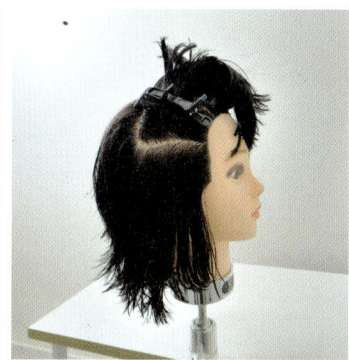

아래 단 먼저 레이어드 길이로 90° 커트한다.

두 번째 단도 동일하게 커트한다.

왼쪽 사이드도 오른쪽과 동일한 방법으로 커트하여 양쪽 사이드 커트를 완성한다.

양쪽 사이드 커트를 완성한 모습

4. 탑 커트

탑 부분의 모발을 1/2로 나눈다.

  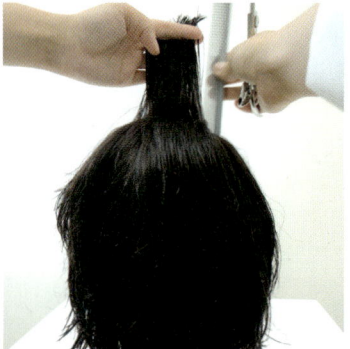

양쪽 사이드의 1cm 가이드라인을 가져와 뒷부분 먼저 두상 곡면의 90°로 들어서 레이어드 길이로 커트한다.

5. 마무리

남은 앞부분 모발도 같은 방법으로 커트하여 마무리한다.

 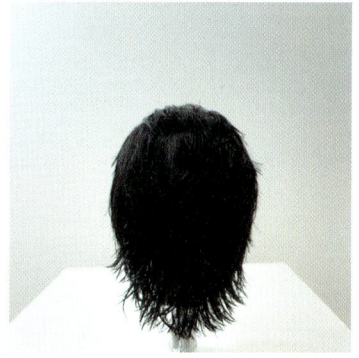

레이어드 형태의 재커트를 완성한 모습

PART 3
블로 드라이 및 롤 세팅

CHAPTER 01 스파니엘 인컬 드라이

CHAPTER 02 이사도라 아웃컬 드라이

CHAPTER 03 그래쥬에이션 인컬 드라이

CHAPTER 04 레이어드 롤컬 드라이

CHAPTER 01 스파니엘 인컬 드라이

도면

01 알아 두기

1. 요구사항

▶ 전체적인 순서는 도구 및 재료 준비 → 블로킹 → 블로 드라이 및 롤 세팅 → 마무리 등의 순으로 작업하시오.

❶ **시간** : 30분(마무리까지 포함한 시간이 30분이므로, 그 안에 정리까지 마쳐야 합니다.)

❷ **배점** : 20점(준비 상태, 블로킹 및 섹션, 롤브러시 선정, 시술 각도 및 분배, 드라이어 및 브러시 방법, 윤기 및 컬의 조화미, 정리 및 마무리까지 채점 영역에 포함됩니다.)

2. 도구 및 재료 준비

※ 위 이미지에 수건, 위생봉지는 나와 있지 않지만, 지참해야 합니다.
※ 롤브러시의 경우 필요량에 따라 사이즈 선택 가능합니다. 다만, 열판 부착 제품은 사용 불가합니다.

❶ 수건(2장 : 바구니 세팅용, 모발 닦을 수건)   ❷ 마네킹

❸ 롤브러시(1호, 3호, 5호)   ❹ 꼬리빗(1개 이상)

❺ 분무기   ❻ S브러시

❼ 핀셋(4개 이상)   ❽ 위생봉지

❾ 홀 더   ❿ 헤어 드라이기

02 시술 개요

1. 수험자 유의사항

❶ 블로 드라이 작업 시 시술하기에 알맞게 적셔진 모발에 과정의 절차에 맞게 작업(모발, 모근까지 골고루 수분 도포 → 타월 건조 → 프레 드라이 스타일 → 본 드라이 스타일 → 마무리)해야 합니다.

❷ 롤 세팅 작업 시 롤러의 사용 개수는 반드시 31개 이상으로 하되, 크기(대,중,소)는 두상 부위에 따라 골고루 배열되게 해야 합니다.

❸ 롤 세팅 작업 시 와인딩은 블로킹 상단에서부터 하단으로 향하게 시술해야 합니다.

❹ 블로킹 파팅에 맞게 각각의 절차에 따라 정확히 시술해야 합니다.

❺ 시험시간 종료 후에는 빗질 등을 하면서 작품 및 도구를 만져서는 안 됩니다.

❻ 채점이 종료된 후 시험위원의 지시에 따라 다음 시술 준비를 해야 합니다.

2. 세부 요구사항

	스타일	세부 요구 작업 내용	비 고
1	인 컬	스파니엘 스타일로 커트한 마네킹에 안말음(C컬)형이 되도록 블로 드라이 하시오.	-
2	아웃컬	이사도라 스타일로 커트한 마네킹에 바깥말음(CC컬)형이 되도록 블로 드라이하시오.	-
3	인 컬	그래쥬에이션 스타일로 커트한 마네킹에 안말음(C컬)형이 되도록 블로 드라이하시오.	-
4	롤 컬	레이어드 스타일로 커트한 마네킹에 롤러를 사용하여 세팅하시오.	-

❶ 블로 드라이
  ㉠ 수분이 도포된 모발에 프리 드라이된 상태에서 4~6등분으로 블로킹 후 블로 드라이어와 롤브러시를 이용하여 다음과 같이 시험에 요구되는 스타일을 시술하시오(사이드 센터 파트, 이어 투 이어 파트 등).
    • 섹션 시 베이스 크기는 사용되는 롤브러시의 폭(지름)을 넘지 않게 해야 합니다.
    • 모발의 길이에 따라 롤브러시를 선택하여 사용합니다.
    • 모다발(판넬)은 모류 방향에 따라 시술해야 하며, 적합한 블로 드라이어와 롤브러시 운행 각도에 따른 열 처리가 적절하게 이루어져야 합니다.
    • 모근에 볼륨감이 형성되어야 합니다.
    • 모발은 윤기 있게 질감 처리가 되어야 합니다.
  ㉡ 마무리(리세트)는 빗이나 손을 이용하여 블로 드라이 헤어 스타일링 하시오.

❷ **롤 세팅**
  ㉠ 적셔진 마네킹의 모발에 롤러를 이용하여 모다발이 빠져나오지 않도록 와인딩을 균형 있게 세트 하시오.
    • 충분하게 적셔진 모발에 6등분 블로킹을 한 후 전두부 상단부터 와인딩 합니다.
    • 파팅(베이스 크기)은 롤러의 폭(직경)을 넘지 않아야 합니다.
    • 모발의 길이에 따라 롤러 크기를 선택하여 사용합니다.
    • 모다발(판넬)은 모류 처리에 적합한 각도에 맞추어 롤러를 정확히 세트하여야 합니다.
  ㉡ 모발을 롤러에 와인딩 한 상태에서 헤어망을 씌워 적절하게 열 처리하시오.
  ㉢ 롤러를 제거 후 마무리(리세트)하시오.

3. 준비 요령

❶ 시험위원의 지시에 따라 작업에 편리하도록 마네킹을 홀더에 고정시킵니다.

❷ 마네킹의 모발에 물을 적당히 분무하여 곱게 빗질한 다음 시험 시작과 함께 작업을 시작합니다(건조한 모발 상태로 작업한 경우 감점됩니다).

03 시술하기

1. 4등분 블로킹

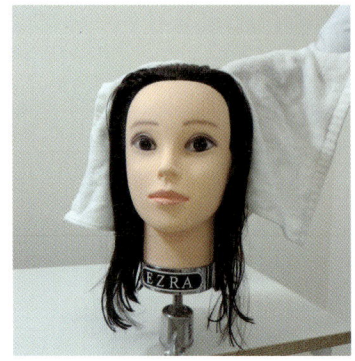
타월로 모발의 물기를 제거한다.

고르게 빗질 후 모발 사이에 열을 주면서 모발 끝 위주로 프레 드라이를 한다.

S브러시를 이용해 엉킨 모발을 올백으로 넘겨 빗질한다.

> **POINT**
> 물기를 바짝 건조하지 않고, 70~80%만 건조한다.

블로킹 전에 꼬리빗으로 모발을 가지런히 정돈한다.

C.P에서 T.P까지 정중선으로 나눈다 (p.7 두부 포인트 참고).

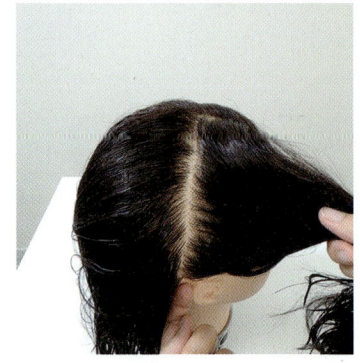
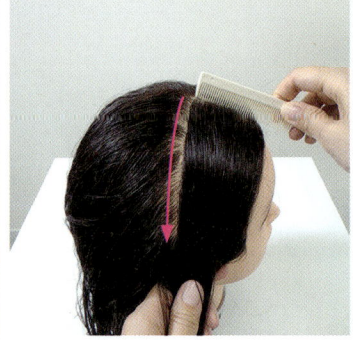
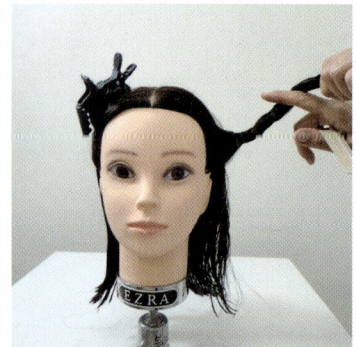
오른쪽 사이드부터 T.P에서 E.B.P까지 나누어 모발을 정돈하여 돌돌 말아 핀셋으로 고정한다.

사이드 블로킹을 완성한 모습

백(뒤)은 T.P 센터를 기준으로 나누어 네이프까지 내려 좌우 대칭을 확인한다.

왼쪽 모발을 먼저 빗질 후 돌돌 말아 핀셋으로 고정한다.

오른쪽 모발을 빗질 후 돌돌 말아 핀셋으로 고정한다.

2. 백(뒤) 드라이

오른쪽 핀셋을 제거하고 첫 번째 단을 롤브러시의 롤 크기만큼 섹션 나눠서 핀셋으로 고정한다.

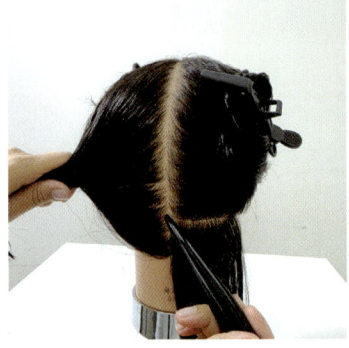 

왼쪽도 마찬가지로 롤브러시의 롤 크기만큼 섹션을 나눠서 핀셋으로 고정한다.

중앙을 기준으로 모발을 반 나눠 오른쪽 먼저 시술을 진행한다. 모발을 90°로 당긴 상태에서 롤브러시로 고르게 빗질 후 자연시술각 90°로 들어 뿌리부터 중간까지 결을 정리한다. 이후 모발 끝 말기로 열 처리한다.

뿌리를 살리기 위해 모근 부분에 열을 준다.

POINT

열 처리를 하기 전 반드시 고르게 빗질을 해야 윤기 있는 모발을 완성할 수 있다.

모발이 부스스해지지 않도록 모발 중간 부분에 C커브 형태로 열 처리를 충분히 하며 드라이한다.

모발 끝 말음을 하기 전에, 모발 끝이 꺾이지 않도록 모발을 한 바퀴 반 감고 열을 충분히 준다.

POINT

모발 끝부분이 꺾이지 않도록 모발을 끝까지 빗질한 상태에서 C커브 형태로 열 처리하며 드라이한다.

롤브러시를 안쪽으로 회전하면서 천천히 뜸을 주고, 모발 끝부분이 안쪽으로 C컬 형태를 유지할 수 있도록 롤브러시를 굴리면서 빼준다.

왼쪽도 같은 방법으로 인컬(안말음) 드라이를 한다.

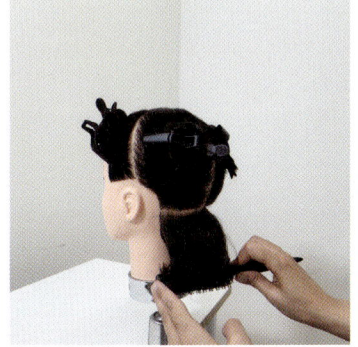 

첫 번째 단 인컬(안말음) 드라이를 완성한 모습

POINT

꼬리빗을 사용하지 않아도 된다.

두 번째 단도 동일하게 롤브러시의 롤 크기만큼 슬라이스를 나눈다.

모발이 갈라지지 않도록 중앙 부분에 분무를 하여 모발을 정돈한다.

두 번째 단은 모발 양이 많으므로 중앙부터 드라이를 시작한다.

> **POINT**
> 두 번째 단부터는 중앙 → 오른쪽 → 왼쪽 순으로 드라이를 한다.

두 번째 단부터는 모발을 빗질할 때 120° 들어서 첫 번째 단과 동일한 방법·순서로 열 처리를 한다.

센터를 기준으로 하여 오른쪽 → 왼쪽 순으로 같은 방법을 적용해 인컬(안말음) 드라이를 한다.

두 번째 단 인컬(안말음) 드라이를 완성한 모습

세 번째 단의 경우 모발의 중앙에 분무하여 열 처리를 시작한다.

POINT

가르마 부분이 건조해 갈라지면 분무 후 정돈하여 드라이를 한다.

좌우로 움직이며 모발을 엉키지 않도록 건조시킨다.

마지막 단

C커브 형태로 열 처리를 충분히 한 후 모발 끝이 꺾이지 않도록 매끄럽게 인컬(안말음)로 드라이한다.

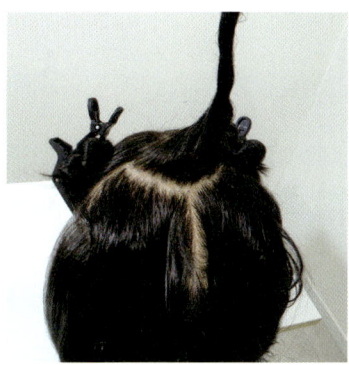

T.P를 한 번에 드라이할 수 있도록 마지막 단 모발을 돌돌 말아 핀셋으로 고정한다.

 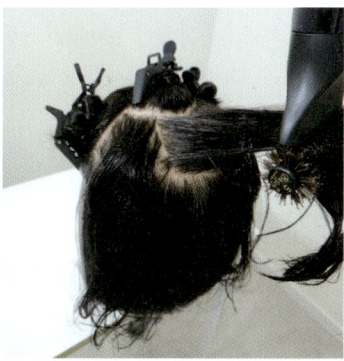 

물 적시기

모발이 갈라지지 않도록 모발의 가운데를 분무기로 적셔 뿌리를 살리며 드라이한다.

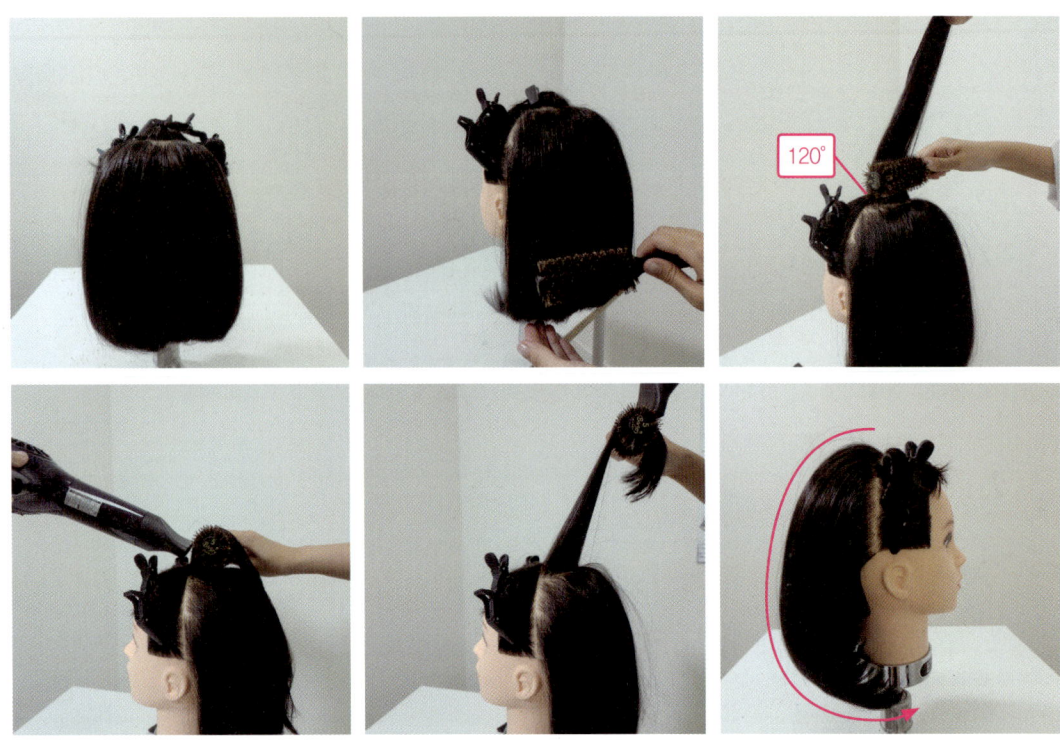

백(뒤) 마지막 단의 뿌리 볼륨을 충분히 살려 인컬(안말음) 드라이 후 모발이 갈라지지 않도록 빗질하여 매끈하게 정돈한다.

3. 오른쪽 사이드 드라이

롤브러시의 롤 크기만큼 슬라이스를 사선(전대각)으로 나눈다.

첫 번째 단을 나눠 돌돌 말아 핀셋으로 고정하고, 뒷머리와 이어질 수 있게 갈라진 부분에 분무하여 모발을 정돈한다.

> **POINT**
>
> 옆머리는 뒷머리보다 모발의 길이가 길기 때문에, 뿌리를 살린 후 모발 중간 부분에 충분히 열 처리를 해야 윤기 있게 완성할 수 있다.

젖은 모발을 90°로 들어 뿌리에서부터 빗질 후 롤을 모근 부분에 대고 열 처리한다.

모발 중앙 부분을 매끈하게 C커브 형태로 결 정리 드라이하고, 모발 끝부분은 인컬(안말음)로 한 바퀴 반 감아 열 처리한다.

두 번째 단도 롤 크기에 맞게 슬라이스를 사선(전대각)으로 나눈다.

모발을 120° 이상 들어서 빗질 후 뿌리에서부터 모발 중간 → 모발 끝 순으로 드라이한다.

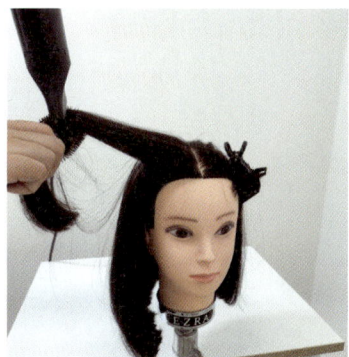
마지막 단 부분은 뿌리 부분을 살려 백(뒤) 부분과 연결해야 하므로, 130° 들어서 빗질 후 뿌리에서부터 모발 끝까지 인컬(안말음) 드라이를 한다.

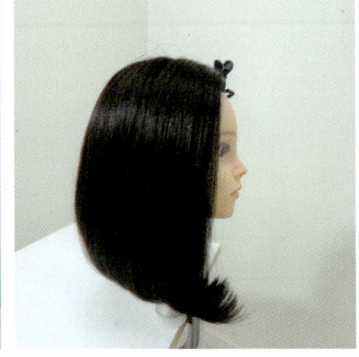

오른쪽 사이드 드라이를 완성한 모습

4. 왼쪽 사이드 드라이

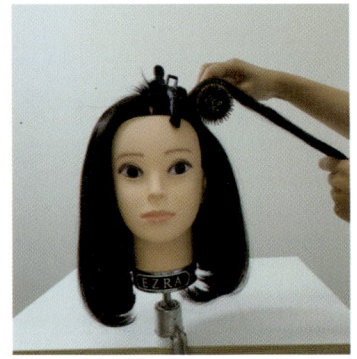

왼쪽도 오른쪽과 같은 방법으로 드라이를 한다.

5. 마무리

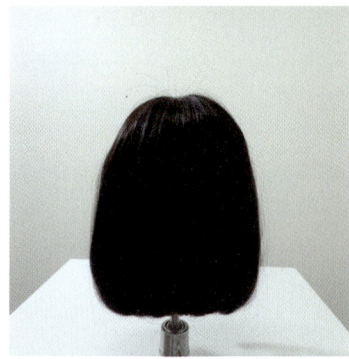

가지런히 빗질하여 스파니엘 인컬(안말음) 형태로 마무리한다.

POINT

앞머리가 마네킹 얼굴에 흘러내리지 않도록 빗질을 고르게 하여 정돈하여 마무리한다.

CHAPTER 02 이사도라 아웃컬 드라이

도면

01 알아 두기

1. 요구사항

▶ 전체적인 순서는 도구 및 재료 준비 → 블로킹 → 블로 드라이 및 롤 세팅 → 마무리 등의 순으로 작업하시오.

❶ **시간** : 30분(마무리까지 포함한 시간이 30분이므로, 그 안에 정리까지 마쳐야 합니다.)

❷ **배점** : 20점(준비 상태, 블로킹 및 섹션, 롤브러시 선정, 시술 각도 및 분배, 드라이어 및 브러시 방법, 윤기 및 컬의 조화미, 정리 및 마무리까지 채점 영역에 포함됩니다.)

2. 도구 및 재료 준비

※ 위 이미지에 수건, 위생봉지는 나와 있지 않지만, 지참해야 합니다.
※ 롤브러시의 경우 필요량에 따라 사이즈 선택 가능합니다. 다만, 열판 부착 제품은 사용 불가합니다.

❶ **수건(2장 : 바구니 세팅용, 모발 닦을 수건)** ❷ **마네킹**

❸ **롤브러시(1호, 3호, 5호)** ❹ **꼬리빗(1개 이상)**

❺ **분무기** ❻ **S브러시**

❼ **핀셋(4개 이상)** ❽ **위생봉지**

❾ **홀 더** ❿ **헤어 드라이기**

02 시술 개요

1. 수험자 유의사항

① 블로 드라이 작업 시 시술하기에 알맞게 적셔진 모발에 과정의 절차에 맞게 작업(모발, 모근까지 골고루 수분 도포 → 타월 건조 → 프레 드라이 스타일 → 본 드라이 스타일 → 마무리)해야 합니다.

② 롤 세팅 작업 시 롤러의 사용 개수는 반드시 31개 이상으로 하되, 크기(대,중,소)는 두상 부위에 따라 골고루 배열되게 해야 합니다.

③ 롤 세팅 작업 시 와인딩은 블로킹 상단에서부터 하단으로 향하게 시술해야 합니다.

④ 블로킹 파팅에 맞게 각각의 절차에 따라 정확히 시술해야 합니다.

⑤ 시험시간 종료 후에는 빗질 등을 하면서 작품 및 도구를 만져서는 안 됩니다.

⑥ 채점이 종료된 후 시험위원의 지시에 따라 다음 시술 준비를 해야 합니다.

2. 세부 요구사항

	스타일	세부 요구 작업 내용	비고
1	인 컬	스파니엘 스타일로 커트한 마네킹에 안말음(C컬)형이 되도록 블로 드라이 하시오.	-
2	아웃컬	이사도라 스타일로 커트한 마네킹에 바깥말음(CC컬)형이 되도록 블로 드라이하시오.	-
3	인 컬	그래쥬에이션 스타일로 커트한 마네킹에 안말음(C컬)형이 되도록 블로 드라이하시오.	-
4	롤 컬	레이어드 스타일로 커트한 마네킹에 롤러를 사용하여 세팅하시오.	-

① **블로 드라이**
  ㉠ 수분이 도포된 모발에 프리 드라이된 상태에서 4~6등분으로 블로킹 후 블로 드라이어와 롤브러시를 이용하여 다음과 같이 시험에 요구되는 스타일을 시술하시오(사이드 센터 파트, 이어 투 이어 파트 등).
    • 섹션 시 베이스 크기는 사용되는 롤브러시의 폭(지름)을 넘지 않게 해야 합니다.
    • 모발의 길이에 따라 롤브러시를 선택하여 사용합니다.
    • 모다발(판넬)은 모류 방향에 따라 시술해야 하며, 적합한 블로 드라이어와 롤브러시 운행 각도에 따른 열 처리가 적절하게 이루어져야 합니다.
    • 모근에 볼륨감이 형성되어야 합니다.
    • 모발은 윤기 있게 질감 처리가 되어야 합니다.
  ㉡ 마무리(리세트)는 빗이나 손을 이용하여 블로 드라이 헤어 스타일링 하시오.

❷ **롤 세팅**
   ㉠ 적셔진 마네킹의 모발에 롤러를 이용하여 모다발이 빠져나오지 않도록 와인딩을 균형 있게 세트 하시오.
      - 충분하게 적셔진 모발에 6등분 블로킹을 한 후 전두부 상단부터 와인딩 합니다.
      - 파팅(베이스 크기)은 롤러의 폭(직경)을 넘지 않아야 합니다.
      - 모발의 길이에 따라 롤러 크기를 선택하여 사용합니다.
      - 모다발(판넬)은 모류 처리에 적합한 각도에 맞추어 롤러를 정확히 세트하여야 합니다.
   ㉡ 모발을 롤러에 와인딩 한 상태에서 헤어망을 씌워 적절하게 열 처리하시오.
   ㉢ 롤러를 제거 후 마무리(리세트)하시오.

3. 준비 요령

❶ 시험위원의 지시에 따라 작업에 편리하도록 마네킹을 홀더에 고정시킵니다.

❷ 마네킹의 모발에 물을 적당히 분무하여 곱게 빗질한 다음 시험 시작과 함께 작업을 시작합니다(건조한 모발 상태로 작업한 경우 감점됩니다).

03 시술하기

1. 4등분 블로킹

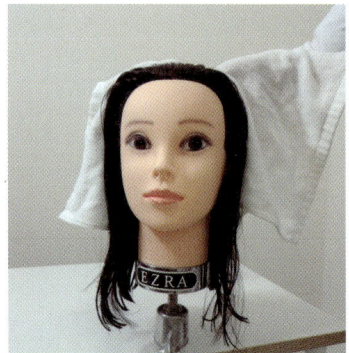
타월로 모발의 물기를 제거한다.

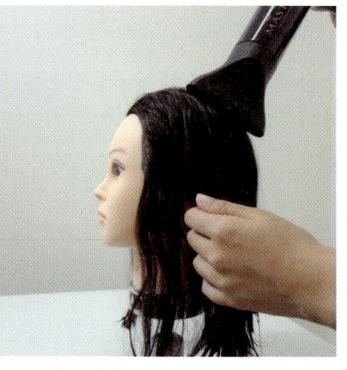
고르게 빗질 후 모발 사이에 열을 주면서 모발 끝 위주로 프레 드라이를 한다.

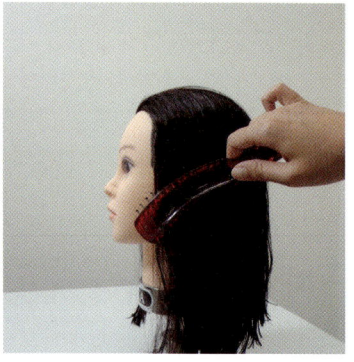
S브러시를 이용해 엉킨 모발을 올백으로 넘겨 빗질한다.

POINT
물기를 바짝 건조하지 않고, 70~80%만 건조한다.

블로킹 전에 꼬리빗으로 모발을 가지런히 정돈한다.

C.P에서 T.P까지 정중선으로 나눈다 (p.7 두부 포인트 참고).

약 4~5cm

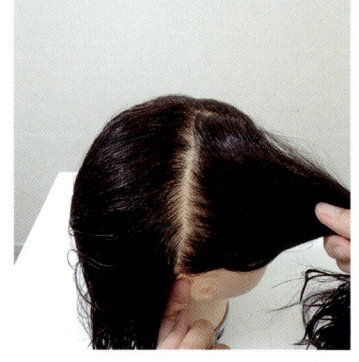
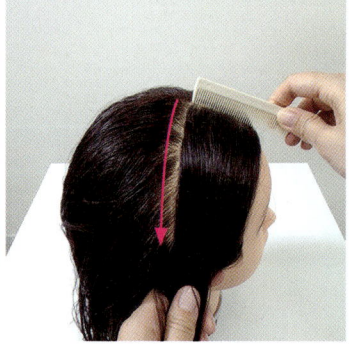
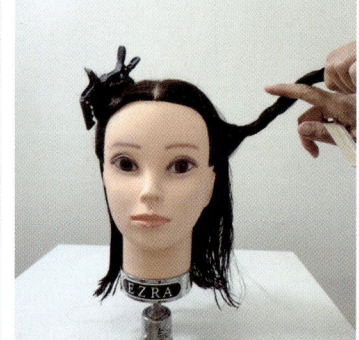
오른쪽 사이드부터 T.P에서 E.B.P까지 나누어 모발을 정돈하여 돌돌 말아 핀셋으로 고정한다.

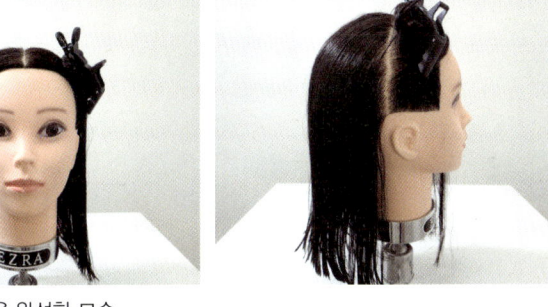

사이드 블로킹을 완성한 모습

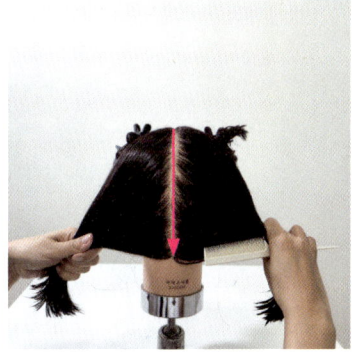

백(뒤)은 T.P 센터를 기준으로 나누어 네이프까지 내려 좌우 대칭을 확인한다.

왼쪽 모발을 먼저 빗질 후 돌돌 말아 핀셋으로 고정한다.

오른쪽 모발을 빗질 후 돌돌 말아 핀셋으로 고정한다.

2. 백(뒤) 드라이

오른쪽 핀셋을 제거하고 첫 번째 단을 롤브러시의 롤 크기만큼 섹션 나눠서 핀셋으로 고정한다.

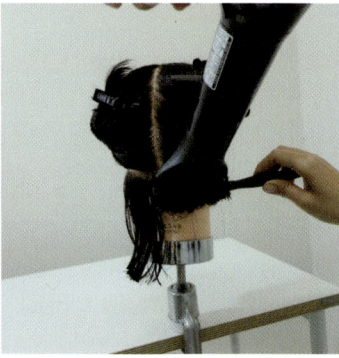
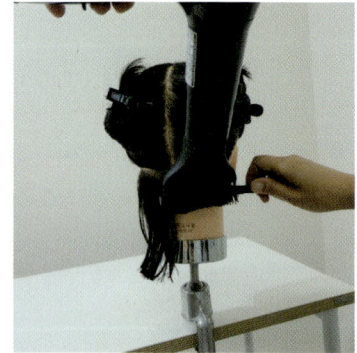

이사도라 커트 특성상 머리 길이가 짧아 밑의 모발이 빠지기 쉬우므로 첫 번째 단은 높이 들지 않는 것이 좋다.

네이프 첫 번째 단은 중앙을 기준으로 오른쪽 모발 먼저 빗질 후, 뿌리부터 결을 정리하고 열 처리 후 가볍게 C컬 드라이를 만다.

롤브러시를 반대로[아웃컬(바깥말음)로] 뒤집어 가볍게 만 C컬 모발을 한 바퀴 반 감아 열 처리한다.

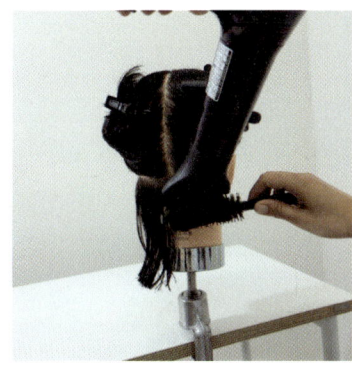 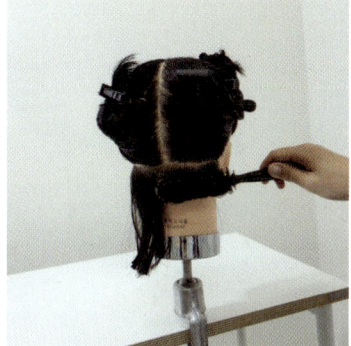 

아웃컬(바깥말음)을 한 상태에서 아래, 위 열 처리를 충분히 하고 찬바람으로 식힌다. 이후 롤을 말았던 반대 방향으로 풀어 아웃컬(바깥말음) 형태로 롤브러시를 제거한다.

POINT

롤 아래 → 위 → 안쪽 순으로 열 처리를 충분하게 하여 아웃컬(바깥말음) 드라이를 한다.

두 번째 단부터는 롤브러시의 롤 크기만큼 슬라이스를 나눈다.

갈라진 중앙 가르마 부위를 분무기로 적셔 모발을 정돈한다.

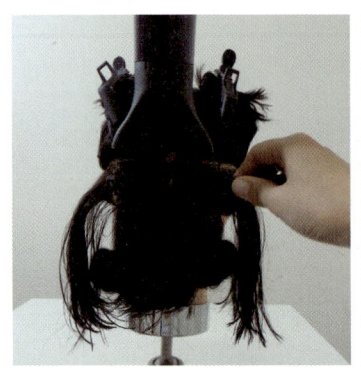 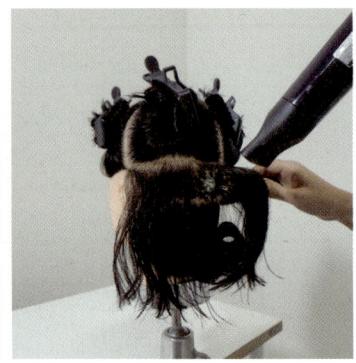 

모발을 3등분 하여 중앙 부분 먼저 120°로 빗질한다. 이후 뿌리부터 모발 끝까지 가볍게 C컬 드라이 후 아웃컬(바깥말음)을 시작한다.

아웃컬(바깥말음)을 한 상태에서 아래, 위 열 처리를 충분히 하고 찬바람으로 식힌다. 이후 아웃컬(바깥말음) 형태로 롤브러시를 제거한다.

마네킹 기준 중앙 → 오른쪽 → 왼쪽 순으로 같은 방법의 드라이를 한다.

롤브러시로 첫 번째 단과 두 번째 단을 합쳐 아웃컬(바깥말음) 형태로 빗질하여 정돈한다.

POINT

두 번째 단부터는 아래 단과 합체하여 빗질하여 정돈한다.

세 번째 단도 중앙 → 오른쪽 → 왼쪽 순으로 동일한 방법으로 드라이한다.

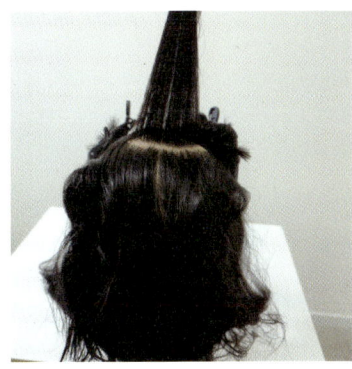

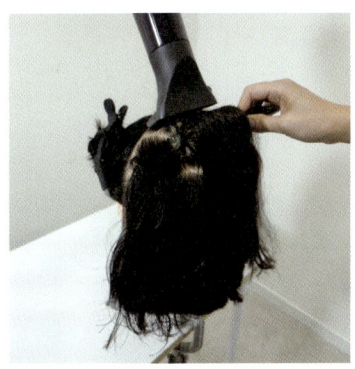
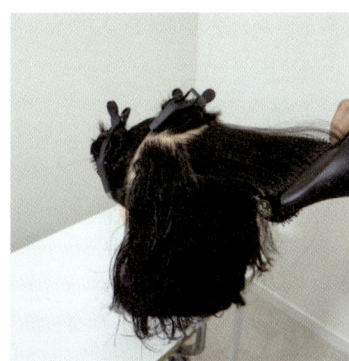

네 번째 단부터 뿌리의 볼륨을 충분히 살리며 드라이한다.

인컬(안말음) 후 아래 단과 합쳐 아웃컬(바깥말음) CC컬 형태로 빗질한다.

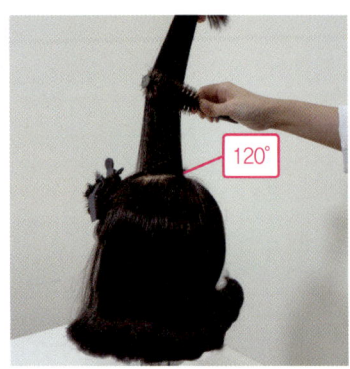 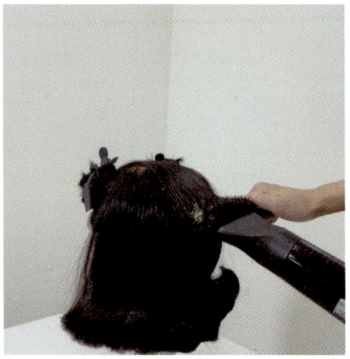 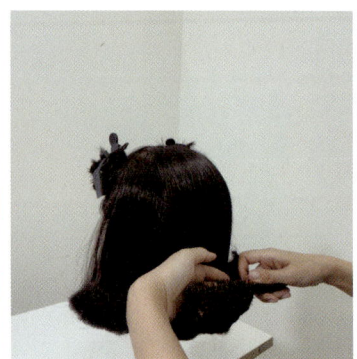

마지막 단은 120°로 빗질하여 뿌리 부분의 볼륨을 충분히 살려 준다.

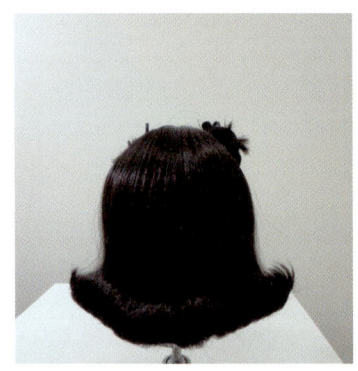 

백(뒤)의 뿌리 부분부터 볼륨이 연결될 수 있도록 아웃컬(바깥말음) 드라이한다.

3. 왼쪽 사이드 드라이

왼쪽 사이드 첫 번째 단을 롤브러시의 롤 크기만큼 슬라이스 나눈다.

블로킹에 갈라진 가르마를 분무기로 적시고 뒷머리 1cm를 가져와 모발을 정돈한다.

90°로 모발을 빗질하여 C컬을 만든 후 한 바퀴 반 아웃컬(바깥말음)을 한다.

아래, 위 열 처리를 충분히 하여 아웃컬(바깥말음) 형태를 만든다.

POINT

이사도라 커트 형태는 앞쪽 길이가 짧으므로, 드라이 빗질 시 모발이 빠지지 않도록 반대쪽 손으로 잘 고정하여 드라이를 진행한다.

 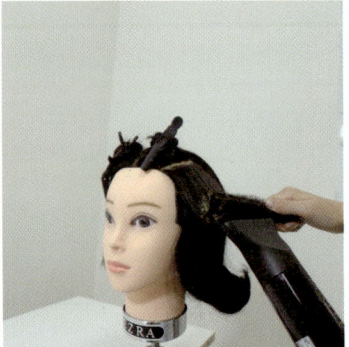 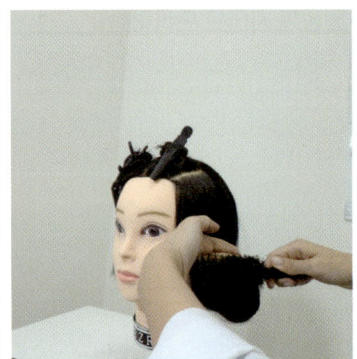

롤브러시를 이용하여 첫 번째 단과 같은 방법으로 두 번째 단부터 세 번째 단까지 드라이한다.

  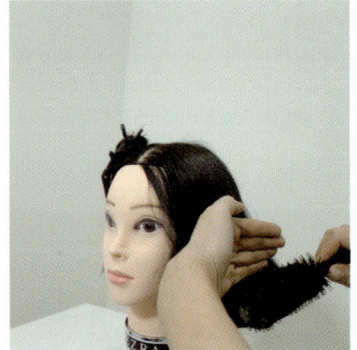

마지막 단은 뒷머리와 연결될 수 있도록 뿌리 볼륨을 풍성하게 살려 주고, 모발 끝은 한 바퀴 반 아웃컬(바깥말음)을 하여 아웃컬(바깥말음) 드라이를 한다.

4. 오른쪽 사이드 드라이

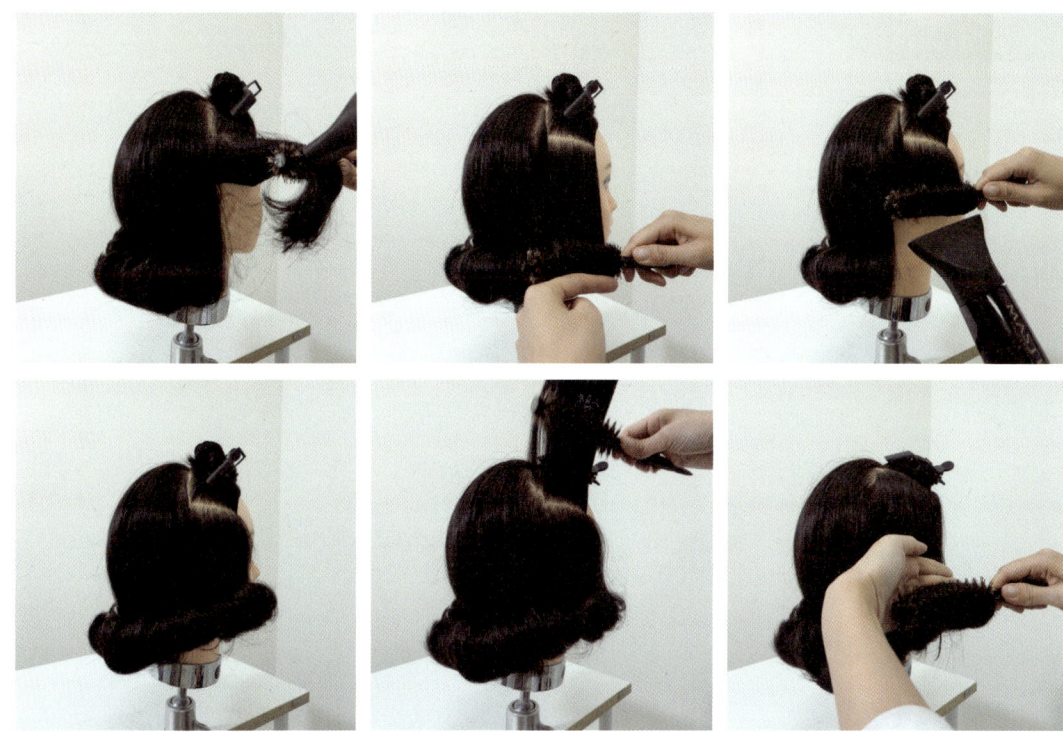

오른쪽 사이드도 왼쪽 사이드와 동일하게 아웃컬(바깥말음) 드라이한다.

5. 마무리

완성된 아웃컬(바깥말음) 드라이 모발을 정돈하여 마무리한다.

> **POINT**
>
> 아웃컬(바깥말음) 완성 후 브러시로 전체 모발을 정돈하고 작업대를 정리하여 마무리한다.

CHAPTER 03　그래쥬에이션 인컬 드라이

도면

01 알아 두기

1. 요구사항

▶ 전체적인 순서는 도구 및 재료 준비 → 블로킹 → 블로 드라이 및 롤 세팅 → 마무리 등의 순으로 작업하시오.

❶ **시간** : 30분(마무리까지 포함한 시간이 30분이므로, 그 안에 정리까지 마쳐야 합니다.)

❷ **배점** : 20점(준비 상태, 블로킹 및 섹션, 롤브러시 선정, 시술 각도 및 분배, 드라이어 및 브러시 방법, 윤기 및 컬의 조화미, 정리 및 마무리까지 채점 영역에 포함됩니다.)

2. 도구 및 재료 준비

※ 위 이미지에 수건, 위생봉지는 나와 있지 않지만, 지참해야 합니다.
※ 롤브러시의 경우 필요량에 따라 사이즈 선택 가능합니다. 다만, 열판 부착 제품은 사용 불가합니다.

❶ 수건(2장 : 바구니 세팅용, 모발 닦을 수건)　　❷ 마네킹

❸ 롤브러시(1호, 3호, 5호)　　❹ 꼬리빗(1개 이상)

❺ 분무기　　❻ S브러시

❼ 핀셋(4개 이상)　　❽ 위생봉지

❾ 홀 더　　❿ 헤어 드라이기

02 시술 개요

1. 수험자 유의사항

❶ 블로 드라이 작업 시 시술하기에 알맞게 적셔진 모발에 과정의 절차에 맞게 작업(모발, 모근까지 골고루 수분 도포 → 타월 건조 → 프레 드라이 스타일 → 본 드라이 스타일 → 마무리)해야 합니다.

❷ 롤 세팅 작업 시 롤러의 사용 개수는 반드시 31개 이상으로 하되, 크기(대,중,소)는 두상 부위에 따라 골고루 배열되게 해야 합니다.

❸ 롤 세팅 작업 시 와인딩은 블로킹 상단에서부터 하단으로 향하게 시술해야 합니다.

❹ 블로킹 파팅에 맞게 각각의 절차에 따라 정확히 시술해야 합니다.

❺ 시험시간 종료 후에는 빗질 등을 하면서 작품 및 도구를 만져서는 안 됩니다.

❻ 채점이 종료된 후 시험위원의 지시에 따라 다음 시술 준비를 해야 합니다.

2. 세부 요구사항

	스타일	세부 요구 작업 내용	비 고
1	인 컬	스파니엘 스타일로 커트한 마네킹에 안말음(C컬)형이 되도록 블로 드라이 하시오.	-
2	아웃컬	이사도라 스타일로 커트한 마네킹에 바깥말음(CC컬)형이 되도록 블로 드라이하시오.	-
3	인 컬	그래쥬에이션 스타일로 커트한 마네킹에 안말음(C컬)형이 되도록 블로 드라이하시오.	-
4	롤 컬	레이어드 스타일로 커트한 마네킹에 롤러를 사용하여 세팅하시오.	-

❶ 블로 드라이
  ㉠ 수분이 도포된 모발에 프리 드라이된 상태에서 4~6등분으로 블로킹 후 블로 드라이어와 롤브러시를 이용하여 다음과 같이 시험에 요구되는 스타일을 시술하시오(사이드 센터 파트, 이어 투 이어 파트 등).
  • 섹션 시 베이스 크기는 사용되는 롤브러시의 폭(지름)을 넘지 않게 해야 합니다.
  • 모발의 길이에 따라 롤브러시를 선택하여 사용합니다.
  • 모다발(판넬)은 모류 방향에 따라 시술해야 하며, 적합한 블로 드라이어와 롤브러시 운행 각도에 따른 열 처리가 적절하게 이루어져야 합니다.
  • 모근에 볼륨감이 형성되어야 합니다.
  • 모발은 윤기 있게 질감 처리가 되어야 합니다.
  ㉡ 마무리(리세트)는 빗이나 손을 이용하여 블로 드라이 헤어 스타일링 하시오.

❷ 롤 세팅
  ㉠ 적셔진 마네킹의 모발에 롤러를 이용하여 모다발이 빠져나오지 않도록 와인딩을 균형 있게 세트 하시오.
    • 충분하게 적셔진 모발에 6등분 블로킹을 한 후 전두부 상단부터 와인딩 합니다.
    • 파팅(베이스 크기)은 롤러의 폭(직경)을 넘지 않아야 합니다.
    • 모발의 길이에 따라 롤러 크기를 선택하여 사용합니다.
    • 모다발(판넬)은 모류 처리에 적합한 각도에 맞추어 롤러를 정확히 세트하여야 합니다.
  ㉡ 모발을 롤러에 와인딩 한 상태에서 헤어망을 씌워 적절하게 열 처리하시오.
  ㉢ 롤러를 제거 후 마무리(리세트)하시오.

3. 준비 요령

❶ 시험위원의 지시에 따라 작업에 편리하도록 마네킹을 홀더에 고정시킵니다.

❷ 마네킹의 모발에 물을 적당히 분무하여 곱게 빗질한 다음 시험 시작과 함께 작업을 시작합니다(건조한 모발 상태로 작업한 경우 감점됩니다).

03 시술하기

1. 4등분 블로킹

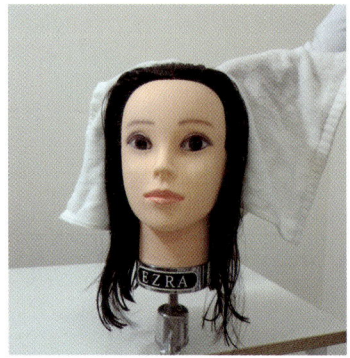

타월로 모발의 물기를 제거한다.

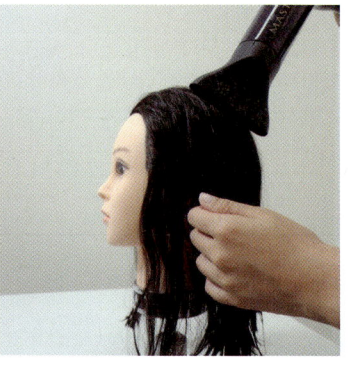

고르게 빗질 후 모발 사이에 열을 주면서 모발 끝 위주로 프레 드라이를 한다.

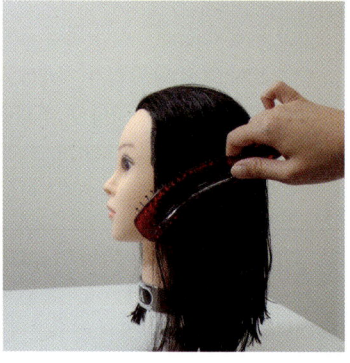

S브러시를 이용해 엉킨 모발을 올백으로 넘겨 빗질한다.

POINT

물기를 바짝 건조하지 않고, 70~80%만 건조한다.

블로킹 전에 꼬리빗으로 모발을 가지런히 정돈한다.

약 4~4.5cm

C.P에서 T.P까지 정중선으로 나눈다 (p.7 두부 포인트 참고).

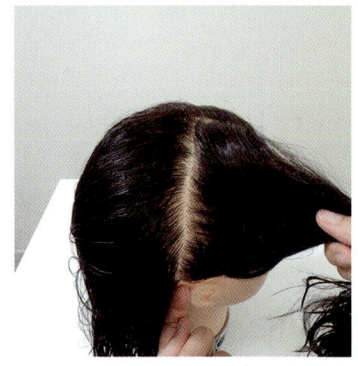

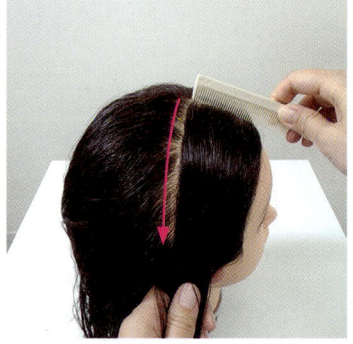

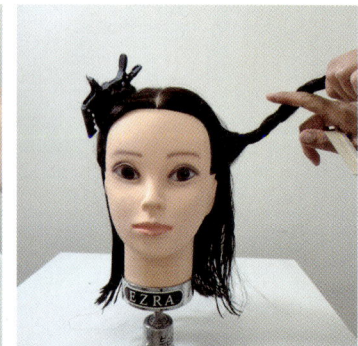

오른쪽 사이드부터 T.P에서 E.B.P까지 나누어 모발을 정돈하여 돌돌 말아 핀셋으로 고정한다.

사이드 블로킹을 완성한 모습

백(뒤)은 T.P 센터를 기준으로 나누어 네이프까지 내려 좌우 대칭을 확인한다. | 왼쪽 모발을 먼저 빗질 후 돌돌 말아 핀셋으로 고정한다.

오른쪽 모발을 빗질 후 돌돌 말아 핀셋으로 고정한다.

2. 백(뒤) 드라이

롤 크기만큼

오른쪽 핀셋을 제거하고 첫 번째 단을 롤브러시의 롤 크기만큼 섹션 나눠서 핀셋으로 고정한다.

왼쪽도 동일하게 핀셋을 제거하고 첫 번째 단을 롤브러시의 롤 크기만큼 섹션 나눠서 핀셋으로 고정한다.

중앙을 기준으로 모발을 반 나눠 오른쪽부터 드라이한다.

POINT

모근에 볼륨감을 형성하기 위해 결 정리를 할 때 열 처리를 충분히 해야 한다.

뿌리에서부터 롤을 C커브 형태로 굴리며 모발이 마를 때까지 드라이한다.

모발이 마르면 모발 끝에 충분한 열 처리를 한다. 이때 네이프는 모발의 길이가 짧기 때문에 모발을 끝까지 감아 열 처리한다.

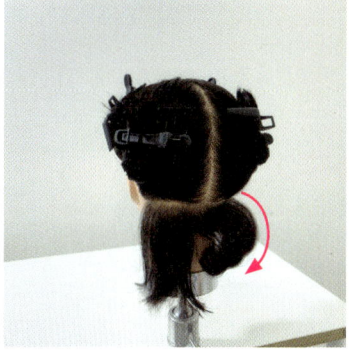

감았던 롤을 반대로 풀어서 인컬(안말음) 형태로 정돈한다.

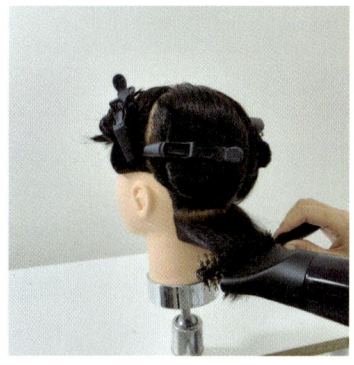
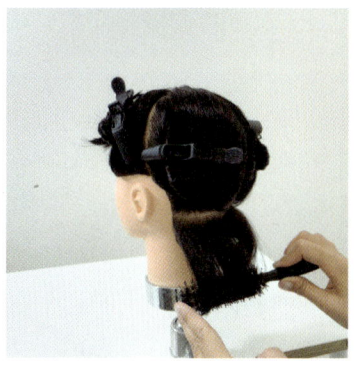

왼쪽 모발도 동일하게 드라이한다.   첫 번째 단 드라이를 완성한 모습

두 번째 단은 롤브러시의 롤 크기만큼 슬라이스를 나눈다.

갈라진 블로킹 가르마 부분을 적셔서 모발을 정돈한다.

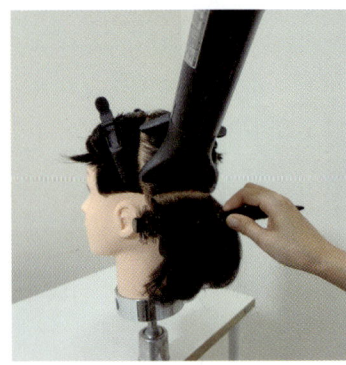

같은 방법으로 두 번째 단의 중앙부터 드라이한다.

첫 번째 단과 두 번째 단의 커트 라인이 잘 보일 수 있도록 정돈한다.

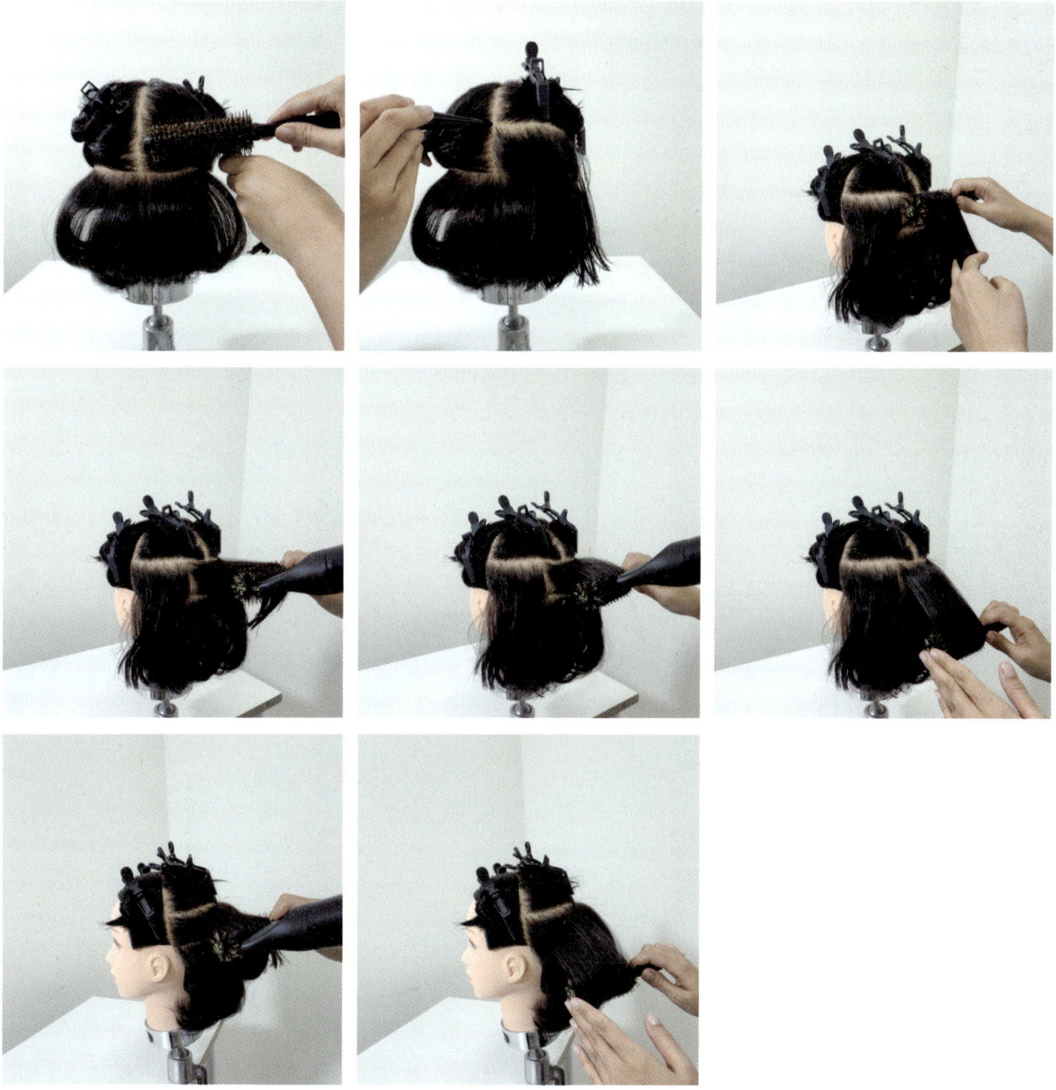

세 번째 단부터 모발 양이 많아지기 때문에 중앙 → 오른쪽 → 왼쪽 순으로 드라이한다.

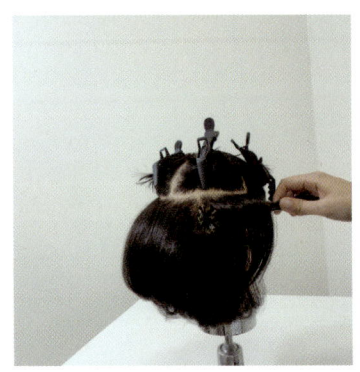  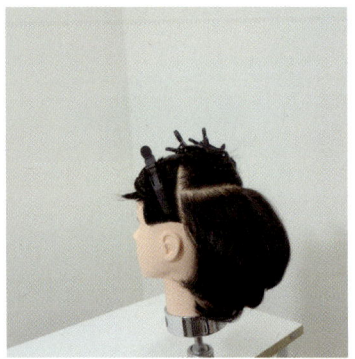

완성한 세 번째 단의 모발을 두 번째 단의 모발과 C컬 모양으로 연결될 수 있게(볼륨감 있도록) 빗질한다.

POINT

세 번째 단부터는 드라이 후 모발을 롤브러시로 빗질하여 합체 후 완성한다.

세 번째 단부터는 뿌리 볼륨을 더 살리기 위해 120° 빗질하여 뿌리 부분 열 처리를 충분히 한다.

 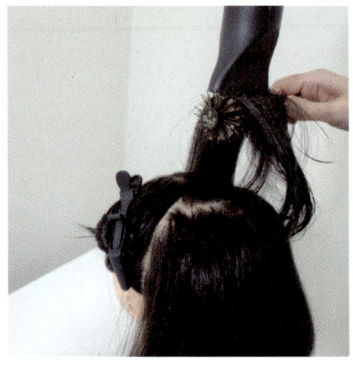

마지막 단의 모발은 130°로 하여 뿌리 부분에 충분히 열을 준다. 이후 모발을 건조하고 텐션 있게 C커브 드라이를 하며, 모발 끝까지 열 처리를 해서 C컬 드라이를 한다.

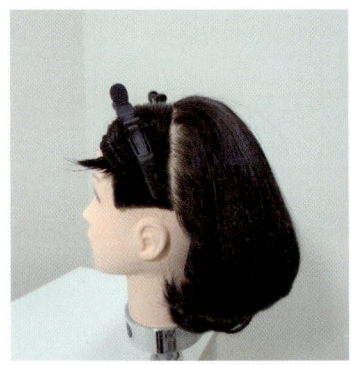

백(뒤) 드라이를 완성한 모습

4. 오른쪽 사이드 드라이

오른쪽 사이드 첫 번째 단의 모발을 롤브러시의 롤 크기만큼 슬라이스 나눈다.

블로킹에 의해 갈라진 모발을 적셔 모발을 정돈한다.

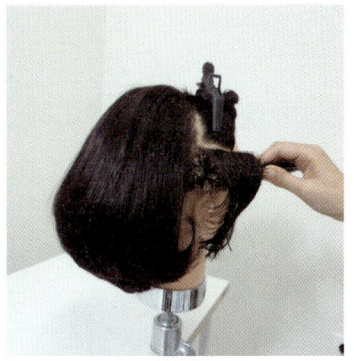

첫 번째 단의 모발 안쪽에 롤브러시를 대고 원을 그리듯 전체적으로 볼륨을 살리며 드라이한다.

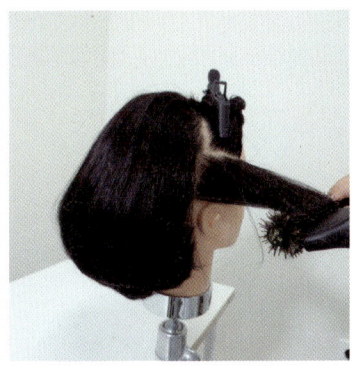

모발 끝까지 열 처리를 하고 C컬 형태를 만들어 정돈한다.

두 번째 단도 동일하게 작업하되, 뿌리 부분을 120° 빗질하고 열 처리하여 볼륨을 살린다.

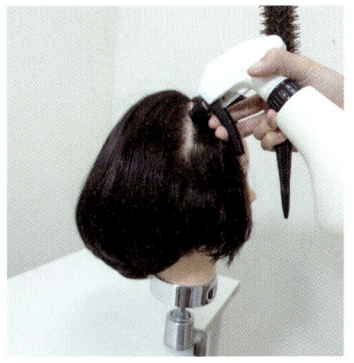

세 번째 단은 130° 빗질하여 뿌리 볼륨을 풍성하게 연결한 후 드라이한 모발들과 합쳐 정돈한다.

5. 왼쪽 사이드 드라이

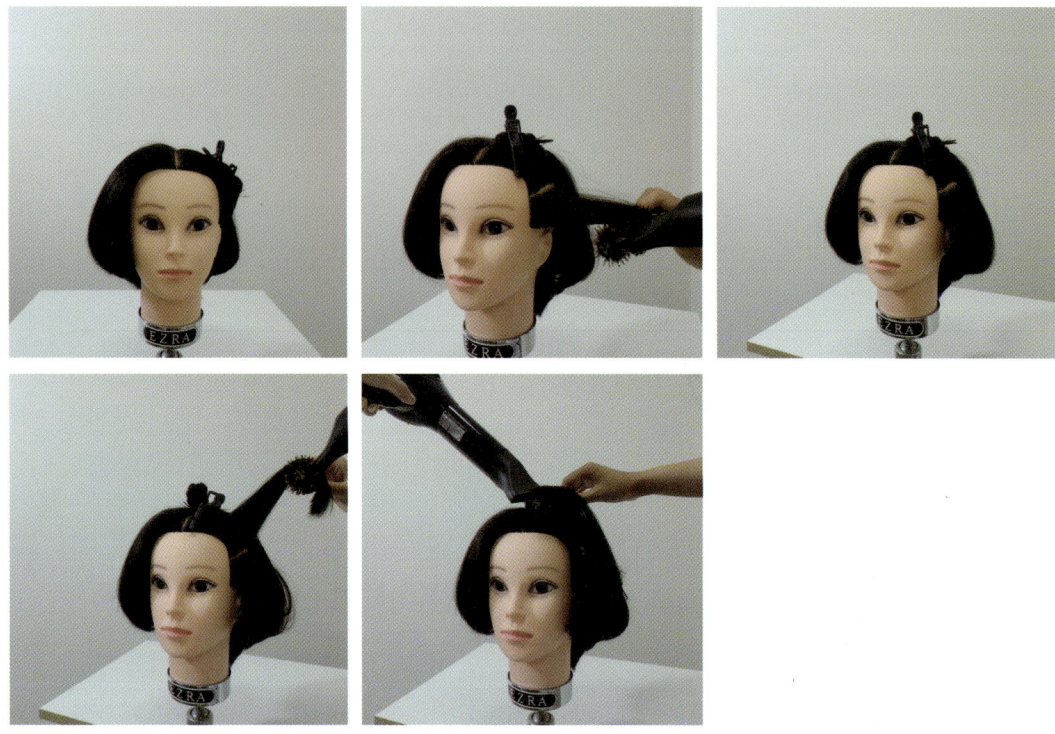

왼쪽 사이드의 모발도 오른쪽 사이드와 동일하게 드라이한다.

6. 마무리

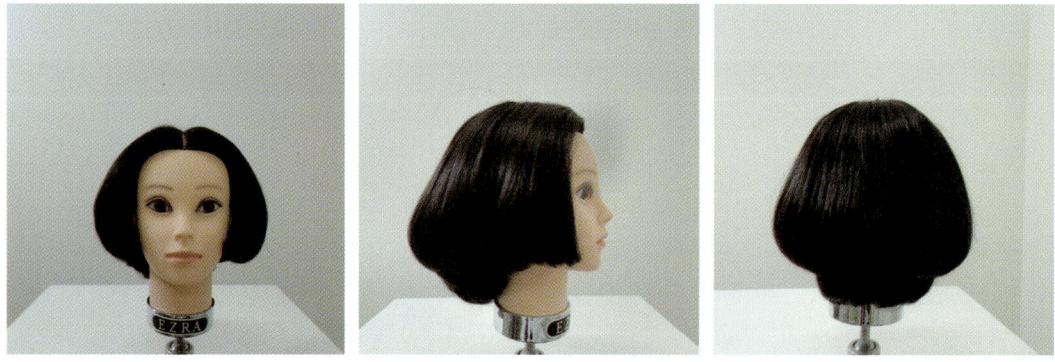

먼저 드라이했던 모발과 모양이 자연스럽게 연결되도록 마무리한다.

CHAPTER 04 레이어드 롤컬 드라이

> 도면

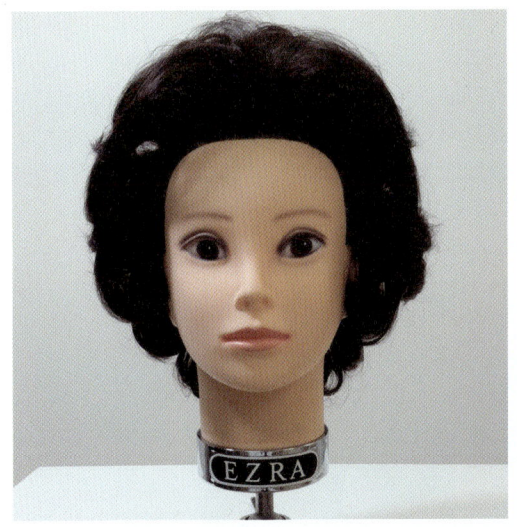

01 알아 두기

1. 요구사항

▶ 전체적인 순서는 도구 및 재료 준비 → 블로킹 → 블로 드라이 및 롤 세팅 → 마무리 등의 순으로 작업하시오.

❶ **시간** : 30분(마무리까지 포함한 시간이 30분이므로, 그 안에 정리까지 마쳐야 합니다.)

❷ **배점** : 20점(준비 상태, 블로킹 및 섹션, 롤브러시 선정, 시술 각도 및 분배, 드라이어 및 브러시 방법, 윤기 및 컬의 조화미, 정리 및 마무리까지 채점 영역에 포함됩니다.)

2. 도구 및 재료 준비

※ 위 이미지에 수건은 나와 있지 않지만, 지참해야 합니다.

❶ 수건(2장 : 바구니 세팅용, 모발 닦을 수건)
❷ 마네킹
❸ 롤러(대, 중, 소)
❹ 꼬리빗(1개 이상)
❺ 분무기
❻ S브러시
❼ 고무줄(6개 이상)
❽ 헤어망
❾ 홀 더
❿ 헤어 드라이기

02 시술 개요

1. 수험자 유의사항

❶ 블로 드라이 작업 시 시술하기에 알맞게 적셔진 모발에 과정의 절차에 맞게 작업(모발, 모근까지 골고루 수분 도포 → 타월 건조 → 프레 드라이 스타일 → 본 드라이 스타일 → 마무리)해야 합니다.

❷ 롤 세팅 작업 시 롤러의 사용 개수는 반드시 31개 이상으로 하되, 크기(대,중,소)는 두상 부위에 따라 골고루 배열되게 해야 합니다.

❸ 롤 세팅 작업 시 와인딩은 블로킹 상단에서부터 하단으로 향하게 시술해야 합니다.

❹ 블로킹 파팅에 맞게 각각의 절차에 따라 정확히 시술해야 합니다.

❺ 시험시간 종료 후에는 빗질 등을 하면서 작품 및 도구를 만져서는 안 됩니다.

❻ 채점이 종료된 후 시험위원의 지시에 따라 다음 시술 준비를 해야 합니다.

2. 세부 요구사항

	스타일	세부 요구 작업 내용	비 고
1	인 컬	스파니엘 스타일로 커트한 마네킹에 안말음(C컬)형이 되도록 블로 드라이 하시오.	-
2	아웃컬	이사도라 스타일로 커트한 마네킹에 바깥말음(CC컬)형이 되도록 블로 드라이하시오.	-
3	인 컬	그래쥬에이션 스타일로 커트한 마네킹에 안말음(C컬)형이 되도록 블로 드라이하시오.	-
4	롤 컬	레이어드 스타일로 커트한 마네킹에 롤러를 사용하여 세팅하시오.	-

❶ **블로 드라이**
  ㉠ 수분이 도포된 모발에 프리 드라이된 상태에서 4~6등분으로 블로킹 후 블로 드라이어와 롤브러시를 이용하여 다음과 같이 시험에 요구되는 스타일을 시술하시오(사이드 센터 파트, 이어 투 이어 파트 등).
    • 섹션 시 베이스 크기는 사용되는 롤브러시의 폭(지름)을 넘지 않게 해야 합니다.
    • 모발의 길이에 따라 롤브러시를 선택하여 사용합니다.
    • 모다발(판넬)은 모류 방향에 따라 시술해야 하며, 적합한 블로 드라이어와 롤브러시 운행 각도에 따른 열 처리가 적절하게 이루어져야 합니다.
    • 모근에 볼륨감이 형성되어야 합니다.
    • 모발은 윤기 있게 질감 처리가 되어야 합니다.
  ㉡ 마무리(리세트)는 빗이나 손을 이용하여 블로 드라이 헤어 스타일링 하시오.

❷ 롤 세팅

㉠ 적셔진 마네킹의 모발에 롤러를 이용하여 모다발이 빠져나오지 않도록 와인딩을 균형 있게 세트 하시오.
  - 충분하게 적셔진 모발에 6등분 블로킹을 한 후 전두부 상단부터 와인딩 합니다.
  - 파팅(베이스 크기)은 롤러의 폭(직경)을 넘지 않아야 합니다.
  - 모발의 길이에 따라 롤러 크기를 선택하여 사용합니다.
  - 모다발(판넬)은 모류 처리에 적합한 각도에 맞추어 롤러를 정확히 세트하여야 합니다.

㉡ 모발을 롤러에 와인딩 한 상태에서 헤어망을 씌워 적절하게 열 처리하시오.

㉢ 롤러를 제거 후 마무리(리세트)하시오.

3. 준비 요령

❶ 시험위원의 지시에 따라 작업에 편리하도록 마네킹을 홀더에 고정시킵니다.

❷ 마네킹의 모발에 물을 적당히 분무하여 곱게 빗질한 다음 시험 시작과 함께 작업을 시작합니다(건조한 모발 상태로 작업한 경우 감점됩니다).

03 시술하기

1. 6등분 블로킹

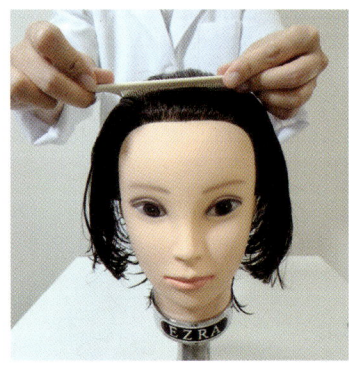 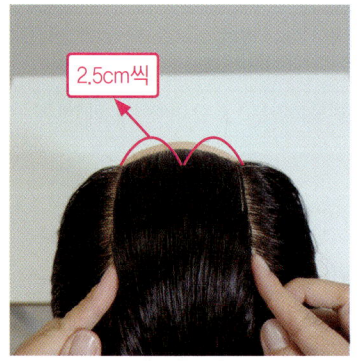

| 타월로 모발의 물기 제거 후 프레 드라이를 하고 모발을 빗질한다. | 모발을 탑 부분 C.P 기준으로 대략 2.5cm씩의 크기로 나눈다. |

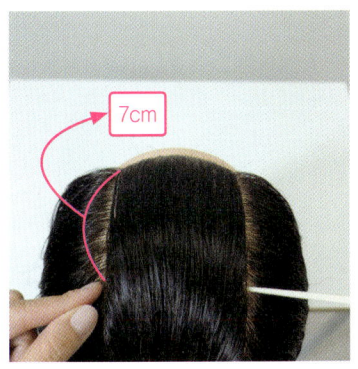  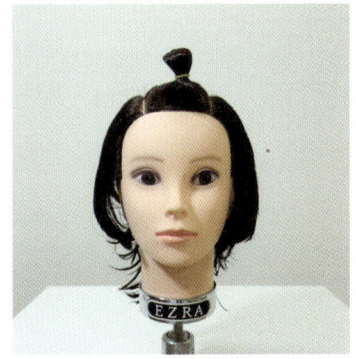

C.P에서 T.P까지 약 7cm 길이로 나눈 후 모발을 고무줄로 고정한다(모발이 짧으므로 핀셋보다 고무줄을 추천한다).

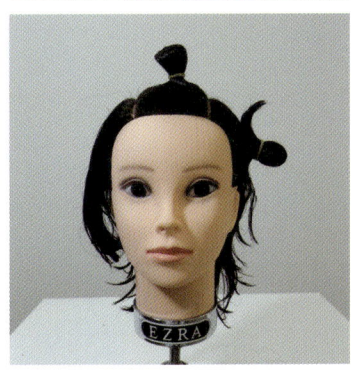

왼쪽 사이드의 모발을 E.B.P 기준에 맞춰 곡선 슬라이스로 T.P 블로킹 라인에 이어 고무줄로 고정한다(p.7 두부 포인트 참고).

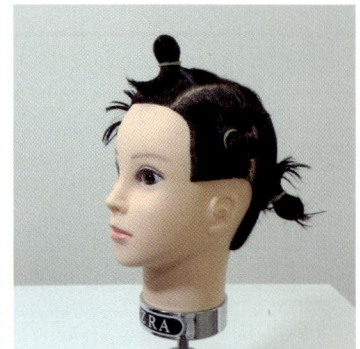
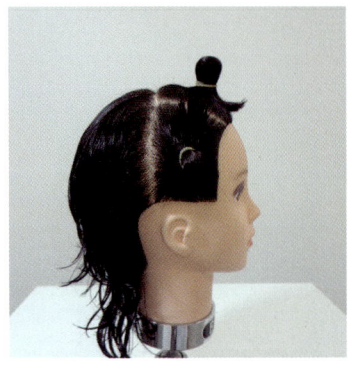

오른쪽 사이드도 동일하게 고정한다.

POINT

양쪽이 너무 넓거나 좁지 않게, 비대칭이 되지 않도록 체크한다.

백(뒤) 모발을 고르게 빗질한다.

 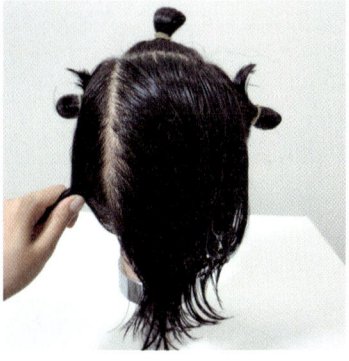 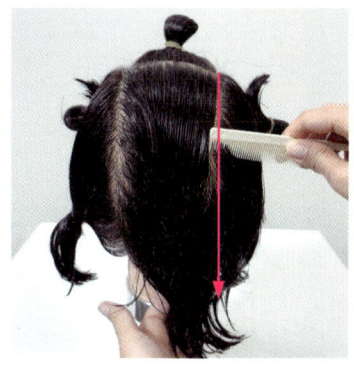

왼쪽 모발 먼저 T.P 블로킹 라인에 맞춰 네이프 라인까지 일직선으로 가른다(두상이 매우 둥글기 때문에, 네이프 쪽으로 내려올 때 살짝 사선으로 향해야 일직선이 나온다).

오른쪽도 동일하게 나눈다.

양쪽 모발을 일직선으로 잘 나눴는지 확인 후 모발을 고무줄로 고정한다.

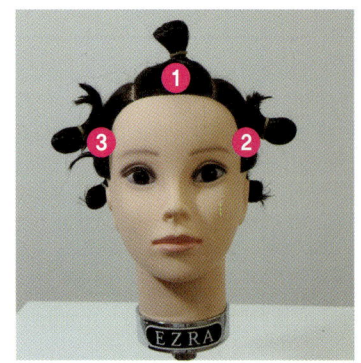  

6등분 블로킹을 완성한 모습

2. 탑1 영역 롤러 세팅[롤러(대) 3개]

롤러(대) 크기만큼

첫 번째 롤러(대) 크기만큼 모발을 일직선으로 슬라이스 한다.

꼬리빗을 활용하여 머리 크기만큼 일직선으로 섹션을 나눠 첫 번째 단 모발에 롤러(대) 1개를 말아 준다. 모발을 두상 곡면의 90° 이상으로 빗질하여 옆으로 빠지지 않도록 롤러에 텐션 있게 감아 고정한다.

남은 모발을 반 나누고 두상 곡면의 90°로 들어 빗질 후 두 번째 롤러(대)를 말아 준다.

나머지 모발도 두상 곡면의 90°로 들어 빗질 후 세 번째 롤러(대)를 말아 준다.

3. 백(뒤) 중앙 롤러 세팅[롤러(대) 6개, 롤러(중) 3개, 롤러(소) 2개]

백(뒤) 부분의 모발을 수분감 있는 상태에서 빗질 후 롤러(대) 사이즈 직경만큼 슬라이스 하여 텐션 있게 와인딩 한다.

롤러(대) 6개

동일한 방법으로 두상 곡면의 90°로 롤러(대) 6개까지 와인딩 한다.

이어서 롤러(중) 사이즈 직경만큼 슬라이스 한다.

동일한 방법으로 두상 곡면의 90°로 롤러(중) 3개까지 완성한다.

롤러(대) 6개
롤러(중) 3개
롤러(소) 2개

백(뒤) 영역 작업을 완성한 모습

4. 백(뒤) 오른쪽 사이드 롤러 세팅[롤러(대) 1개, 롤러(중) 3개, 롤러(소) 2개]

백(뒤) 중앙 작업을 마친 뒤 백(뒤) 사이드 작업은 오른쪽부터 시작한다. 첫 번째 롤러(대) 위치는 사진에 표시된 지점[백(뒤) 중앙 롤러(대) 6번째 슬라이스]에 맞춰 삼각존으로 슬라이스를 나눠 말아 준다.

모발을 두상 곡면의 120°로 들어 고르게 빗질 후 배열이 일자로 될 수 있도록 와인딩 한다.

롤러(중) 사이즈 직경만큼 슬라이스를 사선으로 나눠 백(뒤) 중앙 롤러(중) 슬라이스 선에 맞춰 백(뒤) 오른쪽 사이드에 롤러(중) 3개를 와인딩 한다.

POINT

롤러의 간격이 벌어지지 않도록 사선 섹션으로 각도를 잘 들어 완성한다.

롤러(소) 사이즈 직경만큼 슬라이스를 사선으로 나눠 백(뒤) 중앙 롤러(소) 슬라이스 선에 맞춰 백(뒤) 오른쪽 사이드에 롤러(소) 2개를 와인딩 한다.

5. 백(뒤) 왼쪽 사이드 롤러 세팅[롤러(대) 1개, 롤러(중) 3개, 롤러(소) 2개]

백(뒤) 오른쪽 사이드와 같은 방법으로 와인딩 한다.

POINT

백(뒤) 중앙과 사이드 사이에 틈이 생기지 않도록 중심을 잘 잡아서 와인딩 한다.

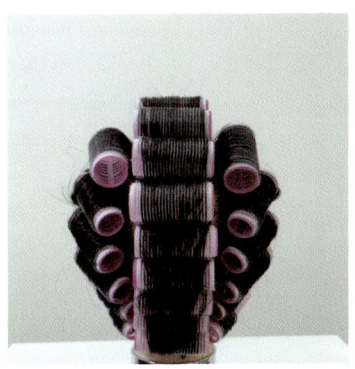

백(뒤) 전체 작업을 완성한 모습

6. 오른쪽 사이드 롤러 세팅[롤러(대) 1개, 롤러(중) 3개, 롤러(소) 2개]

오른쪽 사이드의 모발을 수분감 있는 상태에서 빗질 후 롤러(대) 사이즈 직경만큼 일직선으로 슬라이스 한다.

모발을 두상 곡면의 120°로 들어서 롤러(대) 1개를 완성한다.

롤러(중) 사이즈 직경만큼 일직선으로 슬라이스를 나눠 롤러 총 3개를 와인딩 한다.

POINT

백(뒤)에 있는 롤러(대, 중)와 간격이 맞을 수 있도록 완성해야 한다.

7. 왼쪽 사이드 롤러 세팅 [롤러(대) 1개, 롤러(중) 3개, 롤러(소) 2개]

오른쪽 사이드와 같은 방법으로 와인딩 한다.

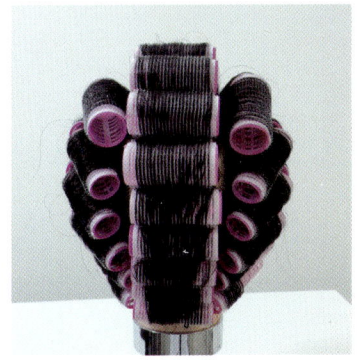

전체 와인딩을 완성한 모습

8. 헤어망 씌우기

 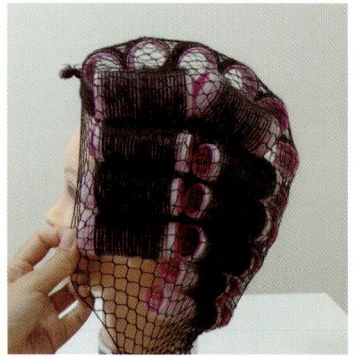 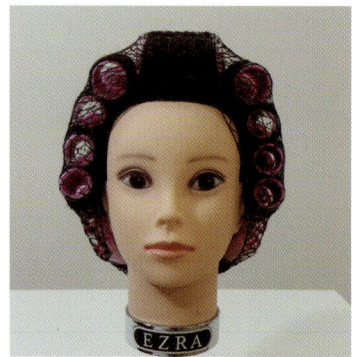

탑 위에서 네이프 아래로 헤어망을 씌운다. 양 백(뒤) 사이드 롤러 부분도 다 씌워졌는지 확인한다.

9. 열 처리

 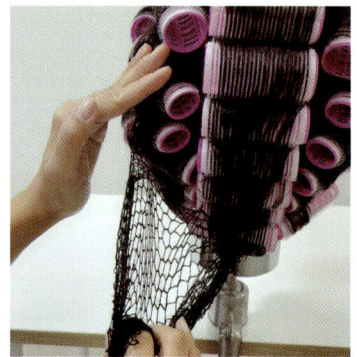

헤어망을 씌운 상태에서 전체적으로 충분히 열 처리를 하여 바짝 건조한다.

롤이 풀리지 않도록 헤어망을 조심스럽게 제거한다.

POINT

잘 안 마르는 구간(탑, 사이드, 네이프)은 더 유의하여 건조시킨다.

10. 롤러 제거

롤러를 하단 → 상단 방향으로 정돈하며 제거한다[네이프 중앙의 롤러(소)부터]. 이때 하단, 상단 순서는 바뀌어도 무관하다.

POINT

롤러를 제거할 때는 차곡차곡 쌓아 정돈하며 제거한다.

 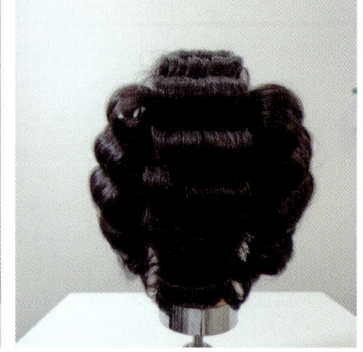

롤러를 모두 제거한 모습

11. 마무리

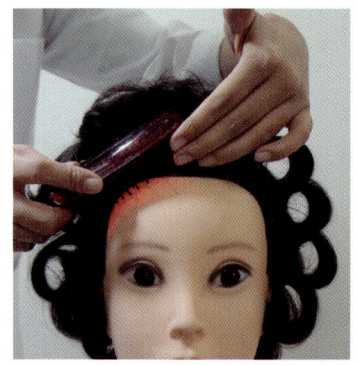 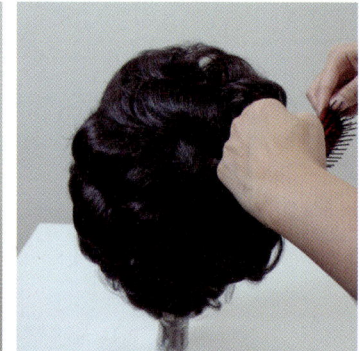 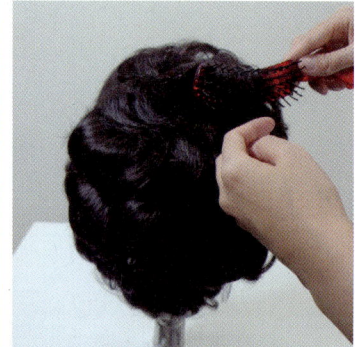

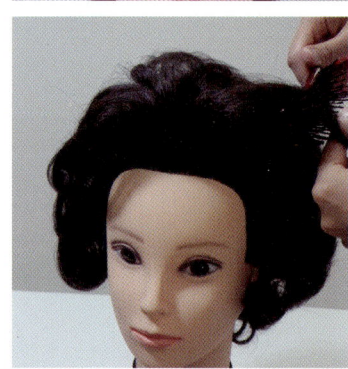

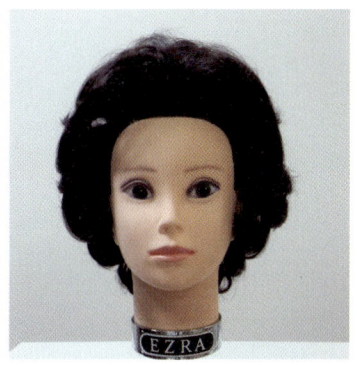

S브러시를 이용하여 갈라진 부분을 가려 주며 모발에 볼륨감이 형성되도록 빗질하여 마무리한다.

POINT

모발 끝을 연결하여 갈라진 틈 없이 풍성하게 마무리하여 정돈한다.

PART 4
헤어 퍼머넌트 웨이브

CHAPTER 01 기본형 와인딩

CHAPTER 02 혼합형 와인딩

CHAPTER 01 기본형 와인딩

도면

01 알아 두기

1. 요구사항

▶ 전체적인 순서는 도구 및 재료 준비 → 블로킹 → 와인딩 → 마무리 등의 순으로 작업하시오.

❶ **시간** : 35분(마무리까지 포함한 시간이 35분이므로, 그 안에 정리까지 마쳐야 합니다.)

❷ **배점** : 20점(준비 상태, 블로킹 및 파팅, 로드 와인딩 순서 및 배치, 슬라이스 크기 및 텐션, 밴딩 숙련도 및 로드 간격, 조화미, 정리 및 마무리까지 채점 영역에 포함됩니다.)

2. 도구 및 재료 준비

※ 위 이미지에 수건, 위생봉지는 나와 있지 않지만, 지참해야 합니다.
※ 로드의 수량은 와인딩 개수에 맞게 준비해야 합니다.

❶ 수건(2장 : 바구니 세팅용, 모발 닦을 수건)
❸ 로드[6호(파랑), 7호(노랑), 8호(빨강), 9호(분홍), 10호(초록)]
❺ 분무기
❼ 고무줄
❾ 파 지

❷ 마네킹
❹ 꼬리빗(1개 이상)
❻ S브러시
❽ 위생봉지
❿ 홀 더

02 시술 개요

1. 수험자 유의사항

❶ 블로킹 작업 시 시술하기에 알맞게 젖은 모발에 작업해야 합니다.

❷ 유형(기본형, 혼합형)에 따라 와인딩 과정의 절차에 맞게 작업해야 합니다.

❸ 와인딩 작업 시 로드의 사용 개수는 기본형의 경우 55개 이상, 혼합형의 경우 55개 이상으로 합니다. 로드 크기(호수)는 기본형의 경우 6호, 7호, 8호, 9호, 10호를, 혼합형의 경우 6호, 7호, 8호를 골고루 사용하여 영역 또는 블로킹이 도면과 같이 배열되게 해야 합니다.

❹ 블로킹(영역) 및 베이스 크기(직경)에 맞게 각각의 절차에 따라 정확히 작업해야 합니다.

❺ 요구사항에서 제시하지 않은 헤어 스타일링 제품 및 도구를 사용할 수 없습니다.

❻ 시험시간 종료 후에는 빗질 등을 하면서 작품 및 도구를 만져서는 안 됩니다.

❼ 채점이 종료된 후 시험위원의 지시에 따라 다음 작업 준비를 해야 합니다.

2. 세부 요구사항

	스타일	세부 요구 작업 내용	비 고
1	기본형	• 블로킹은 9등분(시험위원이 지정하는 등분으로 할 것) 하시오. • 고무 밴딩 기법은 반드시 11자형으로 하시오. • 로드는 55개 이상을 사용하되, 두상 전체에 알맞은 규격의 로드를 각 부위에 따라 적당히 배치하시오. • 와인딩 된 로드는 두피와의 각도 및 텐션에 무리가 없도록 하시오.	• 한 번 와인딩 한 로드는 다시 풀지 마시오. • 전체적인 작업 순서를 정확히 지키시오.
2	혼합형	• 블로킹은 4영역(1단 : 약 7.5cm, 2단 : 약 4.5cm, 3단 : 약 4.5cm, 4단 : 약 7.5cm 정도)으로 블록을 만드시오. • 1영역은 프론트 센터 파트를 한 후 왼쪽에서 시작(마네킹 관점)하여 오른쪽 방향으로 와인딩 하시오. • 2영역은 1영역이 끝난 지점에 이어서 오른쪽에서 왼쪽 방향으로 두피 면에 대하여 45° 또는 그 이상의 각도로 두상의 곡면에 따라 자연스럽게 와인딩 하시오. • 3영역은 2영역이 끝난 지점에 이어서 왼쪽에서 오른쪽 방향으로 오블롱 형태가 되도록 와인딩 하시오. • 4영역은 벽돌 쌓기(원-투 기법) 형태가 되도록 와인딩 하시오.	• 블로킹은 전두부에서 후두부로, 가로 4개의 영역으로 구분하시오(단, 1영역은 센터 파트가 끝난 지점에서 약 7.5cm 정도 폭을 갖도록 작업할 것). • 블로킹(영역) 순서와 같이 와인딩 하시오.

3. 고무 밴딩 및 와인딩 방법

❶ 고무 밴딩

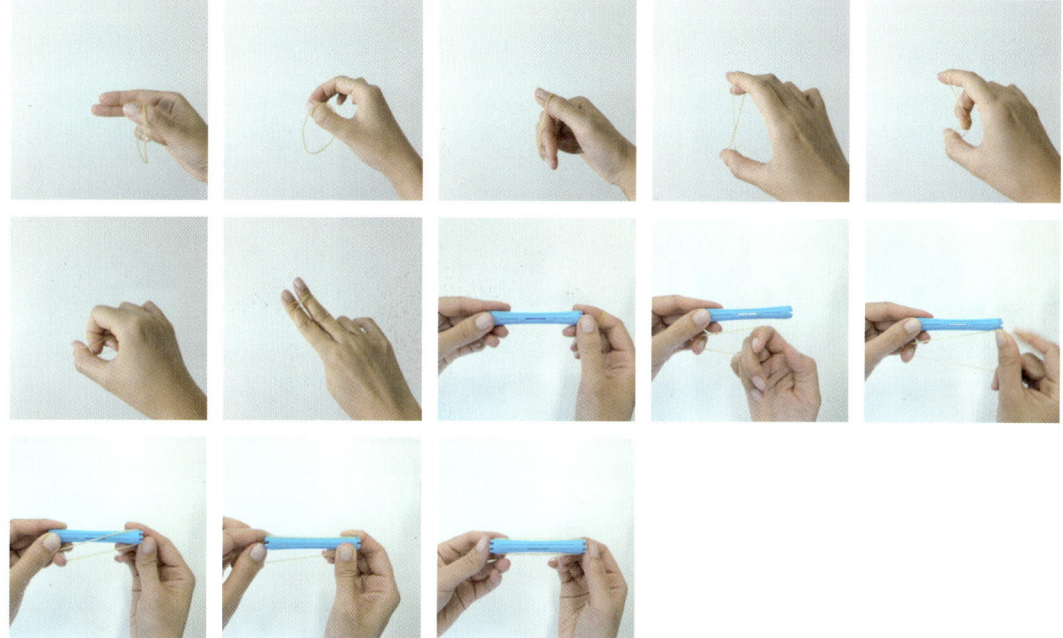

❷ 와인딩

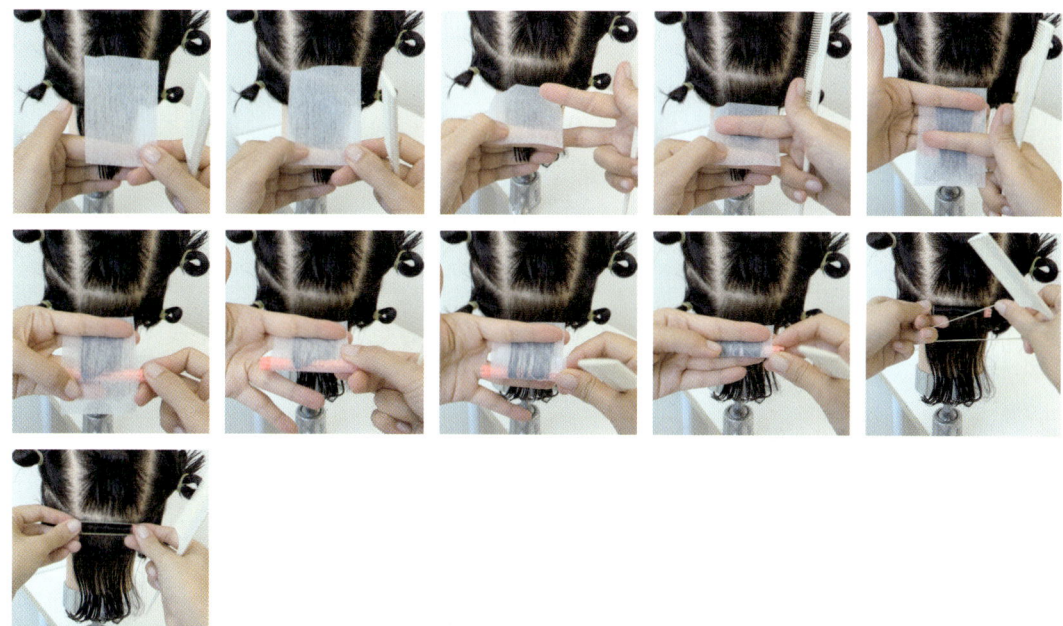

03 시술하기

1. 9등분 블로킹

모발에 물을 충분히 적신 후 꼬리빗을 이용하여 올백이 되도록 고르게 빗질한다.

모발을 센터 기준 양쪽으로 약 3.5cm 간격을 두어 나눈다.

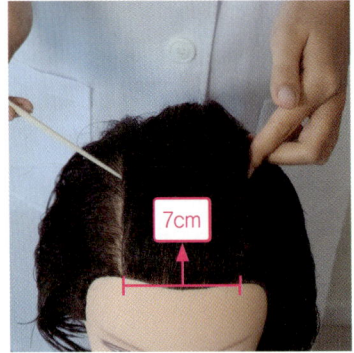

T.O.P 가로 길이는 대략 7cm 간격으로 나눈다(p.7 두부 포인트 참고).

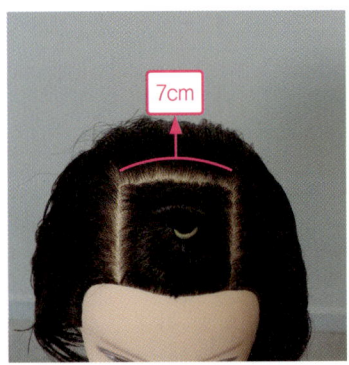

모발을 고르게 빗질하여 고무줄로 고정한다.

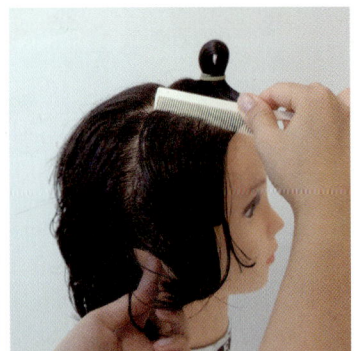

T.O.P 블로킹 한 지점과 오른쪽 사이드의 E.B.P 지점을 곡선으로 나눠 고무줄로 고정한다.

왼쪽도 오른쪽 사이드와 동일하게 고무줄로 고정한다.

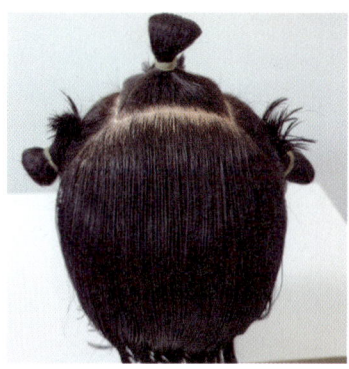

탑, 양쪽 사이드 블로킹을 완성한 모습

먼저 백(뒤) 부분의 모발에 분무하여 고르게 빗질한다. 이후 왼쪽 네이프 사이드 포인트 부분에 약 2.5cm 길이를 체크하여 탑 블로킹 지점부터 일직선으로 내려 모발을 갈라 준다.

POINT

두상이 둥글기 때문에 약간의 사다리꼴 모양으로 바깥쪽으로 점차 나아가며 갈라 준다.

백(뒤) 오른쪽 사이드도 동일하게 일직선으로 내려 갈라 준다.

백(뒤) 중앙 네이프의 약 5cm 지점에서 모발을 나누고, 백(뒤) 중앙 부분의 모발을 빗질하여 고무줄로 고정한다.

백(뒤) 오른쪽 사이드 네이프 중앙 블로킹 지점과 오른쪽 사이드 블로킹 지점까지 사선(후대각)으로 나눠 빗질 후 고무줄로 고정한다.

백(뒤) 왼쪽 사이드도 동일하게 빗질 후 고무줄로 고정한다. | 네이프 백(뒤) 중앙 부분도 고정한다.

9등분 블로킹을 완성한 모습

2. 네이프 와인딩

모발에 물을 충분히 적신 뒤 네이프 중앙에서 로드 9호(분홍) 직경만큼 슬라이스를 나눈다.

나눈 슬라이스의 첫 번째 부분을 검지와 중지를 이용하여 90° 텐션 주며 와인딩 한다.

> **POINT**
> 파지 끝부분이 1~2cm 남을 정도에서 멈춘 후 로드에 텐션을 주며 와인딩 한다.

이어서 같은 방법으로 로드 9호(분홍) 2개, 10호(초록) 2개를 이용하여 네이프 중앙의 와인딩을 완성한다.

오른쪽 네이프 사이드의 블로킹 고무줄을 제거한다. 이후 중앙과 같은 방법으로 로드 9호(분홍) 2개, 10호(초록) 2개를 이용하여 사선(후대각)으로 나눠 와인딩 한다.

왼쪽 네이프 사이드도 오른쪽 네이프 사이드와 동일하게 와인딩을 진행한다.

POINT
사선으로 중앙과 간격을 맞춰 와인딩을 한다.

3. 백(뒤) 중앙 와인딩

로드 6호(파랑) 직경만큼 섹션을 나누고 두상 곡면에 90°로 텐션을 주며 각도가 처지지 않도록 와인딩 한다.

나머지 로드 6호(파랑)도 동일한 각도로 텐션 있게 와인딩 한다. 이때 로드 사이에 틈이 생기지 않도록 각도를 지키며 와인딩 해야 한다.

POINT

대략 B.P 지점 위, 아래의 위치에 로드 6호(파랑) 8개를 완성한다.

로드 7호(노랑) 직경만큼 백(뒤) 중앙에 슬라이스를 나눈다. 이후 로드 7호(노랑) 3개를 같은 방법으로 와인딩 한다.

  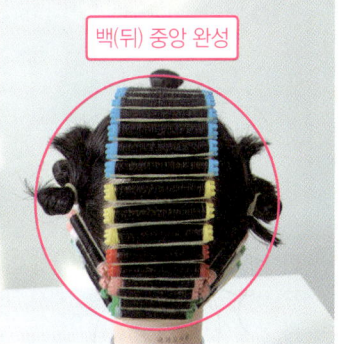

로드 8호(빨강) 2개를 백(뒤) 중앙 네이프 로드와 틈이 벌어지지 않게 잘 연결되도록 와인딩 한다.

4. 백(뒤) 오른쪽 사이드 와인딩

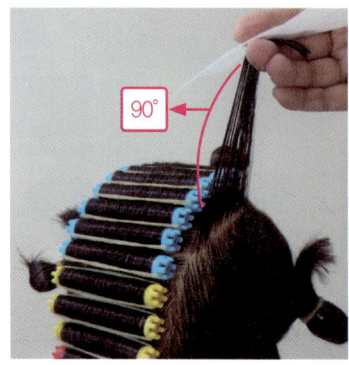 

백(뒤) 사이드의 모발을 90°로 들어 빗질 후 중심 잡아 첫 번째 로드 6호(파랑)를 2개 완성한다.

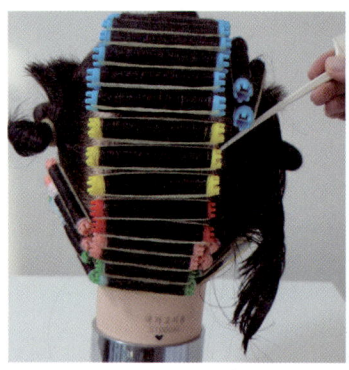 

로드 7호(노랑) 3개도 동일한 방법으로 와인딩 한다. 이때 한쪽으로 기울지 않도록 중심을 잡고 텐션을 주며 와인딩 해야 한다.

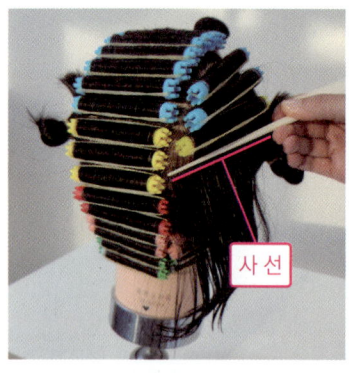 

이어서 로드 8호(빨강) 2개까지 네이프 사이드 로드와 틈이 벌어지지 않도록 잘 들어서 와인딩 한다.

백(뒤) 오른쪽 사이드 직입을 완성한 모습

5. 백(뒤) 왼쪽 사이드 와인딩

백(뒤) 왼쪽 사이드도 동일한 방법으로 와인딩 한다[로드 6호(파랑) 2개, 7호(노랑) 3개, 8호(빨강) 2개 사용].

백(뒤) 전체 작업을 완성한 모습

6. 양쪽 사이드 와인딩

오른쪽 사이드도 백(뒤) 오른쪽 사이드와 동일한 위치에 같은 크기로 로드를 배열한다[로드 6호(파랑) 2개, 7호(노랑) 3개, 8호(빨강) 2개 사용].

첫 번째 두상 곡면을 따라 90°를 들어서 와인딩 한다.

> **POINT**
> 두상의 얼굴 쪽 부분이 뒤쪽 면보다 낮기 때문에, 마네킹 얼굴 쪽으로 살짝 기울여서 말아 주면 중심을 정확히 잡을 수 있다.

사이드에 전체적으로 C커브 형태가 나올 수 있도록 중심을 잡고 로드 8호(빨강) 2개까지 쭉 이어서 텐션 주며 와인딩 한다.

왼쪽 사이드도 동일하게 작업하여 양쪽 사이드를 완성한다.

7. 탑 와인딩

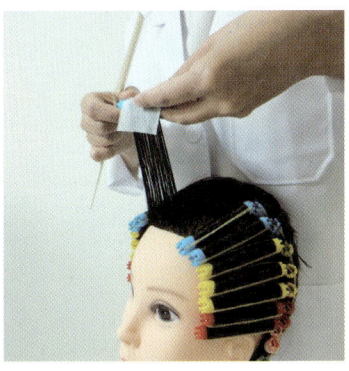  

첫 번째 섹션을 로드 6호(파랑) 크기만큼 슬라이스 나누고, 90° 들어 모발이 매끈하게 말릴 수 있도록 텐션·각도에 유의하며 와인딩 한다.

탑 전체 로드 6호(파랑) 6개를 완성한 모습

8. 마무리

와인딩 전체 완성 후 분무하여 잔머리를 정돈하며 마무리한다.

CHAPTER 02 혼합형 와인딩

도면

01 알아 두기

1. 요구사항

▶ 전체적인 순서는 도구 및 재료 준비 → 블로킹 → 와인딩 → 마무리 등의 순으로 작업하시오.

❶ **시간** : 35분(마무리까지 포함한 시간이 35분이므로, 그 안에 정리까지 마쳐야 합니다.)

❷ **배점** : 20점(준비 상태, 블로킹 및 파팅, 로드 와인딩 순서 및 배치, 슬라이스 크기 및 텐션, 밴딩 숙련도 및 로드 간격, 조화미, 정리 및 마무리까지 채점 영역에 포함됩니다.)

2. 도구 및 재료 준비

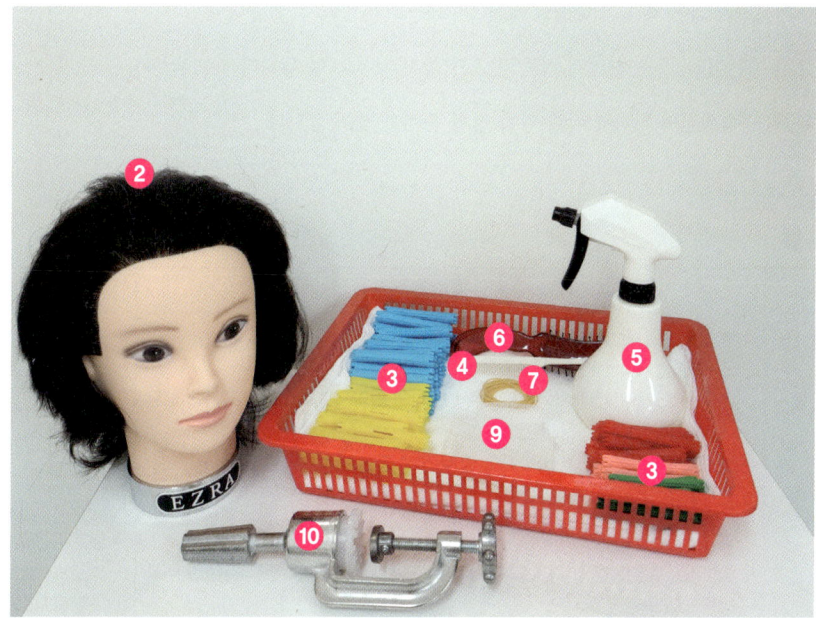

※ 위 이미지에 수건, 위생봉지는 나와 있지 않지만, 지참해야 합니다.
※ 로드의 수량은 와인딩 개수에 맞게 준비해야 합니다.

❶ 수건(2장 : 바구니 세팅용, 모발 닦을 수건)   ❷ 마네킹
❸ 로드[6호(파랑), 7호(노랑), 8호(빨강), 9호(분홍), 10호(초록)]   ❹ 꼬리빗(1개 이상)
❺ 분무기   ❻ S브러시
❼ 고무줄   ❽ 위생봉지
❾ 파 지   ❿ 홀 더

02 시술 개요

1. 수험자 유의사항

① 블로킹 작업 시 시술하기에 알맞게 젖은 모발에 작업해야 합니다.

② 유형(기본형, 혼합형)에 따라 와인딩 과정의 절차에 맞게 작업해야 합니다.

③ 와인딩 작업 시 로드의 사용 개수는 기본형의 경우 55개 이상, 혼합형의 경우 55개 이상으로 합니다. 로드 크기(호수)는 기본형의 경우 6호, 7호, 8호, 9호, 10호를, 혼합형의 경우 6호, 7호, 8호를 골고루 사용하여 영역 또는 블로킹이 도면과 같이 배열되게 해야 합니다.

④ 블로킹(영역) 및 베이스 크기(직경)에 맞게 각각의 절차에 따라 정확히 작업해야 합니다.

⑤ 요구사항에서 제시하지 않은 헤어 스타일링 제품 및 도구를 사용할 수 없습니다.

⑥ 시험시간 종료 후에는 빗질 등을 하면서 작품 및 도구를 만져서는 안 됩니다.

⑦ 채점이 종료된 후 시험위원의 지시에 따라 다음 작업 준비를 해야 합니다.

2. 세부 요구사항

	스타일	세부 요구 작업 내용	비 고
1	기본형	• 블로킹은 9등분(시험위원이 지정하는 등분으로 할 것) 하시오. • 고무 밴딩 기법은 반드시 11자형으로 하시오. • 로드는 55개 이상을 사용하되, 두상 전체에 알맞은 규격의 로드를 각 부위에 따라 적당히 배치하시오. • 와인딩 된 로드는 두피와의 각도 및 텐션에 무리가 없도록 하시오.	• 한 번 와인딩 한 로드는 다시 풀지 마시오. • 전체적인 작업 순서를 정확히 지키시오.
2	혼합형	• 블로킹은 4영역(1단 : 약 7.5cm, 2단 : 약 4.5cm, 3단 : 약 4.5cm, 4단 : 약 7.5cm 정도)으로 블록을 만드시오. • 1영역은 프론트 센터 파트를 한 후 왼쪽에서 시작(마네킹 관점)하여 오른쪽 방향으로 와인딩 하시오. • 2영역은 1영역이 끝난 지점에 이어서 오른쪽에서 왼쪽 방향으로 두피 면에 대하여 45° 또는 그 이상의 각도로 두상의 곡면에 따라 자연스럽게 와인딩 하시오. • 3영역은 2영역이 끝난 지점에 이어서 왼쪽에서 오른쪽 방향으로 오블롱 형태가 되도록 와인딩 하시오. • 4영역은 벽돌 쌓기(원-투 기법) 형태가 되도록 와인딩 하시오.	• 블로킹은 전두부에서 후두부로, 가로 4개의 영역으로 구분하시오(단, 1영역은 센터 파트가 끝난 지점에서 약 7.5cm 정도 폭을 갖도록 작업할 것). • 블로킹(영역) 순서와 같이 와인딩 하시오.

03 시술하기

1. 7등분 블로킹

모발에 물을 충분히 적신 후 꼬리빗을 이용하여 올백이 되도록 고르게 빗질한다.

1영역인 탑 부분 오른쪽을 C.P 지점부터 T.O.P 지점까지 약 14cm 나눠 빗질한다(p.7 두부 포인트 참고).

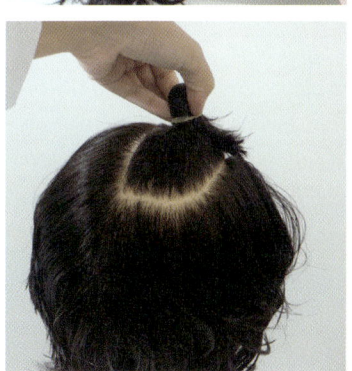

G.P에서 오른쪽 라인을 말굽 형태로 살짝 굴려 페이스 라인 4~5cm 지점과 같이 빗질하여 고무줄로 고정한다.

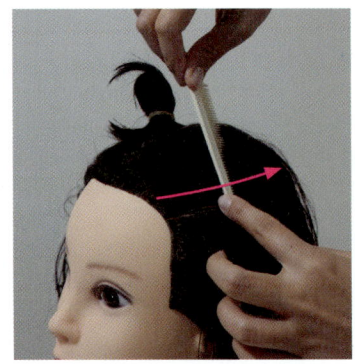  

왼쪽도 동일한 방법으로 모발을 나누고 빗질하여 고무줄로 고정한다.

탑 1영역 블로킹을 완성한 모습

2영역인 백(뒤)의 모발을 센터 기준으로 오른쪽부터 약 3.5cm 길이로 나눠 빗질한다.

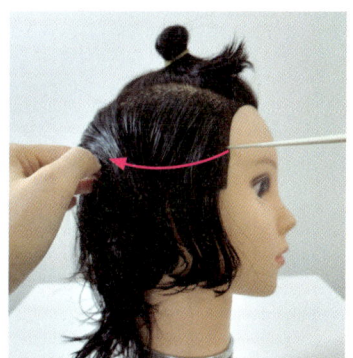

약 3~3.5cm 지점과 탑 G.P 지점까지 수평으로 연결하여 고무줄로 고정한다.

왼쪽도 동일하게 고무줄로 고정한다.

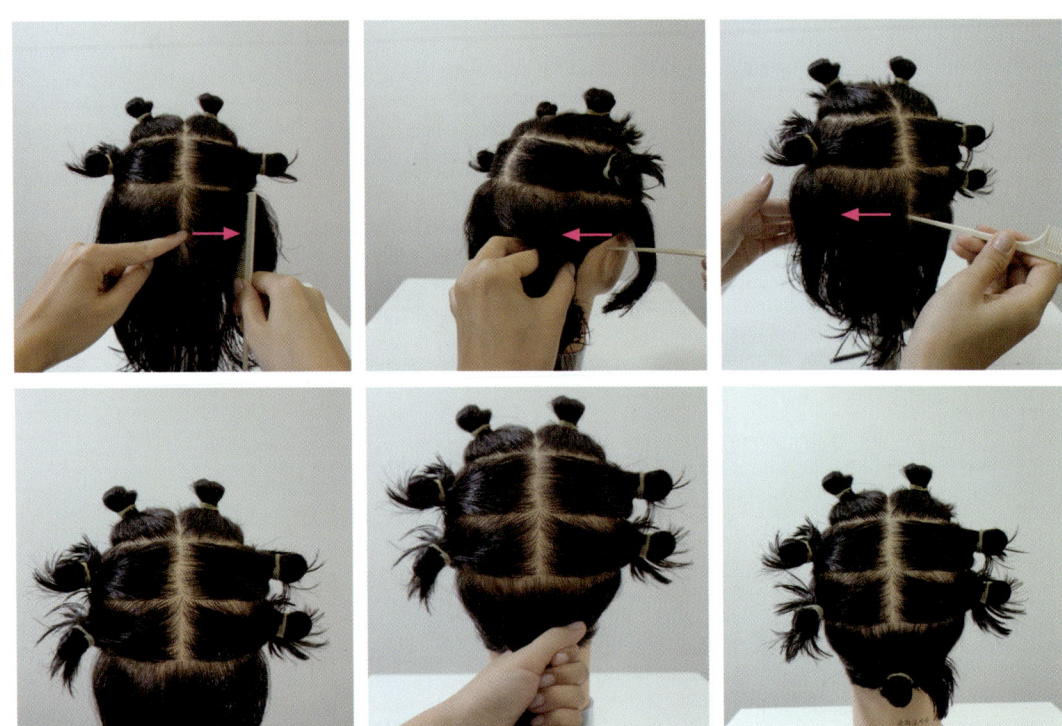

3영역인 두 번째 단 사이드 블로킹도 G.P에서 B.P로 연결하여 고무줄로 고정한다.

2. 1영역 와인딩

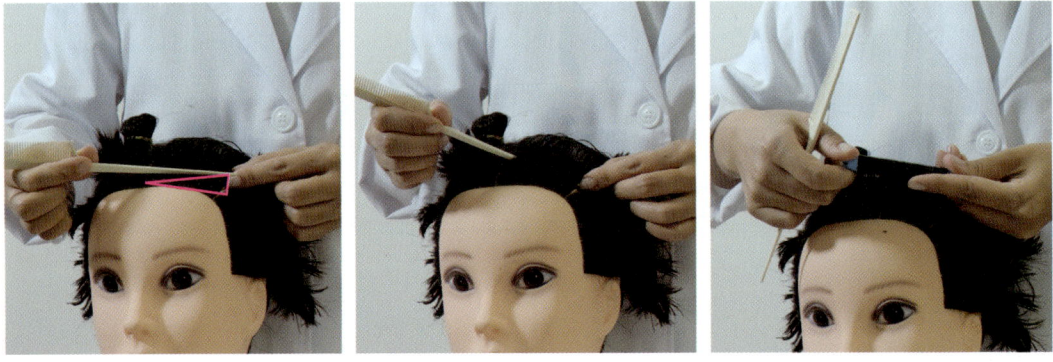

탑 블로킹 왼쪽 고무줄 제거 후, 로드 6호(파랑)를 와인딩 한다. 1번 로드는 대각선 슬라이스를 떠 90°로 모발을 들어 와인딩 한다.

POINT
한쪽으로 치우치지 않게 중심을 잡아 균일하게 텐션 주며 와인딩 한다.

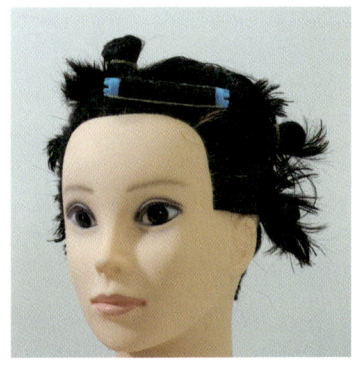

1번 로드를 완성한 모습

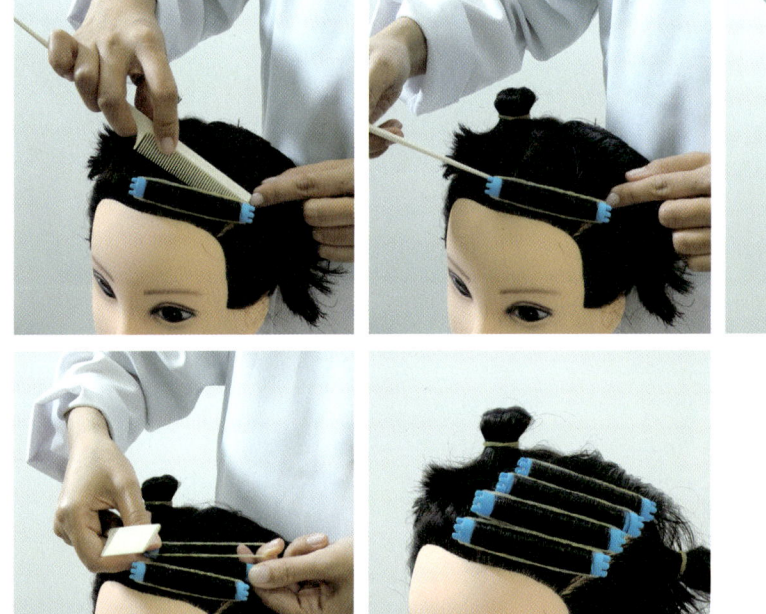

4번 로드까지 같은 방법으로 대각선 슬라이스를 떠서 와인딩 한다.

삼각존 슬라이스를 3등분 한다. 이후 두상 곡면을 따라 모발을 빗질하고, 검지와 중지를 이용해 슬라이스 간격으로 모발을 잡아 5번~6번 로드를 평행하게 와인딩 한다.

3. 2영역 와인딩

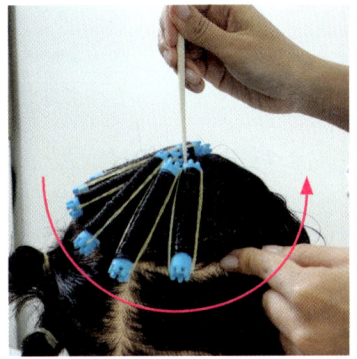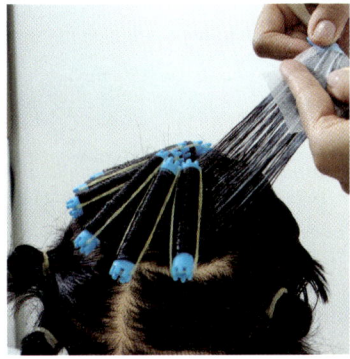

삼각존 슬라이스를 3등분 한다. 이후 두상 곡면을 따라 모발을 빗질하고, 검지와 중지를 이용해 슬라이스 간격으로 모발을 잡아 8번~10번 로드를 평행하게 와인딩 한다(5번~6번 로드 와인딩 방법과 동일).

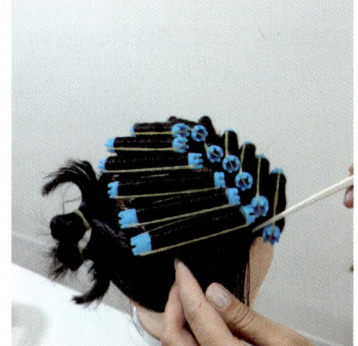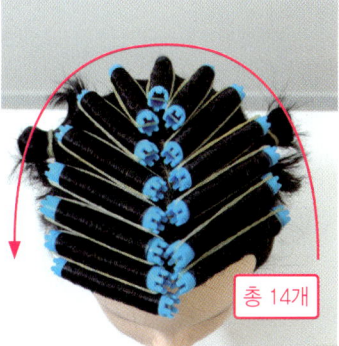

반대쪽 슬라이스 선에 맞추어 남은 모발에 로드 4개를 와인딩 하면 총 14개의 로드 와인딩이 완성된다.

4. 오른쪽 → 왼쪽 사이드 와인딩

1영역 오른쪽 와인딩이 끝난 지점에 이어서 로드 7호(노랑) 15개 와인딩을 시작한다. 1번 로드는 삼각 베이스로 45° 와인딩을 한다.

> **POINT**
>
> 1번 로드 7호(노랑)는 로드 6호(파랑) 세 번째 슬라이스와 연결하여 완성한다.

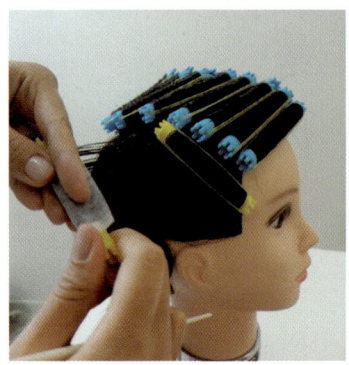 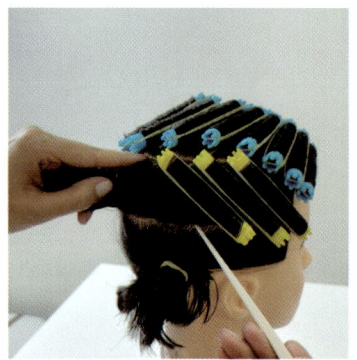

2번~4번 로드는 1영역 오른쪽 로드 6호(파랑) 슬라이스 간격에 맞춰 와인딩 한다.

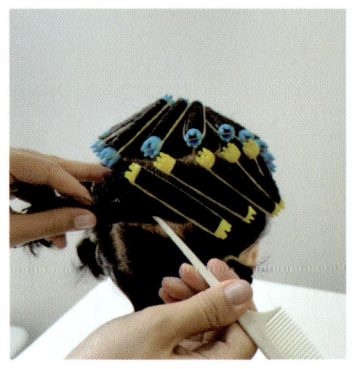  

T.O.P 부분의 7번, 8번 로드 사이에 중간까지 슬라이스를 나눠 5번 로드를 와인딩 한다. 이후 T.O.P에서 6번 로드 직경만큼 슬라이스를 나눠 6번 로드를 와인딩 한다.

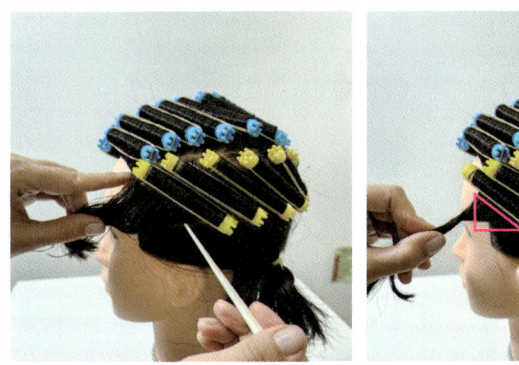

14번 로드까지 1영역 로드 6호(파랑) 슬라이스 간격에 맞춰 와인딩 한다.

15번 로드는 아래 단 슬라이스 일직선 라인에 맞춰 두상각 45°를 내려 와인딩 한다.

5. 왼쪽 → 오른쪽 사이드 와인딩

2영역 첫 번째 단 로드가 15개 완성되면 3영역 로드 7호(노랑) 15개 와인딩을 시작한다.

3영역 꼭짓점에서 삼각존으로, 2영역 14번과 15번 로드의 슬라이스 선에 맞춰 사선 와인딩 한다.

2번부터 15번 로드까지 2영역 슬라이스 선에 맞춰 사선으로 와인딩 한다.

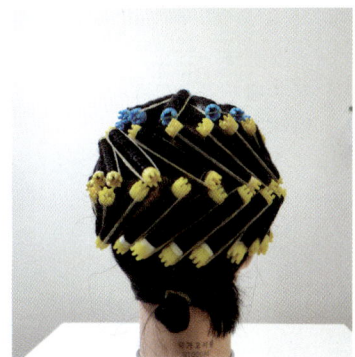

3영역까지 완성한 모습

6. 네이프 와인딩

C.P 중심으로 가운데 → 오른쪽 → 왼쪽 순으로 90° 벽돌 쌓기 와인딩을 한다[로드 8호(빨강) 14개].

첫 번째 단 오른쪽과 왼쪽은 삼각존과 일직선이 되도록 와인딩 한다.

두 번째 단을 오른쪽 → 왼쪽 순으로 일직선 와인딩 한다.

오른쪽 → 왼쪽 순으로 사선(후대각) 슬라이스를 나눠서 와인딩 한다.

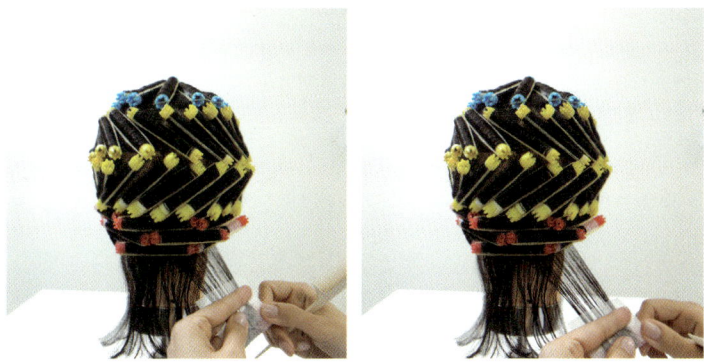

나머지도 동일하게 반복하여 마지막 3개의 로드도 와인딩 한다.

7. 마무리

혼합형 와인딩을 완성한 모습

PART 5
헤어 컬러링

CHAPTER 01 헤어 컬러링

CHAPTER 01 헤어 컬러링

도면

주 황	
	바탕색 : 헤어 피스(웨프트) 상단으로부터 약 5cm
	색 영역 : 헤어 피스(웨프트) 하단 나머지 부분 전체(약 10cm)

초 록	
	바탕색 : 헤어 피스(웨프트) 상단으로부터 약 5cm
	색 영역 : 헤어 피스(웨프트) 하단 나머지 부분 전체(약 10cm)

보 라	
	바탕색 : 헤어 피스(웨프트) 상단으로부터 약 5cm
	색 영역 : 헤어 피스(웨프트) 하단 나머지 부분 전체(약 10cm)

01 알아 두기

1. 요구사항

▶ 전체적인 순서는 도구 및 재료 준비 → 헤어 피스 고정 → 헤어 피스 슬라이스 → 염모제 도포 → 도포 건조 → 샴푸 · 린스 → 2차 건조 → 마무리 등의 순으로 작업하시오.

① **시간** : 25분(마무리까지 포함한 시간이 25분이므로, 그 안에 정리까지 마쳐야 합니다.)

② **배점** : 20점(준비 상태, 색상 배합, 컬러 도포, 샴푸 · 린스 및 건조, 완성도, 정리 및 마무리까지 채점 영역에 포함됩니다.)

2. 도구 및 재료 준비

※ 위 이미지에 수건, 위생봉지는 나와 있지 않지만, 지참해야 합니다.

① 수건(1장 : 바구니 세팅용)
② 헤어 피스(1개)
③ 신문지 및 호일
④ 꼬리빗(1개 이상)
⑤ S브러시
⑥ 염모제(빨강, 노랑, 파랑)
⑦ 핀셋(4개 이상)
⑧ 위생봉지
⑨ 키친타월
⑩ 문구용 가위
⑪ 미용 장갑
⑫ 물 통
⑬ 염색 볼
⑭ 염색 브러시
⑮ 헤어 드라이기

02 시술 개요

1. 수험자 유의사항

❶ 제시된 색상 이외의 헤어 컬러링 등 요구사항과 상이한 작업을 하여서는 안 됩니다.

❷ 시험시간 종료 후에는 도구 및 작품 등을 만져서는 안 됩니다.

❸ 사전에 헤어 컬러링 작업된 헤어 피스를 사용해서는 안 됩니다.

❹ 헤어 컬러링 작업 종료 후 반드시 완성된 과제를 지급된 작업 결과지에 투명 테이프로 고정한 후 제출해야 합니다.

❺ 헤어 피스는 반드시 1개만 준비하여 사용해야 합니다.

2. 세부 요구사항

	종 류	세부 요구 작업 내용	비 고
1	헤어 컬러링 (주황)	헤어 피스(웨프트)의 바탕색을 도면과 같이 상단으로부터 약 5cm 남긴 후 그 하단 나머지 부분(약 10cm)을 주황색으로 염색하시오.	-
2	헤어 컬러링 (초록)	헤어 피스(웨프트)의 바탕색을 도면과 같이 상단으로부터 약 5cm 남긴 후 그 하단 나머지 부분(약 10cm)을 초록색으로 염색하시오.	-
3	헤어 컬러링 (보라)	헤어 피스(웨프트)의 바탕색을 도면과 같이 상단으로부터 약 5cm 남긴 후 그 하단 나머지 부분(약 10cm)을 보라색으로 염색하시오.	-

3. 작업 요령

❶ 과제에서 제시된 색상으로 염색하기 위해 색상에 따라 적합한 양의 염모제(단, 지참 재료 목록상의 빨강, 파랑, 노랑 산성 염모제만 허용됨)를 선정 및 조절·배합하여 도포해야 합니다.

❷ 바른 자세로 시술하여야 하며, 요구 작업 내용의 기본기법 및 작업순서를 정확히 지키고 도구 사용의 기법 및 손놀림 등이 자연스럽고 조화를 이루어야 합니다.

❸ 과제에서 제시된 색상으로 염색하기 위해 적당한 방치 시간을 준수해야 합니다.

03 시술하기

1. 도구·재료 준비

C omment

헤어 컬러링은 대표색 주황으로 설명하며, 다른 색은 초록, 보라의 색상혼합법을 참고하도록 한다.

책상에 신문지를 깔고 아크릴판과 헤어 피스를 준비 한다.

고무장갑을 착용한다.

블로킹 나눌 준비를 한다.

2. 블로킹

3~4등분 블로킹을 나눈다. 핀셋은 사용하지 않아도 된다.

POINT

처음 작업할 헤어 피스의 양은 적게 하는 것을 추천한다.

3. 염모제 믹스

염색 볼에 염모제를 노랑 3 + 빨강 1 비율로 섞어 준다.

Comment

주황 : 노랑 3 + 빨강 1 / 초록 : 노랑 3 + 파랑 1 / 보라 : 빨강 3 + 파랑 1

  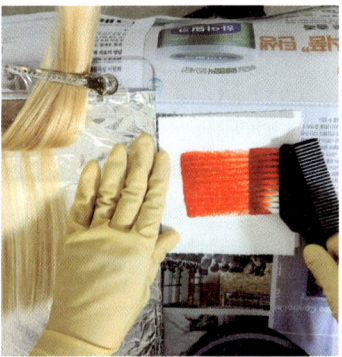

테스트지에 믹스한 염모제를 발라 색상 테스트를 진행한다. 테스트지는 심사위원이 확인할 수 있도록 책상 위에 잘 올려 둔다.

4. 염모제 도포

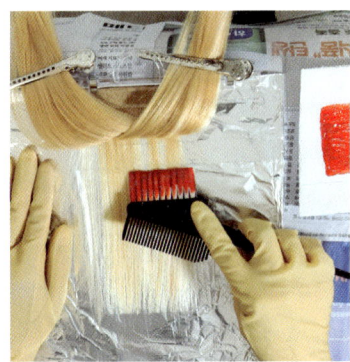  

아래 단부터 염모제를 도포하는데, 상단 5cm를 제외한 하단 10cm에만 도포한다.

 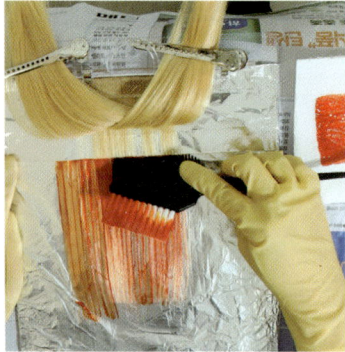

5cm 지점 선이 선명하게 잘 나올 수 있도록 염모제의 양을 적절히 조절하여 꼼꼼히 도포한다.

 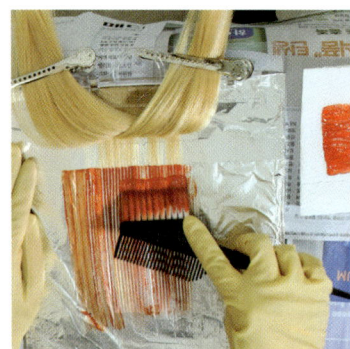 

염모제가 안쪽까지 충분히 발렸는지 확인하기 위해 빗질을 꼼꼼히 한다. 잘 발리지 않은 곳이 있다면 염모제를 충분히 도포한다.

두 번째 단을 조심히 내려놓고 핀셋은 바구니에 넣는다.

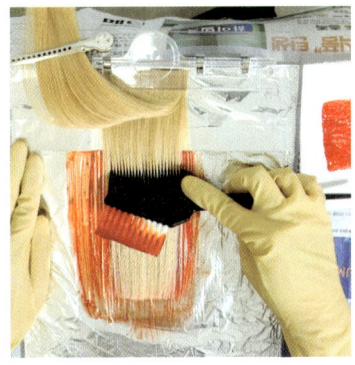 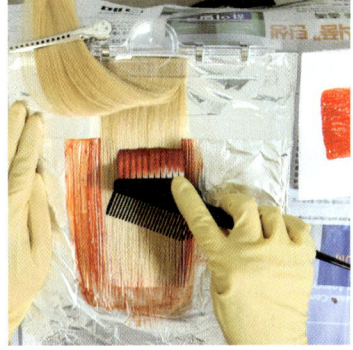 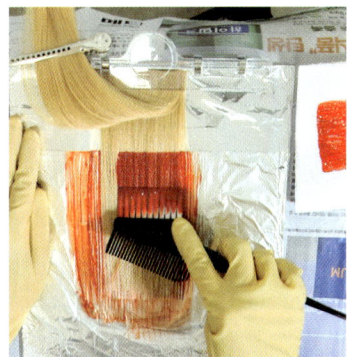

염모제를 중간 → 상단 → 5cm 규정선 순으로 충분히 도포한다. 도포 시 브러시 각도는 45~90°로 적용해야 도포가 잘 된다.

 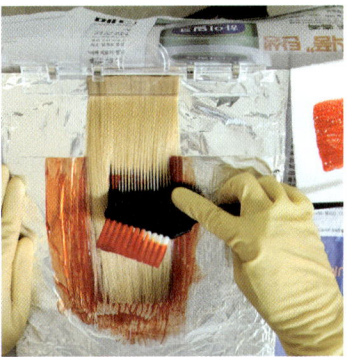 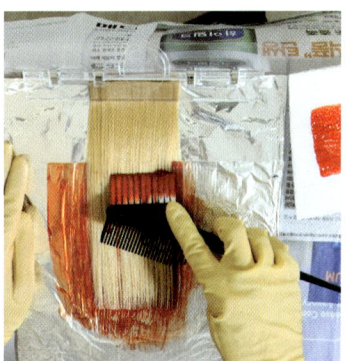

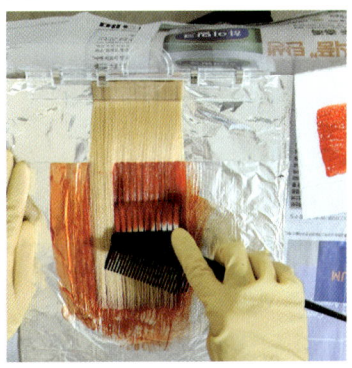 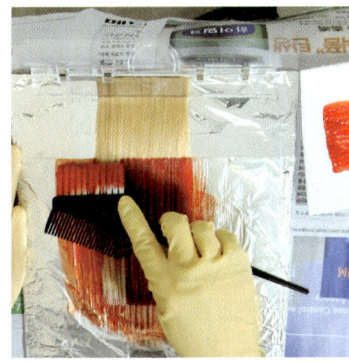

마지막 단까지 동일한 방법으로 염모제를 꼼꼼히 도포한다.

염모제를 마지막 단까지 모두 도포한 후에 호일을 아래(가로) → 양 옆(세로) 순으로 깔끔하게 접어 준다.

 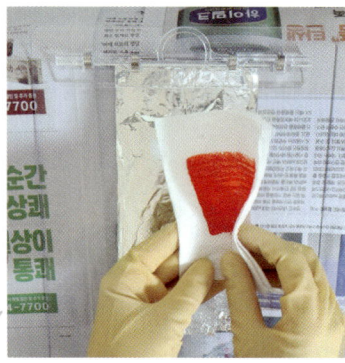 

| 깔끔하게 접은 호일을 다시 아크릴판 집게에 고정하여 열 처리를 준비한다. | 테스트지가 날아가지 않도록 버린다. | 열 처리를 한다. |

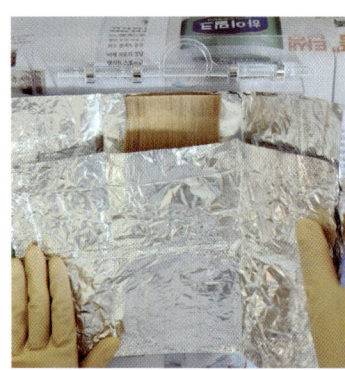 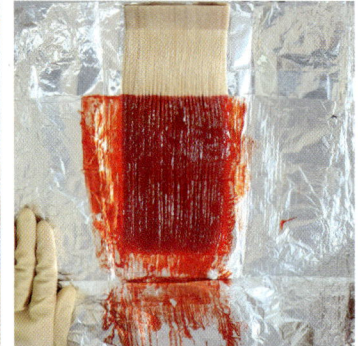

열 처리 후 호일을 열어 놓은 채로 자연 방치한다.

POINT

자연 방치 시간 동안 주변을 정리한다.

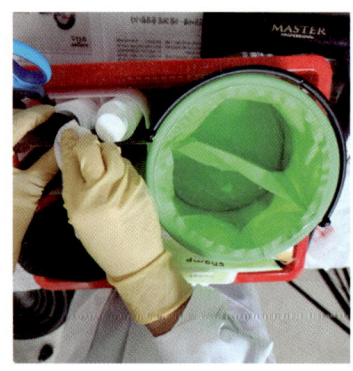  

자연 방치가 끝난 후 한 손으로 헤어 피스를 들고, 다른 한 손으로는 염모제가 묻은 호일을 버린다. 이후 헤어 피스를 물통의 물로 헹군다.

5. 샴푸·린스

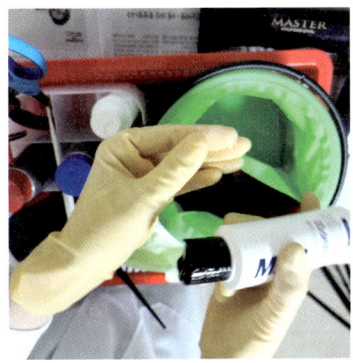
헤어 피스를 충분히 헹궈 물기를 제거하고 샴푸를 한다.

샴푸 후 거품을 충분히 내어 헹군다.

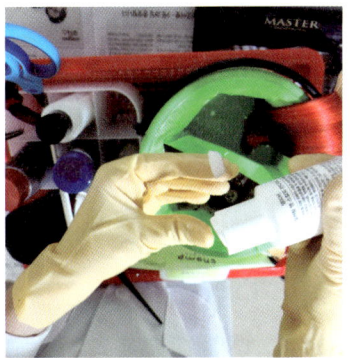
린스 작업도 한 후 헹군다.

6. 건조

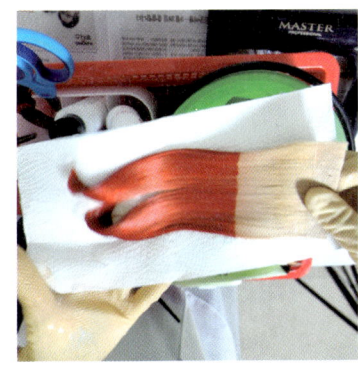
헹군 헤어 피스의 물기를 키친타월로 꼼꼼히 눌러 제거한다.

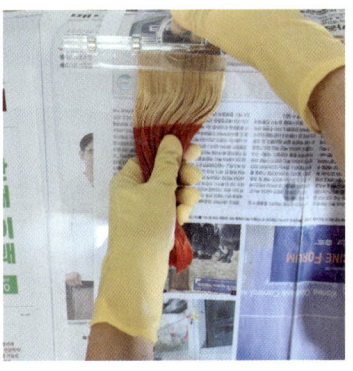
장갑에 묻은 물기도 키친타월로 제거 후 장갑을 벗어 아크릴판에 헤어 피스를 고정한다.

S브러시로 모발을 정돈 후 뜨거운 바람으로 열 처리한다. 헤어 피스 전체를 바짝 건조한다.

꼬리빗을 이용하여 어느 정도 건조된 헤어 피스의 결을 깨끗이 정리한다.

> **POINT**
> 헤어 피스가 덜 건조된 채로 제출 시 감점되니 유의하도록 한다.

7. 제 출

시험이 종료되면 과제물을 결과지에 붙여 제출한다.

> **POINT**
> 주변 정리 후 작업한 헤어 피스를 제출지에 테이프로 부착해 제출 후 뒷정리하여 마무리한다.

Comment

초록, 보라 헤어 컬러링도 동일한 방법으로 진행한다.

좋은 책을 만드는 길, 독자님과 함께 하겠습니다.

2025 시대에듀 유선배 미용사(일반) 필기+실기 합격노트

초 판 발 행	2025년 05월 20일 (인쇄 2025년 03월 27일)
발 행 인	박영일
책 임 편 집	이해욱
편 저	한지희
편 집 진 행	노윤재 · 장다원
표지디자인	김도연
편집디자인	장성복 · 김혜지
발 행 처	(주)시대고시기획
출 판 등 록	제10-1521호
주 소	서울시 마포구 큰우물로 75 [도화동 538 성지 B/D] 9F
전 화	1600-3600
팩 스	02-701-8823
홈 페 이 지	www.sdedu.co.kr

I S B N	979-11-383-8998-3 (13590)
정 가	25,000원

※ 이 책은 저작권법의 보호를 받는 저작물이므로 동영상 제작 및 무단전재와 배포를 금합니다.
※ 잘못된 책은 구입하신 서점에서 바꾸어 드립니다.

대한민국 모든 시험 일정 및 최신 출제 경향·신유형 문제

꼭 필요한 자격증·시험 일정과 최신 출제 경향·신유형 문제를 확인하세요!

출제 경향·신유형 문제

◀ 시험 일정 안내 / 최신 출제 경향·신유형 문제 ▲

- 한국산업인력공단 국가기술자격 검정 일정
- 자격증 시험 일정
- 공무원·공기업·대기업 시험 일정

시험 일정 안내

합격의 공식
시대에듀

유선배 과외!

자격증
다 덤벼!
나랑 한판 붙자

- ✓ 혼자 하기 어려운 공부, 도움이 필요한 학생들!
- ✓ 체계적인 커리큘럼으로 공부하고 싶은 학생들!
- ✓ 열심히는 하는데 성적이 오르지 않는 학생들!

유튜브 **무료 강의** 제공

핵심 내용만 쏙쏙! 개념 이해 수업

[자격증 합격은 유선배와 함께!]

맡겨주시면 결과로 보여드리겠습니다.

| SQL개발자 (SQLD) | 컴퓨터그래픽 기능사 | 웹디자인 개발기능사 | 미용사 (일반) | GTQ 포토샵 / GTQ 일러스트 | 경영정보시각화 능력 |

30%

*2024년 미용사(일반) 필기시험 합격률

CBT 모의고사, 이제 선택이 아닌 필수!

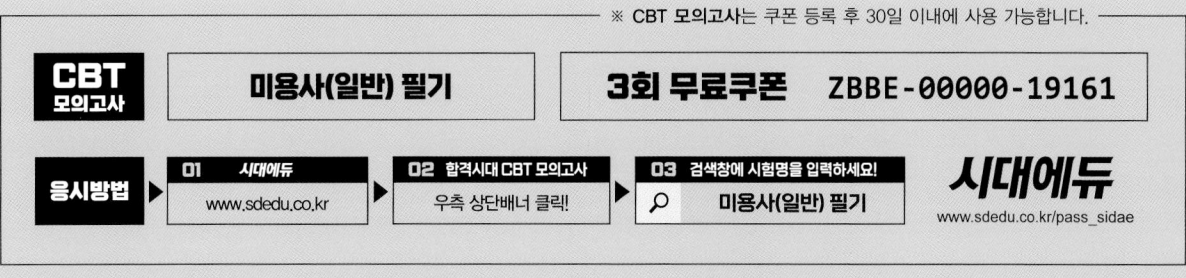

유선배 미용사(일반)
|필기+실기| 합격노트

유튜브 선생님에게 배우는

자격증 취득하려고 유튜브 검색하여 보다가 한쌤 영상이 제일 이해가 잘 되고 좋아서 학원 등록하고 3주 만에 원패스 했습니다. 수강생 한 사람 한 사람을 신경 써주시는 것이 합격률 100%의 비결이 아닐까 싶습니다.

TO헤어 원흥점 디자이너 김진아(수강생)

초보 수험생인 제가 원패스 할 수 있었던 건 한쌤 덕분이에요. 가위 잡는 법, 로드 마는 법 등은 초보자 입장에선 어떻게 시작할지 막막한데, 한쌤께 지도 받고 연습을 반복한 것이 큰 도움이 되었습니다.

문나혜(수강생)

한쌤의 체계적인 수업 방식과 꼼꼼한 지도로 시험에 빠르게 합격할 수 있었습니다. 한쌤의 열정적인 강의, 긍정적 마인드, 책임감, 밝은 모습에 저 또한 열심히 시험을 준비할 수 있었어요. 한쌤께 지도 받은 것은 정말 행운이에요.

박지호(수강생)

과정이 아닌 결과만 봐주는 대형 학원의 수업 방식이 맞지 않아 그만두었습니다. 그러던 와중에 뵙게 된 한쌤의 포인트만 쏙쏙, 이해하기 쉽게 알려주시는 수업이 저를 금손으로 만들어 주었습니다. 저의 천사 스승님 한쌤, 감사합니다!

진헤어샵 부원장 윤지향(수강생)

타 학원에서 수업을 들을 땐 이해가 안 되고 어려워 포기하려고 했는데, 한쌤을 만나 수업받고 연습하다 보니 실력이 쑥쑥 늘어 미용에 재미가 붙었습니다. 이해하기 쉽고 재밌게 알려주신 한쌤 덕분에 한 번에 합격했어요.

지명훌(수강생)

유튜브 선생님에게 배우는
유선배

필기 핵심노트

- **PART 1** 공중위생관리
- **PART 2** 미용업 안전위생관리 & 고객 응대 서비스
- **PART 3** 헤어 펌 & 드라이
- **PART 4** 헤어 케어 & 두피·모발 관리
- **PART 5** 헤어 커트
- **PART 6** 헤어 컬러링

PART 1 공중위생관리

공중보건

■ 공중보건학

공중보건학	조직적인 지역사회의 노력으로 질병 예방, 생명 연장과 신체적·정신적 효율을 증진시키는 기술과 과학

■ 건강

건 강	육체적·사회적·정신적으로 안녕한 상태

■ 대표적 보건 지표

비례사망지수	1년 동안의 총 사망자 수 중에서 50세 이상 사망자 수의 구성 비율을 백분율로 나타낸 것
평균수명	0세 출생자가 앞으로 생존할 것으로 기대되는 평균 생존 연수(평균여명)
조사망률	인구 1,000명당 새로 사망한 사람의 비율
영아사망률	출생 후 1년 이내에 사망한 영아 수를 해당 연도 1년 동안의 총 출생아 수로 나눈 비율. 보통 1,000분비로 나타냄

■ 인구 증가의 문제점

3P	인구(Population), 공해(Pollution), 빈곤(Poverty)
3M	영양실조(Malnutrition), 질병(Morbidity), 사망(Mortality)

■ 인구 증가의 종류

자연증가	(출생인구) − (사망인구)
사회증가	(전입인구) − (전출인구)

■ 인구 피라미드

피라미드형	종 형	항아리형	별 형	표주박형
증가형	정지형	감소형	유입형	유출형
다산다사	소산소사			
개발도상국	선진국	대한민국	도시형	농촌형
출생률 > 사망률	출생률 = 사망률	출생률 < 사망률	유입 > 유출	유입 < 유출
유소년 인구 > 노인 인구 2배	유소년 인구 = 노인 인구 2배	유소년 인구 < 노인 인구 2배	생산연령 인구 > 전체 인구 50%	생산연령 인구 > 전체 인구 50%

* 유소년 인구 : 0~14세 인구, 생산연령 인구 : 15~64세 인구, 노인 인구 : 65세 이상 인구

■ 역학

역 학	인간 집단 내에서 발생하는 질병의 원인을 규명하는 학문

■ 역학의 역할

역학의 역할	• 질병 원인 규명 • 발생 및 유행 감시 • 지역사회 질병의 규모 파악 • 질병 예후 파악 및 예방 • 질병 관리 효과 평가 및 보건정책 수립의 기초

■ 전염병 3대 요인

전염병 3대 요인	병 인	병원체, 전염원
	숙 주	병원체가 기생하는 대상
	환 경	전염의 경로 등 질병 발생의 외적 요인

■ 병원체와 병원소

병원체	감염증을 일으키는 기생생물
병원소	병원체가 생존하여 인간에게 전파될 수 있는 상태로 있는 곳

■ 보균자

회복기 보균자	질병 치료 후 병원체가 몸에 남아 있는 사람
잠복기 보균자	병원체가 있으나 아직 질병의 증상이 나타나지 않은 사람
건강 보균자	병원체가 있으나 아무 증상이 없고 외적으로 건강한 사람

■ 면역

능동면역	자연능동면역	병에 걸린 후 생기는 면역
	인공능동면역	예방접종, 백신으로 생기는 면역
수동면역	자연수동면역	태아가 태어나면서 태반 등을 통해 얻게 되는 면역
	인공수동면역	타인의 혈청, 항체 주사를 통해 얻게 되는 면역

■ 법정감염병(2024년 기준)

구 분	제1급 감염병 (17종)	제2급 감염병 (21종)	제3급 감염병 (27종)	제4급 감염병 (22종)
신고 기간	즉시 (치명률 높음, 음압격리 필요)	24시간 이내 (격리 필요)	24시간 이내 (발생 계속 감시 필요)	7일 이내 (표본감시)

■ 주요감염병

소화기계	콜레라	• 경구 감염되는 경우도 있음 • 구토와 설사 증상 • 파리에 의해 전파
	장티푸스	• 경구 감염되는 경우도 있음 • 파리에 의해 전파
	파라티푸스	파리에 의해 전파
	이 질	• 비위생적인 음식과 음료를 통해 감염 • 파리에 의해 전파
	폴리오(소아마비)	중추신경계 손상으로 영구적인 신체 마비 발생

호흡기계	결 핵	• 호흡기를 통해 감염되는 세균성 호흡기계 전염병 • 예방을 위해 출생 후 4주 이내에 BCG 백신 접종 권고 • 파리에 의해 전파
	홍 역	• 호흡기를 통해 감염 • 재감염되지 않음
	디프테리아	• 호흡기 분비물을 통해 감염 • 인후염, 신경염 등의 증상
	유행성이하선염	• 주로 어린이에게 발병 • '볼거리'라고도 불림
동물매개	발진티푸스	이의 흡혈로 감염
	페스트	쥐와 벼룩에 의해 감염
	말라리아	모기를 매개로 감염
기 타	인플루엔자	• 바이러스가 원인 • '유행성 감기'라고도 불림
	트라코마	• 개달물(물, 공기를 제외한 매개체를 운반하는 수단)에 의해 전염 • 예방하기 위해서는 수건을 철저히 소독 • 파리에 의해 전파
	성 병	성 접촉에 의해 감염

■ 기생충

선충류	• 선의 형태로 생긴 기생충 • 주로 소화기에 기생 • 회충, 요충, 십이지장충, 편충 등이 있음

흡충류	• 납작하고 빨판이 있는 기생충
	• 감염경로
	  - 간흡충(간디스토마) : 우렁이 → 잉어, 붕어 → 사람
	  - 폐흡충(폐디스토마) : 다슬기 → 가재, 게 → 사람
	  - 요코가와흡충 : 다슬기 → 은어, 숭어 → 사람

조충류	• 감염경로
	  - 유구조충(갈고리촌충) : 돼지 → 사람
	  - 무구조충(민촌충) : 소 → 사람
	  - 광절열두조충(긴촌충) : 물벼룩 → 연어, 송어(담수어) → 사람

■ 기후

기후의 3대 요소 (감각 온도의 3요소)		기온, 기습, 기류
쾌적 조건	쾌적 기온	18±2℃(실내 기준)
	쾌적 기습	40~70%
	쾌적 기류	1.0m/sec(실외 기준), 0.5m/sec(실내 기준)
불쾌지수 (DI ; Discomfort Index)		80% 이상일 시 모든 사람이 불쾌함을 느낌

■ 수질 오염

BOD (생물화학적 산소요구량)	• 물속의 유기물이 미생물에 의해 분해될 때 소비되는 산소의 양 • 하수 오염의 지표로 사용 • BOD가 높으면 오염도가 높음
DO (용존산소량)	• 물에 녹아있는 산소의 양 • BOD가 높으면 DO가 낮음 • 부족 시 메탄가스, 악취 발생
COD (화학적 산소요구량)	물속의 유기물 및 무기물을 화학적으로 산화시키는 데 필요한 산소의 양

■ 식중독

세균성 식중독	감염형	살모넬라균, 장염 비브리오균, 병원성 대장균
	독소형	포도상구균, 보툴리누스균, 장구균
자연독에 의한 식중독	식물성	솔라닌(감자), 무스카린(버섯), 아미그달린(청매실), 시큐톡신(독미나리), 맥각(에르고톡신)
	동물성	테트로도톡신(복어), 베네루핀(모시조개, 굴, 바지락), 삭시톡신(홍합)

소독

■ 소독 용어(1)

방부	병원성 미생물의 발육과 그 작용을 제거하거나 정지시켜서 음식물의 부패나 발효를 방지하는 것
소독	사람에게 유해한 미생물을 파괴시켜 감염의 위험성을 제거하는 것으로, 세균의 포자까지 제거하지는 못함
살균	생활력을 가지고 있는 미생물을 여러 가지 물리·화학적 작용에 의해 급속히 죽이는 것
멸균	병원성 또는 비병원성 미생물 및 포자를 가진 것을 전부 사멸 또는 제거하는 것

소독력의 세기
멸균 > 살균 > 소독 > 방부

■ 소독 용어(2)

%(퍼센트)	소독액 100mL에 포함된 소독약의 양
‰(퍼밀)	소독액 1,000mL에 포함된 소독약의 양
ppm(피피엠)	소독액 1,000,000mL에 포함된 소독약의 양
희석배수(배)	새로 만든 소독약을 기존 소독용액과 비교했을 때 몇 배 정도 묽게 되어 있는지 나타내는 수치

■ 소독에 영향을 미치는 인자

인자	온도, 수분, 시간

■ 소독의 기전

산화 작용	과산화수소수, 염소, 오존, 과망가니즈산칼륨
균체의 단백질 응고	석탄산, 승홍, 크레졸, 포르말린, 알코올, 산, 알칼리
균체 효소 불활성화 작용	석탄산, 알코올, 중금속염

■ 소독약의 구비 조건 및 주의사항

구비 조건	• 살균력이 강하고 무해해야 함 • 경제적이고 사용법이 간편해야 함 • 부식성·표백성이 없고 안정성이 있어야 함 • 불쾌한 냄새를 남기지 않아야 함 • 짧은 시간에 소독 효과가 확실히 나타나야 함 • 미량으로도 효과가 커야 함 • 생물학적 작용을 충분히 발휘할 수 있어야 함 • 독성이 적으면서 사용자에게 자극성이 없어야 함 • 안정성이 있어야 함 • 살균하고자 하는 대상물을 손상시키지 않아야 함
주의사항	• 유통기한 내에 사용할 것 • 햇빛이 들지 않는 서늘한 곳에 밀폐하여 보관할 것 • 필요한 만큼 새로 만들어 사용할 것 • 소독의 목적과 방법, 대상, 시간 등을 고려하여 사용할 것

■ 물리적 소독법

건열에 의한 소독법	건열멸균법	건열멸균기로 밀폐시켜 160~170℃에서 1~2시간 멸균하여 소독
	화염멸균법	알코올버너나 램프의 불꽃(화염)으로 20초가량 가열하여 소독
	소각법	오염된 것을 태워 소독
습열에 의한 소독법	자비소독법	• 100℃ 끓는 물에서 15~20분 가열하여 소독 • 탄산나트륨(1~2%), 붕소(2%), 크레졸비누액(2~3%)을 넣으면 살균력이 강해지고 녹 방지 효과가 생김
	유통증기소독법	물이 끓어 생기는 증기로 소독
	간헐멸균 소독법	유통증기에 30~60분씩 1일 1회 3일간 반복하여 가열하고 20℃ 이상에서 방치하여 소독

	고압증기 멸균법	• 100~135℃의 수증기로 포자형성균까지 멸균하는 효과적인 방법
		• AIDS나 B형간염 등의 전파를 예방
		• 고압증기멸균법 시 압력별 온도와 처리시간
		  - 10파운드 : 115℃, 30분
		  - 15파운드 : 120℃, 20분
		  - 20파운드 : 126℃, 15분

	저온소독법 (파스퇴르법)	• 60~65℃에서 30분간 살균하여 소독 • 프랑스의 세균면역학자 파스퇴르가 고안 • 우유, 포도주, 예방주사약 등을 소독할 때 사용

무가열에 의한 소독법	자외선멸균법	자외선을 이용한 멸균법
	세균여과법	• 열을 가할 수 없는 물질의 세균을 제거 • 바이러스는 걸러낼 수 없음
	초음파살균법	8,800 cycle/sec 음파의 교반 효과를 이용

■ 화학적 소독법

소독제에 의한 소독법	석탄산	• 일반적으로 3% 사용 • 소독제의 살균력을 비교할 때 기준이 되는 소독약의 표준 • 독성이 있음 • 포자에는 효력이 없음 • 고무, 의류, 가구 등을 소독할 때 사용
	크레졸	• 일반적으로 3% 사용 • 석탄산보다 2배 강한 살균력 • 강한 냄새 • 바이러스에는 효력 없음 • 실내 바닥이나 오물, 배설물 등을 소독할 때 사용 • 손 소독 시의 적절 농도 : 1~2%, 실내 바닥 소독 시의 적절 농도 : 3%
	포르말린	• 포름알데히드 36%의 수용액 • 고온에서 소독력이 강함 • 고무, 금속, 플라스틱 등을 소독할 때 사용
	승홍수	• 살균력과 독성이 강해 0.1%의 수용액을 사용 • 상처 소독에는 사용하지 않음 • 금속 부식성 • 무색, 무취 • 염화칼륨을 첨가하면 자극성 완화
	알코올	• 살균력이 높은 농도 : 70% • 포자에는 소독력 약함 • 칼, 가위 등을 소독할 때 사용
	염소	• 강한 살균력 • 강한 자극성과 부식성 • 상수도 및 하수도를 소독할 때 사용 • 표백분과 함께 음용수를 소독할 때 사용

	과산화수소	• 일반적으로 3% 사용 • 살균, 탈취, 표백에 효과적 • 상처 부위를 소독할 때 사용
	생석회	• 알칼리성 • 산화칼륨을 98% 이상 함유한 백색 분말 • 화장실, 하수도, 분뇨, 토사물, 쓰레기통 등을 소독할 때 사용
	역성비누	• 양이온성 계면활성제로, 세척력은 낮지만 살균 작용이 뛰어남 • 무자극 · 무독성으로, 이 · 미용업소의 종업원이 손 소독 시 사용하기에 적합
	표백분	염소와 함께 음용수의 소독에 사용
가스에 의한 소독법	포름알데히드	• 기체 상태 • 실내나 밀폐된 공간, 서적 등을 소독할 때 사용
	오 존	• 높은 반응성 • 강한 산화 작용 • 물 살균에 사용
	에틸렌옥사이드	• 38~60℃의 저온에서 멸균 • 가격이 저렴하나 멸균 후 잔류 가스가 허용치 이하가 될 때까지 사용 불가 • 폭발 위험성이 있어 프레온가스나 이산화탄소를 혼합하여 사용

■ 미생물

정 의		육안으로는 확인이 어려운 0.1mm 이하의 미세한 생물체
크 기		곰팡이 > 효모 > 스피로헤타 > 세균 > 리케차 > 바이러스
연 구	보 일	부패와 병의 관련성 입증
	레벤후크	확대경을 이용해 최초로 미생물 발견
	파스퇴르	근대 면역학의 아버지로 저온 살균법 고안, 포도주와 맥주의 발효 연구, 광견병 백신 개발
	로버트 코흐	결핵균, 콜레라균 등 발견, 세균학의 기초 확립
	리스터	화학적 소독법을 최초로 수술에 응용

■ 미생물의 분류

분류 기준	미생물	특 징
형태	구균	구 모양으로 생긴 균
	간균	막대기 모양 또는 원통형의 균
	나선균	• S자형 • 가늘고 길게 만곡되어 있음
산소 유무	호기성 세균	산소가 있는 환경에서 생육·번식하는 세균
	혐기성 세균	산소가 없는 환경에서 생육·번식하는 세균
	통성혐기성 세균	산소 유무에 관계없이 살 수 있는 세균
온도	저온균	생장 온도 : 15~20℃
	중온균	생장 온도 : 25~40℃
	고온균	생장 온도 : 50~60℃

■ 병원성 미생물의 종류

바이러스	동물성	홍역, 광견병, 천연두, 폴리오(소아마비)
	식물성	TMV(토바코 모자이크 바이러스), 감자의 위축병 바이러스
	세균성	박테리오파지
리케차	–	발진열, 발진티푸스, 쯔쯔가무시
세균(박테리아)	구균	포도상구균, 임균
	간균	탄저균, 파상풍균, 결핵균, 나균
	나선균	매독균, 콜레라균
진균	–	곰팡이

■ 미용 도구별 소독법

가위	70% 알코올로 날이 상하지 않게 20분 정도 침수 소독
면도날	일회용 사용, 재사용 금지
클리퍼	70% 알코올을 적신 솜으로 소독
빗	미온수로 세척 후 자외선 소독기에 보관
타월	자비 소독법으로 세탁 후 일광 소독
레이저	고객 한 명에게 레이저 날 1회 사용 시 새것으로 교체
브러시	털이 있는 브러시의 경우 세정 후 털을 아래로 하여 응달에서 건조

공중위생관리 법규

■ 「공중위생관리법」의 목적

공중이 이용하는 영업의 위생관리 등에 관한 사항을 규정함으로써 위생 수준을 향상시켜 국민의 건강 증진에 기여(「공중위생관리법」 제1조)

■ 공중위생영업의 정의

다수인을 대상으로 위생관리서비스를 제공하는 영업으로서 숙박업, 목욕장업, 이용업, 미용업, 세탁업, 건물위생관리업을 말함(「공중위생관리법」 제2조 제1항 제1호)

■ 공중위생영업의 신고 및 폐업 신고

영업	공중위생영업을 하고자 하는 자는 공중위생영업의 종류별로 보건복지부령이 정하는 시설 및 설비를 갖추고 시장·군수·구청장에게 신고(「공중위생관리법」 제3조 제1항)
폐업	공중위생영업을 폐업한 날부터 20일 이내에 시장·군수·구청장에게 신고[영업정지 등의 기간 중에는 폐업 신고 불가(「공중위생관리법」 제3조 제2항)]
승계	공중위생영업자의 지위를 승계한 자는 1개월 이내에 보건복지부령이 정하는 바에 따라 시장·군수 또는 구청장에게 신고(「공중위생관리법」 제3조의2 제4항)
상속 후 폐업	면허를 소지하지 아니한 자가 상속인이 된 경우에는 그 상속인은 상속받은 날부터 3개월 이내에 시장·군수·구청장에게 폐업 신고(「공중위생관리법」 제3조 제3항)

신고 시 제출서류
신고서, 영업시설 및 설비개요서, 교육수료증, 면허증

■ 이·미용업의 설비 기준(「공중위생관리법」 시행규칙 별표 1)

설비 기준	• 공중위생영업장은 독립된 장소이거나 공중위생영업 외의 용도로 사용되는 시설 및 설비와 분리(벽, 층 등으로 구분하는 경우. 이하 같음) 또는 구획(칸막이, 커튼 등으로 구분하는 경우. 이하 같음)되어야 함 • 미용업을 2개 이상 함께하는 경우로서 각각의 영업에 필요한 시설 및 설비 기준을 모두 갖추고 있으며, 각각의 시설이 선, 줄 등으로 서로 구분될 수 있는 경우에는 별도로 분리 또는 구획하지 않아도 됨 • 이·미용기구는 소독을 한 기구와 소독을 하지 아니한 기구를 구분하여 보관할 수 있는 용기를 비치하여야 함 • 소독기, 자외선살균기 등 이·미용기구를 소독하는 장비를 갖추어야 함

■ 변경 신고

보건복지부령이 정하는 중요사항 (「공중위생관리법」 시행규칙 제3조의2 제1항)	• 영업소의 명칭 또는 상호 • 영업소의 주소 • 신고한 영업장 면적의 3분의 1 이상 증감 • 대표자의 성명 또는 생년월일 • 미용업 업종 간 변경 또는 업종의 추가

■ 공중위생영업자의 준수사항

미용업 (「공중위생관리법」 제4조 제4항)	• 의료기구와 의약품을 사용하지 아니하는 순수한 화장 또는 피부미용을 할 것 • 미용기구는 소독을 한 기구와 소독을 하지 아니한 기구로 분리하여 보관하고, 면도기는 일회용 면도날만을 손님 1인에 한하여 사용할 것 • 미용사 면허증을 영업소 안에 게시할 것
이용업 (「공중위생관리법」 제4조 제3항)	• 이용기구는 소독을 한 기구와 소독을 하지 아니한 기구로 분리하여 보관하고, 면도기는 일회용 면도날만을 손님 1인에 한하여 사용할 것 • 이용사 면허증을 영업소 안에 게시할 것 • 이용업소 표시 등을 영업소 외부에 설치할 것

■ 면허 발급 및 결격 사유

발급 사유 (「공중위생관리법」 제6조 제1항)	• 전문대학 또는 이와 같은 수준 이상의 학력이 있다고 교육부 장관이 인정하는 학교에서 이용 또는 미용에 관한 학과를 졸업한 자 • 「학점인정 등에 관한 법률」 제8조에 따라 대학 또는 전문대학을 졸업한 자와 같은 수준 이상의 학력이 있는 것으로 인정되어 같은 법 제9조에 따라 이용 또는 미용에 관한 학위를 취득한 자 • 고등학교 또는 이와 같은 수준의 학력이 있다고 교육부 장관이 인정하는 학교에서 이용 또는 미용에 관한 학과를 졸업한 자 • 초 · 중등교육법령에 따른 특성화고등학교, 고등기술학교나 고등학교 또는 고등기술학교에 준하는 각종 학교에서 1년 이상 이용 또는 미용에 관한 소정의 과정을 이수한 자 • 「국가기술자격법」에 의한 이용사 또는 미용사의 자격을 취득한 자
결격 사유 (「공중위생관리법」 제6조 제2항)	• 피성년후견인 • 정신질환자(전문의가 적합하다고 인정하는 사람 제외) • 감염병환자(공중위생에 영향을 미칠 수 있는 사람) • 마약 등 약물 중독자 • 면허 취소 후 1년이 경과되지 아니한 자

■ 면허 취소(「공중위생관리법」 제7조)

취소 혹은 6개월 이내의 정지 사유	• 면허증을 다른 사람에게 대여한 때 • 자격 정지 처분을 받은 때 • 「성매매알선 등 행위의 처벌에 관한 법률」이나 「풍속영업의 규제에 관한 법률」을 위반하여 관계 행정기관의 장으로부터 그 사실을 통보받은 때
취소 사유	• 피성년후견인 • 정신질환자, 감염병 환자, 마약 등 약물 중독자 • 자격이 취소된 때 • 이중으로 면허를 취득한 때(나중에 발급받은 면허 취소) • 면허 정지 처분을 받고도 그 정지 기간 중에 업무를 한 때

■ 이용사 및 미용사의 업무 범위

업무 범위 (「공중위생관리법」 제8조)	• 이용사 또는 미용사의 면허를 받은 자가 아니면 이용업 또는 미용업을 개설하거나 그 업무에 종사할 수 없음. 다만, 이용사 또는 미용사의 감독을 받아 이용 또는 미용 업무의 보조를 행하는 경우에는 그러하지 아니함 • 이용 및 미용의 업무는 영업소 외의 장소에서 행할 수 없음. 다만, 보건복지부령이 정하는 특별한 사유가 있는 경우에는 그러하지 아니함 • 이용사 및 미용사의 업무 범위와 이용·미용의 업무보조 범위에 관하여 필요한 사항은 보건복지부령으로 정함
특별한 사유 (「공중위생관리법」 시행규칙 제13조)	• 질병, 고령, 장애나 그 밖의 사유로 영업소에 나올 수 없는 자에 대하여 이용 또는 미용을 하는 경우 • 혼례나 그 밖의 의식에 참여하는 자에 대하여 그 의식 직전에 이용 또는 미용을 하는 경우 • 「사회복지사업법」 제2조 제4호에 따른 사회복지시설에서 봉사활동으로 이용 또는 미용을 하는 경우 • 방송 등의 촬영에 참여하는 사람에 대하여 그 촬영 직전에 이용 또는 미용을 하는 경우 • 이 외에 특별한 사정이 있다고 시장·군수·구청장이 인정하는 경우

■ 영업의 제한(「공중위생관리법」 제9조의2)

주 체	시·도지사(2025년 7월 31일부터는 개정 법령 시행에 따라 시·도지사를 비롯하여 시장·군수·구청장 또한 영업을 제한할 수 있게 됨)
사 유	공익상 또는 선량한 풍속을 유지하기 위하여 필요하다고 인정하는 때

■ 영업소 폐쇄(「공중위생관리법」 제11조)

6개월 이내의 영업의 정지 또는 일부 시설의 사용중지 또는 영업소 폐쇄 등을 명할 수 있는 경우	• 영업 신고를 하지 않거나 시설과 설비 기준을 위반한 경우 • 변경 신고를 하지 아니한 경우 • 지위승계 신고를 하지 아니한 경우 • 공중위생영업자의 위생관리 의무 등을 지키지 아니한 경우 • 카메라나 기계장치를 설치한 경우 • 영업소 외의 장소에서 이용 또는 미용 업무를 한 경우 • 보고를 하지 아니하거나 거짓으로 보고한 경우 또는 관계 공무원의 출입, 검사 또는 공중위생영업 장부 또는 서류의 열람을 거부·방해하거나 기피한 경우 • 개선 명령을 이행하지 아니한 경우 • 「성매매알선 등 행위의 처벌에 관한 법률」, 「풍속영업의 규제에 관한 법률」, 「청소년 보호법」, 「아동·청소년의 성보호에 관한 법률」, 「의료법」 또는 「마약류 관리에 관한 법률」을 위반하여 관계 행정기관의 장으로부터 그 사실을 통보받은 경우
폐쇄만 명할 수 있는 경우	• 영업 정지 처분을 받고도 그 영업 정지 기간에 영업을 한 경우 • 정당한 사유 없이 6개월 이상 계속 휴업하는 경우 • 폐업 신고를 하거나 관할 세무서장이 사업자 등록을 말소한 경우 • 영업시설의 전부를 철거한 경우
폐쇄 명령을 받고도 계속 영업을 할 때 할 수 있는 조치	• 간판 기타 영업표지물의 제거 • 위법한 영업소임을 알리는 게시물 등의 부착 • 기구 또는 시설물을 사용할 수 없게 하는 봉인

■ 청문(「공중위생관리법」 제12조)

보건복지부장관 또는 시장·군수·구청장은 다음의 어느 하나에 해당하는 처분을 하려면 청문을 실시하여야 함

처 분	• 면허 취소 또는 면허 정지 • 영업 정지 명령, 일부 시설의 사용중지 명령, 영업소 폐쇄 명령

■ 위생교육(「공중위생관리법」 제17조, 동법 시행규칙 제23조)

위생교육 관련 사항	• 공중위생영업자는 매년 위생교육을 받아야 함 • 신고를 하고자 하는 자는 미리 위생교육을 받아야 함. 다만, 보건복지부령으로 정하는 부득이한 사유로 미리 교육을 받을 수 없는 경우에는 영업개시 후 6개월 이내에 위생교육을 받을 수 있음 • 영업에 직접 종사하지 아니하거나 2 이상의 장소에서 영업을 하는 자는 종업원 중 영업장별로 공중위생에 관한 책임자를 지정하고 그 책임자로 하여금 위생교육을 받게 하여야 함 • 위생교육은 보건복지부 장관이 허가한 단체 또는 공중위생영업자 단체가 실시할 수 있음 • 위생교육은 집합 교육과 온라인 교육을 병행하여 실시하되, 교육시간은 3시간으로 함 • 위생교육을 받은 자가 위생교육을 받은 날부터 2년 이내에 위생교육을 받은 업종과 같은 업종의 영업을 하려는 경우에는 해당 영업에 대한 위생교육을 받은 것으로 봄

■ 벌칙(「공중위생관리법」 제20조)

1년 이하의 징역 또는 1천만 원 이하의 벌금	• 영업 · 폐업 신고를 하지 아니하고 공중위생영업을 한 자 • 영업 정지 명령 또는 일부 시설의 사용중지 명령을 받고도 그 기간 중에 영업을 하거나 그 시설을 사용한 자 또는 영업소 폐쇄 명령을 받고도 계속하여 영업을 한 자
6개월 이하의 징역 또는 500만 원 이하의 벌금	• 변경 신고를 하지 아니한 자 • 공중위생영업자의 지위를 승계한 자로서 신고를 하지 아니한 자 • 건전한 영업질서를 위하여 공중위생영업자가 준수하여야 할 사항을 준수하지 아니한 자
300만 원 이하의 벌금	• 다른 사람에게 이용사 또는 미용사의 면허증을 빌려주거나 빌린 사람 • 이용사 또는 미용사의 면허증을 빌려주거나 빌리는 것을 알선한 사람 • 면허의 취소 또는 정지 중에 이용업 또는 미용업을 한 사람 • 면허를 받지 아니하고 이용업 또는 미용업을 개설하거나 그 업무에 종사한 사람

■ 과태료(「공중위생관리법」 제22조 제1항 및 제2항)

300만원 이하의 과태료	• 규정에 의한 보고를 하지 아니하거나 관계 공무원의 출입 · 검사 기타 조치를 거부 · 방해 또는 기피한 자 • 규정에 의한 개선 명령에 위반한 자 • 이용업 신고를 하지 않고 이용업소 표시 등을 설치한 자
200만원 이하의 과태료	• 규정에 위반하여 이용업소의 위생관리 의무를 지키지 아니한 자 • 규정에 위반하여 미용업소의 위생관리 의무를 지키지 아니한 자 • 영업소 외의 장소에서 이용 또는 미용 업무를 행한 자 • 위생교육을 받지 아니한 자

PART 2 미용업 안전위생관리 & 고객 응대 서비스

미용업 안전위생관리

■ 미용의 정의

「공중위생관리법」에서의 정의	손님의 얼굴, 머리, 피부 등을 손질하여 손님의 외모를 아름답게 꾸미는 일
일반적 정의	용모에 물리적 · 화학적 기교로 외모를 아름답게 꾸미는 일

■ 미용의 절차

절 차	소재 파악 → 구상 → 제작 → 보정

■ 미용의 역사

한국의 미용	삼한시대	미용의 개념이 존재(후한서, 신당서)
	삼국시대	무용총, 쌍영총 등의 벽화
	통일신라 · 고려시대	당나라의 영향으로 매우 화려한 치장
	조선시대	• 유교사상의 지배로 외모보다 내면을 중시 • 쪽진머리, 큰머리, 조짐머리 성행 • 첩 지 • 1895년 단발령으로 미용 산업이 시작됨
	현 대	• 1910년대 : 한일합방 이후 현대 미용 발달 • 1920년대 : 이숙종은 높은머리, 김활란은 단발머리를 유행시킴 • 1930년대 : 오엽주가 서울 화신백화점에 우리나라 최초의 미용실인 화신미용실(미용원) 개원 • 해방 이후 : 김상진이 현대 미용학원 설립

외국의 미용	국가별 구분	중 국	수하미인도와 십미도
		이집트	고대 미용의 발상지(서양 최초 화장)
		그리스	고대 그리스 시대의 키프로스풍 머리형
		로 마	잿물을 활용하여 황금색으로 착색
	웨이브의 종류별 구분	마샬 웨이브	아이론기의 열을 이용한 웨이브, 1875년 프랑스의 마샬 그라또우가 창안
		스파이럴식 퍼머넌트 웨이브	두피 쪽에서 모발 끝으로 진행하는 웨이브, 1905년 영국의 찰스 네슬러가 창안
		크로키놀식 퍼머넌트 웨이브	모발 끝에서 두피 쪽으로 진행하는 웨이브, 1925년 독일의 조셉 메이어가 창안
		콜드 웨이브	화학약품을 이용하는 웨이브, 1936년 영국의 J.B 스피크먼이 창안

피부의 이해

■ 피부의 특징

피부의 특징	· 피부와 모발의 발생은 외배엽에서 이루어진다. · 눈 주변 피부가 가장 얇고, 손바닥과 발바닥 피부가 가장 두껍다. · 피부의 변성물로 모발, 손톱, 발톱이 있다. · 피부는 표피, 진피, 피하 지방으로 이루어진다. · 이상적인 피부의 pH 범위는 4.5~6.5이다.

■ 피부의 기능

피부의 기능	· 보호 기능 · 체온 조절 기능 · 감각 기능 · 배출 기능 · 흡수 기능 · 호흡 기능 · 저장 기능 · 재생 기능 · 면역 기능 · 비타민 D 합성

■ 피부의 구조

표 피	무핵층	각질층	• 표피의 가장 바깥층 • 외부의 자극으로부터 피부를 보호
		투명층	• 무색, 무핵의 편평세포층 • 손바닥, 발바닥과 같이 두꺼운 부위에 존재
		과립층	무핵층으로, 본격적인 각질화(각화 현상)가 시작
	유핵층	유극층	• 유핵층으로, 표피 중 가장 두꺼움 • 표피의 대부분을 차지 • 면역 기능을 담당하는 랑게르한스세포가 존재
		기저층	• 표피의 가장 아래층 • 진피와 경계 • 각질형성세포와 멜라닌형성세포가 존재
진 피	유두층		• 혈관과 신경이 존재 • 모세혈관, 림프관, 신경종말에 의해 표피로의 영양 공급, 산소 운반, 신경 전달
	망상층		• 유두층 아래에 위치 • 진피의 4/5 차지 • 옆으로 길고 섬세한 섬유가 그물 모양으로 구성 • 혈관, 림프관, 신경관, 피지선, 땀샘, 모발, 입모근 존재
피하 지방층			• 피부의 가장 아래층에 위치하고 진피보다 두꺼움 • 열의 발산을 방지 • 체형을 결정짓는 역할

■ 피부의 부속기관

모 발		• 피부 보호와 체온 유지 역할 • 모발의 평균 수명은 3~6년 • 하루 평균 0.2~0.5mm 정도 자라고, 한 달 평균 1~1.5cm 정도 자람 • 건강한 모발의 pH는 4.5~5.5
땀샘 (한선)	소한선 (에크린선)	• '작은 땀샘'이라고도 하며, 전신에 분포(입술과 생식기 제외) • 손바닥, 발바닥 등에 많이 분포 • 땀의 우로칸산 성분이 피부를 자외선으로부터 보호
	대한선 (아포크린선)	• '큰 땀샘'이라고도 함 • 겨드랑이, 서혜부, 유두, 배꼽 등에 분포하며 액취증의 원인
기름샘 (피지선)		• 진피층에 있음 • 손바닥, 발바닥 제외 전신에 분포 • T존, 목, 가슴 등에 큰 기름샘이 존재 • 남성 호르몬(안드로겐)이 피지 분비를 증가시키고, 여성 호르몬(에스트로겐)이 피지 분비를 억제 • 피지의 하루 분비량은 1~2g

■ 비타민

특 징		• 신진대사의 보조 역할 • 세포 성장과 면역 기능 • 음식, 영양제로 섭취해야 하는 유기화합물(비타민 D는 피부에서 합성)
수용성 비타민	비타민 B_1	결핍 시 각기병, 식욕 부진, 부종, 윤기 감소
	비타민 B_2	• 성장을 촉진하고 피로를 방지하며 피지 분비를 조절 • 결핍 시 구순염, 구각염, 설염, 각막염
	비타민 B_3	결핍 시 펠라그라(식욕부진, 피부병)
	비타민 B_{12}	결핍 시 빈혈
	비타민 C	• 신체의 결합조직 형성과 기능 유지에 도움 • 항산화 작용과 멜라닌 형성 억제로 미백 효과 • 면역 기능 • 모세혈관 강화에 중요한 역할 • 결핍 시 괴혈병, 발육 장애, 빈혈

지용성 비타민	비타민 A	• 신진대사와 신체 성장에 관여 • 각화를 정상화 • 피부 재생 • 노화 예방 • 결핍 시 야맹증, 피부 건조 • 과잉 시 탈모
	비타민 D	• 뼈의 형성에 관여 • 자외선을 받아 피부에서 합성 • 칼슘과 인의 대사를 도우며, 발육 촉진 • 결핍 시 구루병, 골다공증, 피부염, 면역력 저하
	비타민 E	• 호르몬 생성에 도움 • 항산화 작용으로 노화 예방에 도움 • 결핍 시 불임, 생식 불능
	비타민 K	• 혈액 응고에 도움 • 결핍 시 혈우병 등 출혈성 질병

■ 자외선

자외선 파장의 종류	장파장(UVA)	• 파장 길이 : 320~400nm • 색소 침착의 원인 • 인공 선탠에 활용
	중파장(UVB)	• 파장 길이 : 290~320nm • 홍반, 수포 등 일광 화상 및 색소 침착 유발 • 비타민 D 합성
	단파장(UVC)	• 파장 길이 : 200~290nm • 살균 작용 • 파장 길이가 짧아 강한 힘을 가졌으나, 오존층에 흡수되어 인체에 미치는 영향력은 작음 • 인체에 영향을 미칠 시 피부암의 원인

■ 적외선

적외선	• 파장 길이 : 650~1400nm • 피부에 큰 자극을 미치지는 않지만, 피부의 깊은 곳까지 침투하여 열 운반

PART 3 헤어 펌 & 드라이

헤어 펌

■ 펌의 종류

콜드 펌	• 상온에서 펌제를 이용 • 시스틴 결합을 이용 • 1936년 영국의 J.B 스피크먼이 창안 • 전기를 이용한 기기를 사용하지 않음
히트 펌	• 콜드 펌 전에 사용한 펌 • 알칼리수용액과 열(105~110℃)을 이용 • 1905년 영국의 찰스 네슬러 : 스파이럴식 퍼머넌트 웨이브를 창안 • 1925년 독일의 조셉 메이어 : 크로키놀식 퍼머넌트 웨이브를 창안
열 펌	• 모발에 열을 가함 • 제1액의 환원 작용 후 아이론기를 이용 • 수소 결합을 이용 • 물리적 작용으로 이루어짐

매직 스트레이트 헤어 펌	정 의	아이론기를 사용하여 모발을 곧게(플랫 아이론기 사용) 만들거나, 모발의 끝을 C컬 형태(반원형 아이론기 사용)로 만드는 열 펌
	종 류	매직 스트레이트 펌, 볼륨매직 펌
	방 법	• 연화 처리 　- 네이프에서부터 제1액 도포 　- 두피에서 0.5cm를 띄움 　- 열 처리 전까지 일정 시간 방치 • 연화 상태 점검 　- 스트레이트 펌이 될 수 있는 상태인지 확인 • 중간 린스 　- 미온수로 펌제를 남김 없이 헹굼 　- 타월 드라이 → 트리트먼트제 → 타월 드라이 → 헤어 드라이기 순서로 건조 • 프레스 　- 아이론기를 사용하여 작업 　- 아이론기의 적정 온도는 120~140℃ 　- 네이프 → 후두부 → 사이드 순서로 진행 • 제2액 도포 : 시스틴 재결합 과정으로, 제2액을 꼼꼼하게 도포 • 샴푸 : 미온수에서 산성 샴푸

■ 퍼머넌트 웨이브제

제1액 (제1제)	• '환원제', '프로세싱 솔루션'이라고 함 • 주성분은 티오글리콜산과 시스테인 • 환원이란 산소(O)를 잃거나 수소(H)와 결합하는 것 • 제1액(제1제)의 알칼리 성분이 두발을 팽윤 · 연화시키며 수소(H)가 시스틴 결합을 절단 • 시스틴의 결합이 절단되어 모발의 모양이 변할 수 있는 상태가 됨
제2액 (제2제)	• '산화제', '중화제', '뉴트럴라이저'라고 함 • 주성분은 과산화수소수와 브롬산 • 절단된 시스틴 결합을 재결합시킴 • 산화제의 성분 중 산소(O)가 수소(H)와 만나 다시 시스틴 결합 상태로 만듦

■ 프로세싱 타임

프로세싱 타임	• 와인딩 후 제2액을 도포하기 전까지의 방치 시간 • 콜드 펌의 프로세싱 타임은 일반적으로 10~15분

■ 프로세싱의 종류

언더 프로세싱	방치 시간을 너무 짧게 한 경우로, 웨이브 형성이 잘 되지 않음
오버 프로세싱	방치 시간을 너무 길게 한 경우로, 모발이 꼬불거리고 갈라지며 부서짐

■ 리세트

웨이브가 나오지 않은 경우	• 상황 : 언더 프로세싱 또는 로드가 큰 경우, 제2액 처리가 부족한 경우 • 작업 : 방치 시간을 더 둠
과한 웨이브가 나온 경우	• 상황 : 오버 프로세싱 또는 로드가 작은 경우, 모발의 상태에 비해 너무 강한 펌제를 사용한 경우 • 작업 : 제1액으로 웨이브를 풀어주거나 컨디셔너를 충분히 활용
탄력이 없는 경우	• 상황 : 산화가 제대로 되지 않은 경우, 펌 후 과도한 텐션이 가해진 경우 • 작업 : 다시 시술

드라이

■ 헤어 세팅

오리지널 (기초) 세트	헤어 파팅, 셰이핑, 컬링, 롤링, 웨이빙
리세트 (마무리 세트)	브러시 아웃, 콤아웃, 백 콤

■ 헤어 파팅

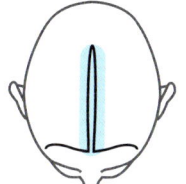
센터 파트

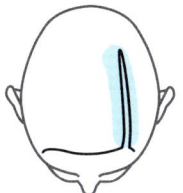
사이드 파트

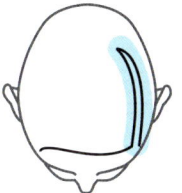
라운드 사이드 파트

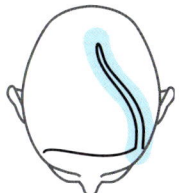
업 다이애그널 파트

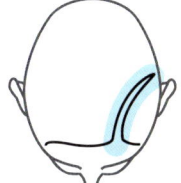
다운 다이애그널 파트

크라운 투 이어 파트

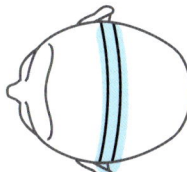
이어 투 이어 파트

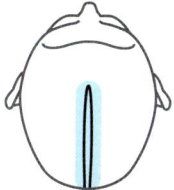
센터 백 파트

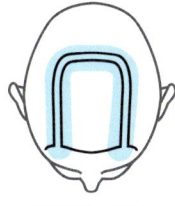
렉탱귤러 파트

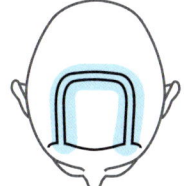
스퀘어 파트

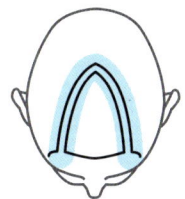
V형(삼각) 파트
(트라이앵귤러 파트)

카우릭 파트

■ 헤어 셰이핑

정 의		커트나 코밍으로 두발의 결이나 모양을 만드는 것
종 류	업 셰이핑	위로 빗어 올리는 것
	다운 셰이핑	아래로 빗어 내리는 것

■ 헤어 컬링

정 의	모발을 둥글게 고리 모양의 형태로 만드는 것
목 적	웨이브, 볼륨, 플러프 생성

■ 컬의 부위별 명칭

베이스	컬 스트랜드의 뿌리(근원)
스 템	베이스에서 피벗 포인트까지의 줄기
피벗 포인트	컬이 말리기 시작한 지점
루 프	원형으로 말린 둥근 부분
엔드 오브 컬	컬의 끝부분

> **Tip**
>
> 컬의 3요소
> 베이스, 스템, 루프

■ 스 템

논 스템	루프가 베이스에 들어가 있는 형태로, 컬이 오래 지속되고 움직임이 가장 적음
하프 스템	루프가 베이스에 반쯤 걸쳐 있는 형태로, 적당한 움직임을 가짐
롱(풀) 스템	루프가 베이스에 벗어나 있는 형태로, 움직임이 가장 큼

■ 컬의 종류

스탠드 업 컬	루프가 두피에 90°로 세워진 컬
리프트 컬	루프가 두피에 45°로 세워진 컬('베럴 컬'이라고도 함)
플랫 컬	루프가 두피에 0°로 평평하고 납작하게 형성하는 컬
스컬프쳐 컬	모발의 끝이 컬의 중심이 되는 컬로, 웨이브는 뿌리로 갈수록 넓어짐
메이폴(핀) 컬	모발의 끝이 컬의 바깥에 있는 컬로, 웨이브는 두발 끝으로 갈수록 넓어짐

■ 컬의 방향에 따른 분류

C컬(클록와이즈 와인드 컬)	시계 방향
CC컬(카운터 클록와이즈 와인드 컬)	반시계 방향
포워드 컬(아래 방향으로 말리는 컬)	귓바퀴 방향
리버스 컬(후두부 쪽으로 넘어가는 컬)	귓바퀴 반대 방향

■ 롤러 컬

논 스템 롤러 컬	전방 45°로 마는 컬
하프 스템 롤러 컬	90°로 마는 컬
롱(풀) 스템 롤러 컬	후방 45°로 마는 컬

■ 헤어 웨이빙

웨이브 3요소	크레스트, 리지, 트로프
웨이브의 부위별 명칭	비기닝, 크레스트, 리지, 트로프, 엔딩
형상에 따른 분류	• 섀도 웨이브 • 내로우 웨이브 • 와이드 웨이브
위치에 따른 분류	• 버티컬 웨이브(리지가 수직) • 호리존탈 웨이브(리지가 수평) • 다이애그널 웨이브(리지가 사선)

■ 핑거 웨이브

스월 웨이브	물결이 휘어 치는 듯한 웨이브
스윙 웨이브	큰 움직임을 보는 듯한 웨이브
하이 웨이브	리지가 높은 웨이브
로우 웨이브	리지가 낮은 웨이브
덜 웨이브	리지가 뚜렷하지 않은 웨이브
올 웨이브	가르마가 없이 만든 웨이브

■ 마샬 웨이브

정 의		1875년 프랑스의 마샬 그라또우가 창안한 것으로, 아이론기에 열을 가해 모발에 일시적인 변화를 주어 웨이브를 만드는 것
아이론기의 적정 온도		120~140℃
아이론기의 종류	화열식	직접 불에 달궈 사용
	전열식	전기를 이용
	축열식	충전을 하여 사용

■ 뱅 & 플러프

뱅	플러프 뱅	컬이 부드럽고 자연스러운 볼륨의 뱅
	롤 뱅	롤로 만든 뱅
	웨이브 뱅	풀 웨이브 또는 하프 웨이브로 형성한 뱅
	프렌치 뱅	모발을 위로 끌어 올려 끝부분을 들어 올린 뱅
	프린지 뱅	가르마 가까이에 작게 낸 뱅
플러프	라운드 플러프	모발 끝이 원형 또는 반원형 모양
	덕 테일 플러프	모발 끝이 오리 꼬리 모양으로 위로 구부러진 모양
	페이지 보이 플러프	모발 끝이 갈고리 모양으로 구부러졌다가 원형으로 끝나는 모양

■ 콤아웃

브러싱	브러시를 이용하여 가지런히 빗어 마무리
코밍	브러시로 표현되지 않은 부분을 빗질로 마무리
백코밍	• 빗을 모근(베이스)를 향한 방향으로 빗질하여 모발을 세워 마무리 • 흔히 '후까시'라고 함

■ 블로 드라이

정의	모발에 열풍을 가해 일시적으로 변화를 주는 방법
적정 온도	60~90℃

PART 4 헤어 케어 & 두피·모발 관리

헤어 케어

■ 샴푸의 종류

웨트 샴푸 (물 사용)	플레인 샴푸	중성 두피에 사용하는 가장 일반적인 샴푸
	스페셜 샴푸	유분을 공급하는 핫 오일 샴푸, 에그 샴푸 등 다양한 샴푸가 있음
드라이 샴푸 (물 없는 샴푸)	파우더 드라이 샴푸	카오린, 탄산마그네슘 등을 섞어 모발에 뿌려서 사용
	리퀴드 드라이 샴푸	에탄올, 벤젠 등의 성분으로, 주로 가발에 사용
	에그 파우더 드라이 샴푸	흰자를 팩으로 두피에 도포
기능성 샴푸	프로테인 샴푸	• 단백질성 샴푸로 손상모에 세정 작용 • 누에고치에서 추출한 성분과 난황의 성분을 함유하여 영양분 공급 및 모발 보호
프레 샴푸		시술 전에 사용
애프터 샴푸		시술 후에 사용

■ 샴푸 방법

순 서	사전 브러싱 → 타월로 고객의 얼굴 가리기 → 물 온도(38~40℃) 확인 → 손바닥으로 샴푸 거품을 낸 후 모발에 도포(전두부, 측두부, 두정부, 후두부 순서) → 다양하게 샴푸 테크닉 하기 → 잔여 샴푸가 남지 않도록 헹구기

■ 린스

효 과		모발의 알칼리성 잔여물을 제거하고 정전기를 방지하며, 윤기를 부여해 엉킴을 방지
종 류	플레인 린스	가장 일반적인 린스. 38~40℃의 물 사용
	산성 린스	pH 3~4. 시술 후 알칼리 중화
	약용 린스	살균·소독 작용 물질로 구성되어 비듬성 두피에 사용
	유성(오일) 린스	건조해진 모발에 유분을 부여하는 목적으로 사용

■ 두피 유형에 따른 트리트먼트 케어

정상 두피	플레인 스캘프 트리트먼트
건성 두피	드라이 스캘프 트리트먼트
지성 두피	오일리 스캘프 트리트먼트
비듬성 두피	댄드러프 스캘프 트리트먼트

두피 · 모발 관리

■ 두피의 유형 및 관리 방법

건성 두피	• 유분 · 수분이 부족 • 잦은 시술로 인해 건조해질 수 있음 • 두피 스케일링과 건성 피부용 제품을 사용해야 함
지성 두피	• 피지선에서 많은 양의 피지 분비 • 매일 샴푸를 하고 두피 스케일링을 통해 노폐물을 제거해야 함
민감성 두피	• 유전, 스트레스, 영양 부족 등으로 발생 • 두피가 얇아 모세혈관이 보여 두피가 붉게 보임 • 두피를 자극하는 스트레스 등 근본적인 원인을 해결하고, 민감성 샴푸나 두피 진정제를 사용해야 함

■ 모발의 성장주기

성장기 (3~6년)	• 모발이 왕성하게 자라는 시기 • 전체 주기의 80~90%를 차지
퇴행기 (3~4주)	• 세포 분열이 줄어드는 시기 • 전체 주기의 1~2%를 차지
휴지기 (3~4개월)	• 성장이 멈춘 시기 • 전체 주기의 10%를 차지
발생기	• 새로운 모발이 생성되는 시기 • 매우 짧음

■ 모발의 구조

구분		내용
모간부의 구성	모피질	• 전체 모발의 80~90%를 차지 • 모발의 강도, 탄력성, 질감, 색상(멜라닌 색소) 등을 결정 • 결정 영역(피질세포), 비결정 영역(간충 물질) 등으로 구성
	모수질	• 모발의 가장 안쪽에 위치 • 연모(가는 모발)에는 모수질이 없을 수 있고, 두꺼운 모발에는 더 크게 나타나기도 함 • 추운 기후에 서식하는 동물의 모수질이 더 발달한 것으로 보아, 모수질이 보온 역할을 하는 것으로 추정
	모표피	• 전체 모발의 10~15%를 차지 • 모발의 가장 바깥층 • 외부로부터 모발을 보호하는 기능 • 5~15층의 비늘 모양 • 최외표피(에피큐티클), 외표피(에소큐티클), 내표피(엔도큐티클)로 구성
모근부의 구성	피지선	• 모근부 상부에 위치 • 피지 분비 • 두피와 모발 보호
	입모근	외부의 자극, 공포, 추위 등에 반응하여 수축하면서 모발을 세움
	모구부	• 모근의 가장 아래에 위치 • 모유두와 모모세포로 구성
	모유두	• 모구부 아래 돌출 부위에 위치 • 모세혈관과 신경세포가 있어 모발에 영양과 산소를 공급
	모모세포	• 세포의 분열·증식으로 모발을 생성 • 모유두와 연결되어 있음 • 케라틴 단백질과 멜라닌세포가 생성되어 모발의 구조와 색이 결정됨
	모낭	모발을 감싸고 있는 주머니
	모세혈관	모근부에 영양과 산소를 공급

■ 탈모의 종류

종류	설명
남성형 탈모	• 유전적으로 발생 • 남성 호르몬(안드로겐)의 영향 • M자 형태로 탈모가 시작
여성형 탈모	• 유전적으로 발생 • 여성 호르몬(에스트로겐)의 영향 • 대부분 두상의 가운데 부분부터 탈모가 시작
원형 탈모	• 탈모의 부위가 원형 • 여러 군데에서 발생할 수 있음
지루성 탈모	피지의 과다 분비가 탈모를 유발

PART 5 헤어 커트

헤어 커트

■ 헤어 커트의 종류

원랭스 커트 (One Length Cut)	• '하나의 길이로 커트한다'라는 뜻 • 모든 모발이 층 없이 동일선상(같은 라인으로)에 떨어지도록 하는 커트 • 패러럴 커트, 스파니엘 커트, 이사도라 커트, 머시룸 커트가 원랭스 커트에 속함 • 기본 시술 각도 : 0°
그래쥬에이션 커트 (Graduation Cut)	• '그라데이션 커트'라고 하기도 함 • 주로 짧은 스타일의 헤어 커트 시 사용 • 머리 위로 올라갈수록 모발의 길이가 길어지고, 아래로 내려갈수록 짧아지도록 커트함으로써 모발의 길이에 작은 단차가 생기도록 하는 커트 • 모발의 길이에 변화를 주어 무게감을 더할 수 있음 • 기본 시술 각도 : 45°
레이어드 커트 (Layered Cut)	• 네이프에서 탑 부분으로 올라가면서(아래에서 위로 올라갈수록) 모발의 길이가 점점 짧아지도록 하는 커트 • 90° 이상의 시술 각도로 시술 • 전체적으로 층이 골고루 형성 • 머리형이 가볍고 부드러워 다양한 스타일을 만들 수 있음
쇼트 커트 (Short Cut)	• 모발을 짧게 치는 커트 • 쇼트 커트의 기법 **싱클링 헤어 커트 (시저 오버 콤)** • 네이프와 사이드 쪽을 짧게 자르는 커트 • 빗과 가위를 이용하여 모발의 아래에서부터 위로 올라오며 커트 **테이퍼링** • 노멀 테이퍼링 : 모발 끝을 기준으로 1/2 정도(중간 정도) 테이퍼링 • 엔드 테이퍼링 : 모발 끝을 기준으로 1/3 정도(끝부분만) 테이퍼링 • 딥 테이퍼링 : 모발 끝을 기준으로 2/3 정도(두피에 가깝게, 깊이) 테이퍼링 • 보스 사이드 테이퍼링 : 스트랜드 양면을 테이퍼링

웨트 커트 (Wet Cut)	• 젖은 모발에 하는 커트 • 명확한 가이드라인이 형성되어 정확한 커트 가능	
드라이 커트 (Dry Cut)	• 마른 모발에 하는 커트 • 수정 커트 또는 손상모 커트 시 사용	
프레 커트 (Pre-Cut)	퍼머넌트 웨이브 등 시술 전 1~2cm 길게 하는 커트	
애프터 커트 (After Cut)	퍼머넌트 웨이브 등 시술 후 디자인에 맞게 하는 커트	

■ 헤어 커트 도구와 재료

가위	직선날 가위	일반적으로 사용되며, 날이 직선 모양
	곡선날 가위	• R 모양으로 생긴 가위로, 가위 끝이 휘어져 있음 • 스트로크 커트 시 사용
	틴닝 가위	모발의 숱을 치는 가위
	리버스 가위	한쪽 날이 레이저로 되어 있는 가위
레이저	오디너리 레이저	일상용 레이저로, 칼날 전체를 사용하여 잘려 나가는 부분이 많아 숙련자가 사용
	셰이핑 레이저	안정적으로 커팅할 수 있어 초보자가 사용
커트빗	• 얼레살과 고운살로 나뉘며, 커트, 블로킹, 섹션 등에 사용 • 모발의 흐름을 아름답게 매만질 때는 빗살이 고운살로 된 세트빗 사용 • 엉킨 모발을 빗을 때는 빗살이 얼레살로 된 얼레빗 사용	
클리퍼	• 1870년경 프랑스의 바리캉에 의해 발명 • 2개의 톱날이 교차하여 모발을 절삭하며, 쇼트 커트 전용 기계로 사용	

■ 커트 기법

블런트(=클럽) 커트	• 원랭스 커트, 그래쥬에이션 커트, 스퀘어 커트 시 사용 • 모발의 길이만 자름 • 직선 커트를 뜻함
싱글링	커트빗에 가위를 대고 하는 커트로, 위로 올라갈수록 모발이 길어짐
트리밍	• 커트 후에 헤어 라인을 정리하고 다듬는 커트 • 가위, 레이저, 클리퍼 등을 사용
클리핑	손상되거나 불필요한 모발 끝부분을 가위로 잘라내는 것

스트로크 커트	• 가위를 이용한 테이퍼링으로, 곡선날 가위가 효과적
	• 적절한 가위 각도
	  – 쇼트 스트로크 : 0~10°
	  – 미디움 스트로크 : 10~45°
	  – 롱 스트로크 : 45~90°

틴 닝	모발 길이에는 변화를 주지 않고, 숱만 줄이는 커트
슬라이싱	미끄러지듯이 커트하는 것
테이퍼링	가위나 레이저를 이용하여 모발의 끝이 붓처럼 가늘어지게 커트하는 것
크로스 체크 커트	• 커트 과정에서 머리카락 끝을 교차시켜 길이를 체크하면서 커트하는 것 • 가로로 슬라이스 하여 커트한 경우, 세로로 들어서 체크 커트함

■ 시술 각도

자연시술 각도	어느 상황에서나 고정되어 있는 각도로, 중력 방향이 0°임
두상시술 각도	모발이 위치한 두상을 기준으로 하는 각도

■ 모류의 유형

순 류	위에서 아래로 자연스럽게 떨어짐
좌측·우측 쏠림 모류	좌측이나 우측 한쪽으로 쏠림
좌측·우측 다발성 모류	좌측이나 우측 한쪽으로 뭉쳐 있음
중앙 쏠림 모류(제비추리)	가운데로 쏠림

PART 6 헤어 컬러링

헤어 컬러링

■ 색의 3요소

색상	색의 이름으로, 색을 구별할 때 사용
명도	색의 밝고 어두운 정도로, 색상과는 상관없음. 백색의 명도가 가장 높고, 검은색의 명도가 가장 낮음
채도	색의 순수한 정도를 말하는 것으로, 다른 색과 섞이지 않을수록 채도가 높음

무채색과 유채색
- 무채색 : 흰색과 여러 단계의 회색 및 검은색
- 유채색 : 무채색을 제외한 색감을 가지고 있는 색상

색의 3원색
적색(빨강), 황색(노랑), 청색(파랑)

■ 염색

정의	모발에 인위적으로 색을 입히거나 빼는 작업
목적	• 과거에는 종교적 의미나 계급을 표시하기 위해서 염색을 하기도 했음 • 흰머리를 기존의 자연 모발 색상과 맞추기 위함 • 개인의 개성과 아름다움을 표현하기 위함

■ 염색 순서

사전 준비	• 패치 테스트 : 염색 전 알레르기 반응 확인 • 스트랜드 테스트 : 염색 전 색상이 잘 나오는지, 시간은 얼마나 소요될지 확인하기 위해 소량의 모다발에 테스트 • 모발 연화 : 저항성모, 지성모 등 염모제가 침투하기 어려운 모발에 염색이 용이하게 되도록 만드는 과정
제1액 + 제2액 혼합	제1액의 알칼리제가 모발을 팽윤시켜 모표피 사이로 염료와 과산화수소수가 침투
도 포	염모제 도포
프로세싱 타임	염모제 도포 후 방치하는 시간으로, 보통 30~40분 내에 이루어짐
컬러 테스트	염모제를 도포하고 약 20분 후에 소량의 모발을 수건으로 닦아 착색 또는 발색이 잘 되었는지 확인
샴 푸	샴푸 작업

유 화

유화는 염색 후 샴푸를 하기 전 모발에 물을 뿌리고 손으로 문지르는 과정으로, 모발의 알칼리제와 염료 등이 제거되어 윤기가 나게 함

■ 염모제의 종류와 작용 원리

종류		
종 류	일시적 염모제	• 샴푸 1~2회로 지워짐 • 산성으로 모표피에 작용 • 염료로 유성염료, 산성염료 사용
	반영구적 염모제	• 2주에서 4주까지 유지 • 산성으로 모표피와 모피질 외각까지 작용 • 염료는 산성염료로, 제1액(제1제)만으로 구성

	영구적 염모제	• 4주 이상 유지되는 염모제
		• 알칼리성으로 모피질까지 작용
		• 염료는 산화염료로, 제1액(제1제)과 제2액(제2제)으로 구성
		• 유기합성 염모제가 가장 일반적인 염모제
		• 모피질 내의 인공색소는 큰 입자의 유색 염료를 형성하여 영구적으로 착색
		• 제1액(제1제)
		  – 제1액인 알칼리제는 휘발성이라는 점에서 암모니아가 사용됨
		  – 제1액인 알칼리제가 모표피를 팽윤시켜 모피질 내 인공색소와 과산화수소를 침투시킴
		• 제2액(제2제) : 제2액인 산화제는 모피질 내로 침투하여 산소를 방출하고, 이 산소는 멜라닌 색소를 파괴함

작용 원리	제1액 (제1제)	• 알칼리가 모표피를 팽윤시켜 색소가 쉽게 침투할 수 있도록 해줌 • 산화염료는 명도에 영향을 줌 • 색소 중간체는 채도에 영향을 줌
	제2액 (제2제)	과산화수소수가 제1액(제1제)과 혼합되어 산소를 방출하고, 모발의 멜라닌 색소를 파괴

■ 탈 색

정 의	모발의 멜라닌 색소나 염색된 모발의 염료를 제거하는 작업
목 적	• 모발을 더 밝고 연하게 하기 위함 • 더 선명한 염색을 위함 • 개인의 개성을 표현하기 위함

■ 탈색제의 종류와 작용 원리

종류	분말형(파우더형) 탈색제	• 일반적으로 사용하는 방법으로, 분말형 제1액(제1제)과 제2액(제2제)을 혼합하여 사용 • 밝게 탈색할 수 있음 • 빠르고 경제적
	크림형 탈색제	• 튜브 형태로 간편하게 사용 • 밝게 탈색하기 어려움 • 샴푸를 여러 번 해야 하는 불편함이 있음
	오일형 탈색제	• 모발과 두피에 가해지는 자극이 가장 적음 • 밝게 탈색하기 어려움 • 시간차에 의한 색상 차이가 거의 없음
작용 원리	제1액(제1제)	알칼리가 모표피를 팽윤시켜 탈색제가 모피질까지 침투하기 쉽게 해줌
	제2액(제2제)	과산화수소수가 제1액(제1제)과 혼합되어 산소를 방출하고, 모발의 멜라닌 색소를 파괴

과산화수소수 농도에 따른 산소 방출량과 특징

과산화수소수 농도	산소 방출량	특징
3%	10vol(볼륨)	백모 염색 시 사용
6%	20vol(볼륨)	알칼리 28%와 가장 많이 사용하는 산화제
9%	30vol(볼륨)	명도를 2~3단계 높일 수 있음